计算机组网技术

(第3版)

詹静 何泾沙 王立 编

国家开放大学出版社·北京

图书在版编目（CIP）数据

计算机组网技术/詹静，何泾沙，王立编．—3版．—北京：国家开放大学出版社，2020.8（2023.1重印）
ISBN 978-7-304-10337-8

Ⅰ.①计⋯　Ⅱ.①詹⋯②何⋯③王⋯　Ⅲ.①计算机网络-开放教育-教材　Ⅳ.①TP393

中国版本图书馆CIP数据核字（2020）第104191号

版权所有，翻印必究。

计算机组网技术（第3版）

JISUANJI ZUWANG JISHU (DI 3 BAN)

詹静　何泾沙　王立　编

出版·发行：国家开放大学出版社	
电话：营销中心 010-68180820	总编室 010-68182524
网址：http://www.crtvup.com.cn	
地址：北京市海淀区西四环中路45号	邮编：100039
经销：新华书店北京发行所	
策划编辑：邹伯夏	版式设计：赵洋
责任编辑：陈艳宁	责任校对：冯欢
责任印制：武鹏　马严	

印刷：北京银祥印刷有限公司
版本：2020年8月第3版　　　2023年1月第6次印刷
开本：787mm×1092mm　1/16　印张：14　字数：309千字
书号：ISBN 978-7-304-10337-8
定价：29.00元

（如有缺页或倒装，本社负责退换）
意见及建议：OUCP_KFJY@ouchn.edu.cn

前言

PREFACE

  自从20世纪90年代互联网获得商业化发展到现在，已有30年的时间，其中催生出无数IT公司。虽然经历了2000年前后的互联网泡沫和技术变革，一些传统IT公司走向衰落，但随着移动互联网的兴起，互联网应用再次进入高速发展的快车道。网上购物、外卖订餐、预定行程、移动支付、电子游戏、社交网络、直播带货等应用不但覆盖了人们的衣食住行等基本需求，更是满足了人们的精神娱乐、自我实现等高层次需求，甚至在人们没有预料到的情况下，电子办公、电子教学、智能制造在疫情时期为社会经济生活的持续发展奠定了坚实的基础。而所有这些应用都离不开网络基础设施的支持，我国更是从2018年开始重新定义了网络基础设施建设，把5G、人工智能、工业互联网、物联网定义为"新型基础设施建设"，2020年重新将其定义为主要包括5G基站建设、特高压、城际高速铁路和城市轨道交通、新能源汽车充电桩、大数据中心、人工智能、工业互联网七大领域。可以说，网络已经成为现代文明社会不可或缺的重要基础设施，这对将来的网络从业人员而言既是机遇也是挑战。

  本教材自2013年用于国家开放大学计算机网络技术专业授课以来，在教材策划、课堂教学、学生体验等各个环节获得了许多积极的反馈和支持。本次修订仍保留了前两版教材的兼顾知识和实用特点，在对计算机组网基础理论技术知识点进行系统梳理的基础上，着重介绍和讲解网络组建过程中涉及的重要工程技术环节，旨在提升学习者的组网技术水平和工程实践能力。本次主要修订内容包括：对全书中的术语、示例图、表达不当之处进行了勘误；增加了第1.5节"TCP/IP和OSI网络模型认知实训"，旨在帮助读者加深对网络模型的理解；增加了第4.5节"无线局域网接入技术与5G无线接入技术"，对无线局域网组网与5G网络的异同进行了分析介绍；增加了附录2"Packet Tracer使用步骤简介"，旨在帮助读者快速上手网络实验工具。另外，为了帮助读者获得更好的学习体验，还修订、更新了题库等多媒体学习资源包，供读者检验自己的掌握程度。

  本教材由多年从事计算机网络课程教学、具备丰富实践经验的一线教师北京工业大学詹静、何泾沙和国家开放大学理工教学部王立共同编写完成。本教材在编写和修订过程中，我们得到了夏静清、潘红艳等多位同志的大力支持和帮助，并参考、引用了思科系统（中国）网络技术有限公司和互联网上的网络技术资料及相关教材，在此对以上各位及相关作者表示衷心的感谢。

  由于网络技术发展非常迅速，鉴于作者学识和能力有限，书中不足之处在所难免，恳请广大读者不吝指教和斧正。

编者

2020年2月

目 录

第1章 计算机网络基础 ·········· 1

1.1 计算机网络基础介绍 ·········· 1
1.2 计算机网络的组成结构 ·········· 14
1.3 计算机网络的地址 ·········· 21
1.4 计算机网络的测试与故障排查 ·········· 34
1.5 TCP/IP 和 OSI 网络模型认知实训 ·········· 38
1.6 双绞线制作实训 ·········· 40
1.7 双机直连实训 ·········· 42
1.8 本章所用命令总结 ·········· 44
本章小结 ·········· 44
习题 ·········· 45

第2章 组网交换技术 ·········· 46

2.1 有线局域网概述 ·········· 47
2.2 宿舍小型局域网组网案例 ·········· 49
2.3 交换机技术概述 ·········· 61
2.4 虚拟局域网组网案例 ·········· 67
2.5 VLAN 概述 ·········· 77
2.6 广域网交换技术 ·········· 82
2.7 VLAN 中继配置实训 ·········· 85
2.8 本章所用命令总结 ·········· 86
本章小结 ·········· 88
习题 ·········· 88

第3章 组网路由技术 ·········· 90

3.1 路由技术概述 ·········· 91
3.2 模拟网络互联案例 ·········· 92
3.3 路由器的组成结构 ·········· 98
3.4 路由器的基本配置方法 ·········· 101

3.5 静态路由的原理与排错 ························ 102
3.6 动态路由协议组网案例 ························ 108
3.7 动态路由协议 ························ 114
3.8 现已学习的路由技术比较 ························ 121
3.9 简单组网实训 ························ 121
3.10 静态路由实训 ························ 122
3.11 RIP 路由协议实训 ························ 123
3.12 本章所用命令总结 ························ 124
本章小结 ························ 125
习题 ························ 126

第4章 无线局域网组网技术 ························ 127

4.1 无线局域网概述 ························ 127
4.2 无线局域网的架构 ························ 130
4.3 无线局域网的安全 ························ 132
4.4 IEEE 802.11 家庭无线上网案例 ························ 132
4.5 无线局域网接入技术与5G无线接入技术 ························ 138
本章小结 ························ 139
习题 ························ 139

第5章 网络安全基础技术 ························ 140

5.1 网络安全概述 ························ 141
5.2 路由器远程安全访问配置案例 ························ 144
5.3 设备安全 ························ 148
5.4 内部局域网安全 ························ 154
5.5 访问控制列表配置案例 ························ 156
5.6 网络接入安全 ························ 159
5.7 访问控制实训 ························ 167
5.8 本章所用命令总结 ························ 168
本章小结 ························ 168
习题 ························ 169

第6章 中型网络组网案例分析 ························ 170

6.1 网络工程概述 ························ 170
6.2 需求分析 ························ 171

6.3 网络拓扑结构设计与协议选型 ………………………………………………… 173
6.4 地址编址设计 …………………………………………………………………… 173
6.5 网络安全性设计 ………………………………………………………………… 174
6.6 选型布线 ………………………………………………………………………… 174
6.7 网络设备的安装调试与测试 …………………………………………………… 175
6.8 本章所用命令总结 ……………………………………………………………… 187
本章小结 ……………………………………………………………………………… 188
习题 …………………………………………………………………………………… 188

附录 …………………………………………………………………………………… 190

附录1 网络模拟器 Packet Tracer 7.0 的安装与使用方法 ………………… 190
附录2 Packet Tracer 使用步骤简介 ………………………………………… 208
附录3 中英文对照索引表 …………………………………………………… 210
附录4 部分习题答案 ………………………………………………………… 214

参考文献 ……………………………………………………………………………… 215

第 1 章　计算机网络基础

学习内容要点

1. 计算机网络的发展阶段和定义。
2. OSI 和 TCP/IP 网络层次及其区别。
3. 计算机网络的分类。
4. 计算机网络的组成部分，网络中间设备的分类、具体功能和区别，最常用的网络传输介质的制作方法。
5. 计算机网络中的物理地址、逻辑地址和端口地址的定义、表示方法。
6. 子网划分计算、可变长子网掩码 VLSM。
7. 计算机网络测试与故障排查命令使用。

知识学习目标

1. 掌握 OSI 和 TCP/IP 网络模型的功能层次。
2. 掌握网络中间设备的功能层次和相互区别。
3. 掌握 IP 地址、子网掩码的计算方法，掌握可变长子网的划分方法。

工程能力目标

1. 熟练掌握制作局域网网线的方法，能够区分不同类型网线的做法。
2. 熟练掌握简单的计算机网络测试命令，并能够解释命令结果的含义。

本章导言

本章是计算机组网技术的总体介绍，从计算机网络的发展背景入手，全面介绍计算机网络的体系结构、组成部分，基本的网络物理和逻辑概念，以及最常用的网络测试排错方法。

1.1　计算机网络基础介绍

1.1.1　计算机网络的发展与定义

1. 计算机网络的发展

计算机网络从最初进入人们的视野到现在不过 60 多年，然而，随着计算机网络不断向前发展，家居办公（Small Office Home Office，SOHO）、在线学习、网上购物、社交网络等各种网络应用已经深入人们的日常工作和生活。相应地,社会对计算机网络人才的需求和要求越来越大、越来越高。了解计算机网络的发展史有助于我们理解当今的计算机网络技术。

计算机网络的发展经历了 4 个阶段,每个阶段互有交叉。

(1) 20 世纪 50 年代中期至 70 年代初期——基于大型机(Mainframe)的共享网络阶段。早在 20 世纪 50 年代中期,美国军方就已经基于大型机共享技术研发了半自动化导弹防御(Semi - Automatic Ground Environment, SAGE)系统,用于核攻击预警。这是世界上第一个专用计算机网络,涵盖了美国大陆的 23 个计算中心。受到 SAGE 系统的成功激励,美国航空公司在国际商业机器(International Business Machines, IBM)公司的协助下,基于双 7090 大型机,成功研发了半自动化商务环境(Semi - Automated Business Research Environment, SABRE),即第一个大型民用计算机网络,用于商用飞机订票处理,之后,全部升级到 IBM System/360 系统。IBM 公司于 20 世纪 60 年代先后发布的 IBM System/360 大型机及终端系统标志着大型机技术逐渐发展成熟,当时价值 13.3 万美元的 IBM System/360 大型机及其一个终端系统如图 1-1 所示。

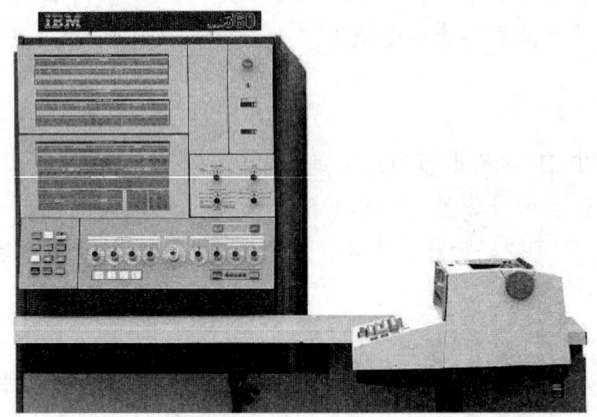

图 1-1 IBM System/360 大型机及其一个终端系统

基于大型机的网络是计算机网络的雏形。此时的计算机网络呈星形结构,即多个廉价终端通过私有专线或公用电话通信线路连接到昂贵、笨重的中心主机硬件和软件资源上,以达到多个终端用户共享大型机计算和储存资源的目的,如图 1-2 所示。

虽然基于大型机的共享网络极大地促进了网络应用,但也存在以下两方面的问题:

① 使用独立的大型机作为网络的资源共享中心,由于不同厂商生产的大型机无法兼容,所以不同计算机处理得到的数据难以共享;大型机既负责数据处理,又负责各个用户之间的通信,长期处于负荷较高的状态,是整个网络的性能和安全瓶颈。

② 使用类似于电话网的电路交换技术进行网络通信,即在某个用户进行网络通信之前,要先申请一条物理线路占据一定的传输带宽,并且在通信过程中始终占用该线路。但是,计算机传输的数据是不连续的,以致在大部分时间传输线路都处于空闲状态,这就造成了资源

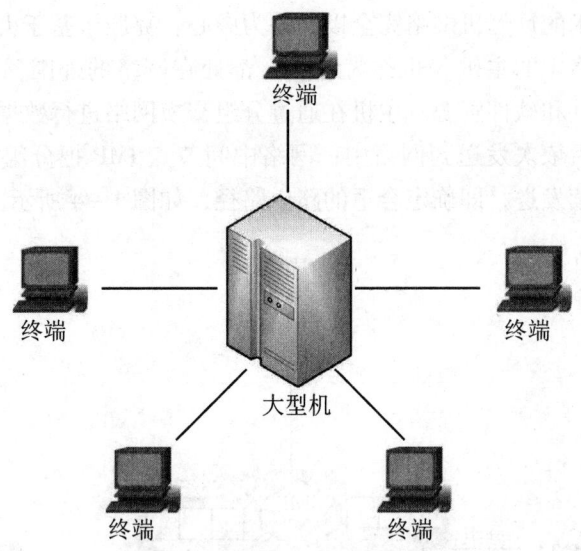

图1-2 基于大型机的星形结构网络

浪费。

（2）20世纪60—80年代——分组交换网络阶段。互联网的前身高级研究计划局网络（Advanced Research Projects Agency Network，ARPANET）就是典型的分组交换网。1967年，美国国防高级研究计划局（Defense Advanced Research Projects Agency，DARPA）提出增加连接到主机上的接口报文处理器（Interface Message Processor，IMP），这些IMP即专用的网络节点，也就是今天的路由器的前身，从而形成了ARPANET的概念。1969年，ARPANET得以实现，随后形成了如图1-3所示的具有18个网络节点的大规模分组交换网络。

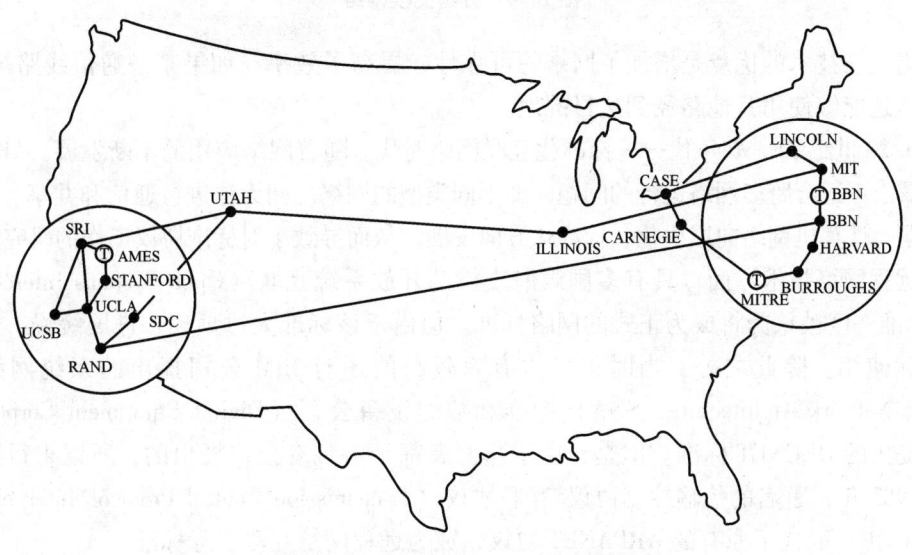

图1-3 ARPANET分组交换网络

基于分组交换技术的计算机网络完全以网络为中心，克服了基于大型机的星形结构网络的缺点。分组交换网络中的主机（也称为终端）都处在网络的外围，用户通过通信子网连接、共享网络上的硬件和软件资源。主机在通过分组交换网络进行数据通信之前，先将数据划分为等长分组，然后依次发送到网络中；网络中间节点 IMP 把分组放入缓冲器，再按照算法确定分组如何继续发送，即确定合适的路由路径，如图 1-4 所示。

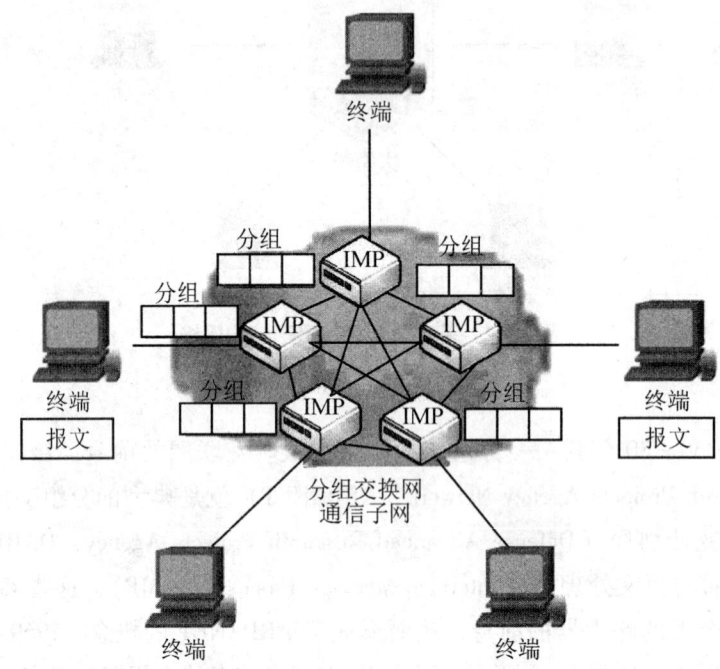

图 1-4 分组交换网络

分组交换技术的优点是增加了网络的可靠性，提高了效率，如果某条通信线路被中断，数据分组还能够使用其他路径到达目的地。

（3）20 世纪 70—90 年代——标准化互联网络时代。随着网络应用的不断发展，ARPANET 逐渐暴露出不适合跨多网络运行的问题，即不同类型的网络之间无法进行通信和共享。为了解决该问题，计算机网络向层次化、标准化方向发展，从而导致了对标准协议工作的研究热潮。

在远程网络技术方面，具有多国政府支持的开放系统互联（Open Systems Interconnect，OSI）标准一度被认为将成为正式的网络标准。但由于该标准太过烦琐、进展缓慢，最终没有被实际使用。除此之外，当时市场占有率较高的还有 IBM 公司提出的系统网络架构（Systems Network Architecture，SNA）标准和数据设备公司（Digital Equipment Corporation，DEC）提出的 DECNET 标准。但是，由于这两者都是由私有公司提出的，所以未得到广泛认可。1983 年，著名的传输控制协议/互联协议（Transmission Control Protocol/Internet Protocol，TCP/IP）取代了原有的 ARPANET 协议，成为远程网络互联实际标准。

在本地（Local）网络技术方面，以太网（Ethernet）技术最终被广泛接受为本地网络标准。其他竞争技术，包括英国剑桥大学开发的环网技术、IBM 公司开发的令牌环网技术和 Datapoint 公司开发的附加资源计算机网络（Attached Resource Computer Network，ARCNET）技术，都使用"令牌"作为传输数据的标志。1979 年，以太网创始人鲍勃·麦特卡夫（Bob Metcalfe）离开施乐（Xerox）公司创建了 3Com 公司，成功获得了当时的 IT（Information Technology，信息技术）巨头 DEC、英特尔（Intel）和施乐公司的支持，使得以太网成为本地网络组网的实际标准。

（4）20 世纪 90 年代至今——网络全面发展时代。当今计算机网络的发展势头十分迅猛，体现在如下几方面：

① 随着网络技术的发展，20 多年来网络的带宽不断大幅增加，以满足用户的高速率信息传输需求。

② 计算机网络、电信网络和有线电视网络趋向互联互通和业务融合，以便为用户提供数据、语音、图像和视频综合服务。

③ 移动互联网、物联网、云计算等新型网络服务模式不断兴起，以便为用户提供快捷、智能的网络服务。

2. 计算机网络的定义

从计算机网络的发展历史来看，计算机网络的目标一直是资源共享和相互通信。因此，可以将计算机网络定义如下：将地理位置不同、具有独立功能的多个计算机系统通过通信设施相互连接在一起，通过网络应用软件、网络操作系统及网络协议等网络软件进行管理，以实现资源共享和相互通信的系统。

可以说，计算机网络由网络内层（也称为网络中间节点集合）的通信子网加上网络外层（也称为网络终端节点集合）的资源子网组成。通信子网为资源子网提供信息传输服务，资源子网中用户之间的通信建立在通信子网的基础上，两者合起来组成了统一的资源共享、相互通信的两层网络。

1.1.2　计算机网络体系结构

1. 网络体系结构模型

网络体系结构模型是对构成计算机网络的各个组成部分之间的关系及所要实现的功能层次的一组精确定义。

网络体系结构模型基于分而治之的思想，将每个计算机的网络功能划分成定义明确的不同层次，每个层次都完成特定的功能；定义不同主机同一层次进程通信的协议，以及同一主机相邻层次之间的接口及服务；协调各个层次，实现整个网络系统的功能。

划分层次结构之后的网络体系结构具有如下优点：每个层次功能的独立性强、可移植性好，并且易于实现和维护，单层修改不影响整个网络体系。

基于分层思想的网络体系结构模型有 3 个重要组成元素，分别是实体、服务和协议，如图 1-5 所示。

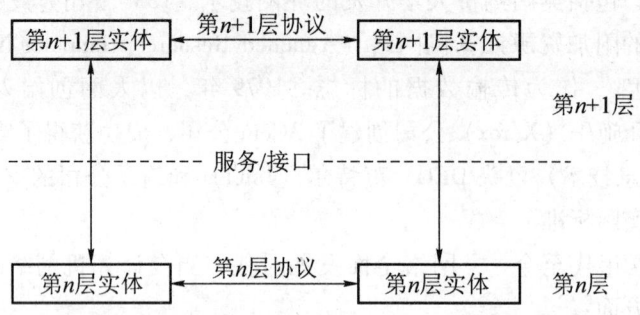

图1-5 网络体系结构模型中实体、服务和协议之间的关系

（1）实体。为实现第 n 层功能所需设备（硬件）和协议（软件）的集合，叫作第 n 层实体。不同节点之间的第 n 层实体叫作第 n 层的对等实体。

（2）服务。第 n 层向第 $n+1$ 层所提供的一组功能集合，叫作第 n 层向第 $n+1$ 层所提供的服务。上层是通过下层提供的接口来获取下层的服务的。下层向上层提供的服务有两类：面向连接的服务与无连接服务。如果使用面向连接的服务，则实体在数据交换之前，必须先建立连接，在数据交换过程中要维持连接，当数据交换结束后，应终止这个连接，相应层次的资源在整个服务中应保留；如果使用无连接服务，则两个实体在通信之前，不需要先建立连接，因此，其下层的有关资源不需要事先进行预定保留。

（3）协议。协议是指通信双方在通信时需要遵守的一些规则与约定，包括语法、语义和时序。其中，语法是数据的结构或格式；语义是每一段数据的意义；时序则规定了数据何时发送和发送速度。

2. OSI 七层网络模型

为了解决不同网络系统之间的通信问题，国际标准化组织（International Standards Organization，ISO）与国际电工委员会（International Electrotechnical Commission，IEC）共同在各个厂家提出的计算机网络体系结构的基础上，提出了开放系统互联基本参考模型（Open System Interconnection – Basic/Reference Model，OSI/RM）系列标准，即 ISO/IEC 7498 标准。该标准于 1989 年发布了第一版，包括 4 个子部分，随后修订的第二版增加了第五个子部分，标准相关部分见表 1-1。

表1-1 OSI/RM 系列标准

标准内部编号	标准名称
ISO/IEC 7498 第一部分	基本模型
ISO/IEC 7498 第二部分	安全架构
ISO/IEC 7498 第三部分	命名与地址方案
ISO/IEC 7498 第四部分	管理框架
ISO/IEC 7498 第五部分	多方通信架构

本小节主要介绍 OSI 基本参考模型第一部分——基本模型，后文简称"OSI 七层网络模型"。该模型定义了网络模型的 7 个层次，如图 1-6 所示。

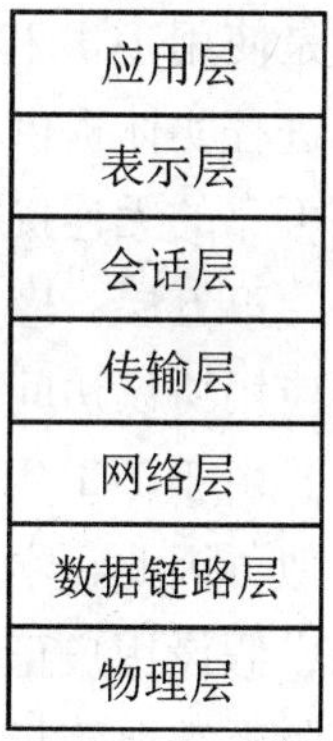

其各个层次及功能如下：

第一层：物理层，处于 OSI 七层网络模型的最底层，其主要功能是利用物理传输介质为数据链路层提供物理连接，以便透明地传送比特流。

第二层：数据链路层，为网络层提供服务，解决两个相邻节点之间的通信问题，进行无差错传输、流量控制、控制对共享信道的访问。数据链路层传送的协议数据单元称为数据帧。

图 1-6 OSI 七层网络模型

第三层：网络层，为传输层提供服务，传送数据包或分组，其主要作用是解决如何使数据包通过各个节点传送，以及如何控制网络拥塞的问题。

第四层：传输层，从会话层接收数据，并且在必要时把它分成较小的单元，传送给网络层，并确保到达对方的各段信息正确无误。

第五层：会话层，负责建立、管理和终止应用程序之间的会话。

第六层：表示层，处理两个通信系统中交换信息的表示方式，即传输信息的语法和语义。

第七层：应用层，处于该模型的最高层，是最终用户应用程序访问网络服务的地方，负责协调整个网络应用程序的工作。

3. TCP/IP 五层网络模型

TCP/IP 协议簇是一组用于实现网络互联的通信协议簇，其制定早于 OSI 七层网络模型，因此，无法与之完全对应。原始的 TCP/IP 协议簇定义了建立在硬件基础上的 4 个软件层次，分别是网络接口层、网络层、传输层和应用层，最底层的网络接口层之下没有具体内容。

综上所述，可以综合 OSI 模型和 TCP/IP 模型的优点，采用一种五层协议的体系结构，本书将其统一称为 TCP/IP 五层网络模型。这 5 层从下往上依次是物理层、数据链路层、网络层、传输层和应用层，如图 1-7 所示。

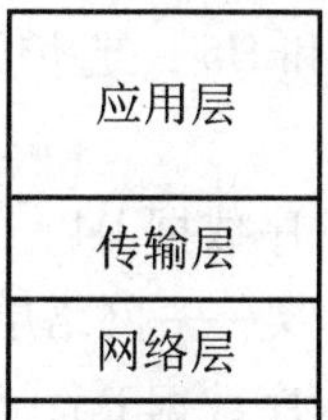

图 1-7 TCP/IP 五层网络模型

TCP/IP 五层网络模型中每一层的主要功能如下：

第一层：物理层，对应 OSI 七层网络模型的物理层，其主要功能是利用物理传输介质为数据链路层提供物理连接支持。

第二层：数据链路层，对应 OSI 七层网络模型的数据链路层，其主要功能是将每个数据包发送给网络层或发送到物理层的网络介质上。

第三层：网络层，对应 OSI 七层网络模型的网络层，其主要功能是使用核心协议 IP 为数据块打包、标记地址、选择路由和传递。

第四层：传输层，对应 OSI 七层网络模型的传输层，其主要功能是使用 TCP 和 UDP（User Datagram Protocal，用户数据报协议）为源节点和目的节点之间的进程实体提供端对端的数据传输。其中，TCP 是面向连接的协议，可靠性更高；UDP 是不可靠的无连接协议，其将可靠性问题交给应用层解决。

第五层：应用层，对应 OSI 七层网络模型的会话层、表示层和应用层，其主要功能是使用应用协议访问网络服务。

由于 TCP/IP 协议已经成为事实上的标准，而 OSI 七层网络模型与 TCP/IP 五层网络模型相似，因此，本书重点介绍基于 TCP/IP 五层网络模型的网络数据通信过程。如图 1-8 所示，假设用户正在客户端使用浏览器程序浏览互联网上的 Web 页面。该操作看似简单，但实际上需要跨越处于本地计算机与远程 Web 服务器之间的不同网络。在该过程中，数据将根据所处网络模型的相应层次进行封装和解封装处理。图 1-8 中的 D 代表数据（Data），H 代表数据包头（Head），阿拉伯数字代表数据所处的层次。

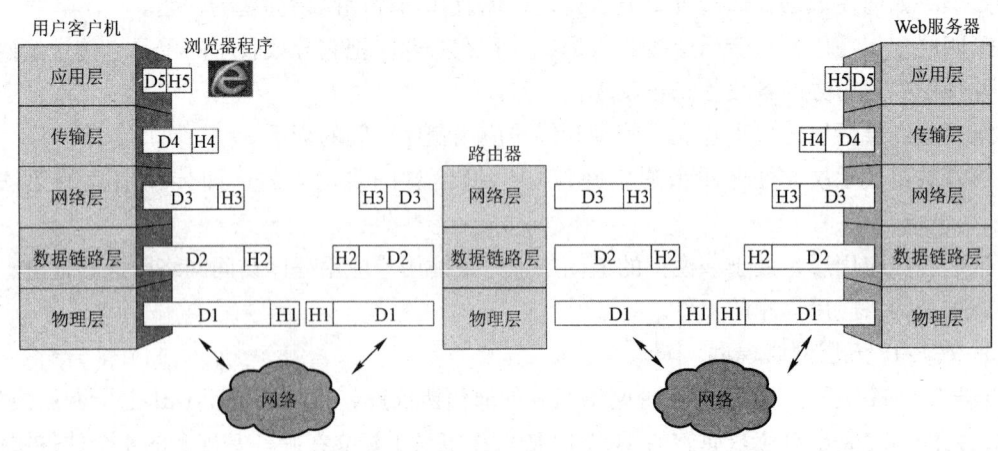

图 1-8 网络数据通信过程

（1）从用户打开浏览器程序发送请求数据 D5 开始，用户客户机端的应用层及以下每一层都将对数据 D5 逐步加上该层的数据包头，直到每一层都对将被传输的数据标记完毕为止。其过程如下：

① 应用层为本层程序数据 D5 增加应用层的数据包头 H5，然后将 D5 和 H5 一起传给下一层——传输层。

② 传输层接到应用层发来的 D5 和 H5，将 D5 和 H5 一起作为本层的程序数据 D4，为本层程序数据 D4 增加传输层的数据包头 H4，然后将 D4 和 H4 一起传给下一层——网络层。

③ 网络层接到传输层发来的 D4 和 H4，将 D4 和 H4 一起作为本层的程序数据 D3，为本层程序数据 D3 增加网络层的数据包头 H3，然后将 D3 和 H3 一起传给下一层——数据链路层。

④ 数据链路层接到网络层发来的 D3 和 H3，将 D3 和 H3 一起作为本层的程序数据 D2，为本层程序数据 D2 增加数据链路层的数据包头 H2，然后将 D2 和 H2 一起传给下一层——

物理层。

⑤ 物理层（网卡）接到通信数据链路层发来的 D2 和 H2，将 D2 和 H2 一起作为本层的程序数据 D1，为本层程序数据 D1 增加物理层的数据包头 H1，然后将 D1 和 H1 一起通过传输介质传给默认网关。默认网关即本地网络传出本地网络流量的路由器出口。

（2）路由器依次解开最外层的物理层和次外层的数据链路层数据包头（H1 和 H2），得到 IP 数据包（D3 和 H3），以便进行路由选择。

① 路由器方的物理层网络接口接受主机方的物理层发来的数据 D1 和 H1，剥离数据包头 H1，将剩下的 D1 传给数据链路层。

② 数据链路层将物理层发来的数据 D1 进行转换，D1 即 D2 和 H2，并剥离数据包头 H2，将剩下的 D2 传给网络层。

③ 网络层将数据链路层发来的数据 D2 进行转换，D2 即 D3 和 H3。

（3）在路由器决定了向本地哪个接口转发该数据包后，IP 数据包（D3 和 H3）将被再次封装，分别在不同的层次增加 H2 和 H1，最后被转发到下一个网络中间设备。

（4）用户数据经过的每个路由器都按照上述步骤对数据进行处理，直到到达目的 Web 服务器。

（5）到达目的 Web 服务器之后，Web 服务器将依次解开物理层及其上每一层数据包头 H1 ~ H5，直到应用层得到用户端发出的真正请求数据，并进行相关处理。

（6）Web 服务器的回复数据也将通过逐层打包的方式发回用户端。

4. OSI 七层网络模型与 TCP/IP 五层网络模型的比较

虽然 OSI 七层网络模型层次分明，但其实际价值不如 TCP/IP 五层网络模型。如今，TCP/IP 已经成为一个事实上的国际标准，用来连接包括局域网和广域网在内的不同类型的网络。这与 OSI 的专家们在完成 OSI 标准时没有商业驱动力导致标准制定周期太长，从而使得按 OSI 标准生产的设备无法及时进入市场；协议实现过分复杂；运行效率低；层次划分不太合理；有些功能在多个层次中重复出现等原因有关。

图 1-9 比较了 OSI 七层网络模型与 TCP/IP 五层网络模型的层次，并列出了各个层次当前使用较多的协议。

TCP/IP 协议簇包含了各个层次的多个网络协议，并且不断有新的协议加入。应用层的常见协议有远程登录网络协议（Telecommunications Network，Telnet）、文件传输协议（File Transfer Protocol，FTP）、超文本传输协议（HyperText Transfer Protocol，HTTP）、域名解析协议（Domain Name System，DNS）、邮局协议（Post Office Protocol，POP）、简单邮件传输协议（Simple Mail Transfer Protocol，SMTP）；传输层的主要协议有传输控制协议（Transmission Control Protocol，TCP）、用户数据报协议（User Datagram Protocol，UDP）；网络层的主要协议有互联协议（Internet Protocol，IP）、网际控制报文协议（Internet Control Message Protocol，ICMP）、地址解析协议（Address Resolution Protocol，ARP）等；数据链路层的主要协议有点对点协议（Point - to - Point Protocol，PPP）、高级数据链路控制（High - Level Data Link

OSI 七层网络模型	TCP/IP 五层网络模型	对应协议					
应用层	应用层	Telnet	FTP	HTTP	DNS	POP	SMTP
表示层	^	^	^	^	^	^	^
会话层	^	^	^	^	^	^	^
传输层	传输层	TCP			UDP		
网络层	网络层	IP, ICMP, ARP						
数据链路层	数据链路层	PPP, HDLC, ATM, MPLS						
物理层	物理层	RS-232, EIA/TIA-232, EIA/TIA-449/530, EIA/TIA-612/613, V.35, X.21						

图 1-9　OSI 七层网络模型、TCP/IP 五层网络模型的层次及其对应协议

Control，HDLC）协议、异步传输模式（Asynchronous Transfer Mode，ATM）、多协议标记交换（Multi-Protocol Label Switching，MPLS）等；物理层也有丰富的接口协议，如推荐标准（Recommended Standard，RS）RS-232、电子工业联盟/电信工业协会（Electronic Industries Alliance/Telecommunications Industry Association，EIA/TIA）标准 EIA/TIA-232、EIA/TIA-449/530、EIA/TIA-612/613 以及其他协议，如 V.35、X.21 等。

这里要注意的是，应用层协议与传输层协议之间具有依赖关系，而其他层次的协议之间并没有明确的依赖关系。例如，应用层的 Telnet、FTP 和 HTTP 基于传输层的 TCP 运行，应用层的 POP 和 SMTP 基于传输层的 UDP 运行，DNS 则基于 TCP 和 UDP 运行。

1.1.3　计算机网络的分类

1. 按网络性质分类

（1）按通信子网分类。

① 按连接方式分类。按连接方式分类，计算机网络可以分为有线网络和无线网络。有线网络通常采用双绞线、同轴电缆、光纤等传输介质进行网络通信，使用网络之前，需要进行集中布线，连接所有网络设备；无线网络则采用微波、激光等方式进行网络通信，需要使用网络时，临时建立连接即可，如图 1-10 所示。

② 按物理信道共享方式分类。按物理信道共享方式分类，计算机网络可以分为广播网络和点对点网络。其中，广播网络只有一个通信信道，为网络上所有的机器所共享；点对点网络则由独享通信信道的多对计算机连接组成，如图 1-11 所示。

③ 按照逻辑信道共享方式分类。按照逻辑信道共享方式分类，计算机网络可以分为电路交换、报文交换、分组交换三种。其特点分别如下：

A. 电路交换。数据交换双方必须预先建立一条物理信道，这样才能直接交换信息流，属于面向连接的通信方式。该方式的线路利用率低，一般用于模拟信息传输和实时大批量数

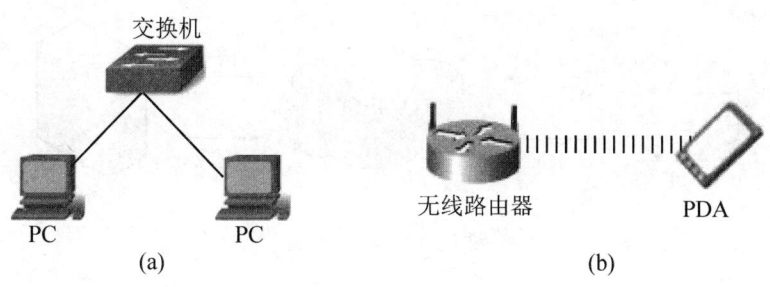

图 1-10 有线网络与无线网络

(a) 有线网络；(b) 无线网络

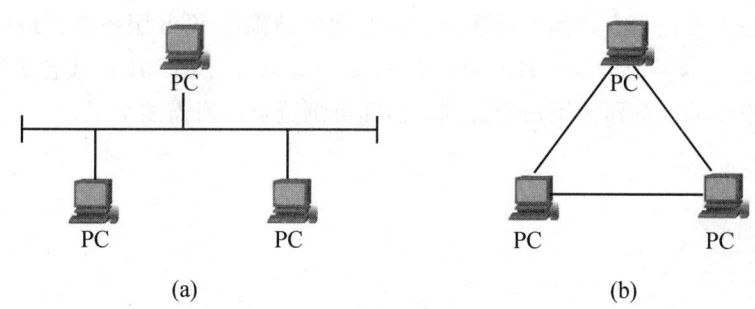

图 1-11 广播网络与点对点网络

(a) 广播网络；(b) 点对点网络

字信息传输。

　　B. 报文交换。报文交换是经过中间节点储存转发整个数据，是无连接的通信方式。该方式无须预先建立信道，线路利用率较高，可靠性较高，但其延迟比电路交换长，对中间节点缓存要求高，易出现中间节点拥塞，因此，主要适用于非实时通信。

　　C. 分组交换。把数据整体（报文）拆分成多个较小的数据单位，加上一定的控制信息，然后将构成的数据分组经过不同的中间节点储存转发，即分组交换。分组交换有面向连接和无连接两种通信方式。该方法无须预先建立信道，线路利用率最高，对中间节点缓存要求不高，但相对于电路交换和报文交换来说，分组交换需要增加额外的报文拆分和重组开销。

　　（2）按资源子网分类。根据资源共享模式的不同，计算机网络可以分为客户端/服务器（Client/Server，C/S）网络、浏览器/服务器（Browser/Server，B/S）网络和对等（Peer-to-Peer，P2P）网络。

　　① C/S 网络。C/S 网络将多种需要处理的工作任务分别分配给客户端和服务器完成。提出服务请求的一方被称为"客户端"，提供服务的一方则被称为"服务器"。服务器通常拥有客户端所不具备的硬件、软件资源和运算能力，如图 1-12 所示。

　　② B/S 网络。C/S 网络现在已经逐渐发展为 B/S 网络。B/S 网络采用简单、低廉的

图 1-12　C/S 网络

Web 技术，客户端只需要浏览器，服务器只需要增添 Web 服务器即可工作。

如图 1-13 所示，B/S 网络以 Web 服务器为系统的中心，客户端使用 HTTP，通过其浏览器向 Web 服务器提出查询请求，Web 服务器根据需要向数据库服务器发出数据请求。数据库服务器则根据查询或查询的条件返回相应的数据结果给 Web 服务器，最后 Web 服务器将结果翻译为超文本标记语言（HyperText Markup Language，HTML）或各类脚本语言的格式，传送给客户端的浏览器，用户通过浏览器即可浏览自己所需的结果。

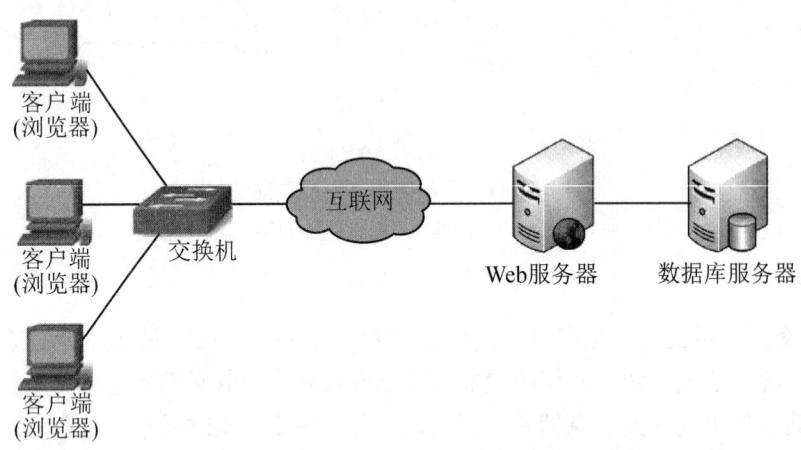

图 1-13　B/S 网络

③ P2P 网络。P2P 网络不需要专用服务器，网络中的每台计算机都有绝对的自主权，其管理模式是分散的，每台计算机既可以作为客户端，也可以作为服务器，如图 1-14 所示。

2. 按网络规模分类

（1）局域网（Local Area Network，LAN）。局域网是指在某个特定区域内、具有一定封闭性质的计算机网络。局域网一般指处于一个校园或一幢建筑物内的专用网络，覆盖距离一般为 10 km。其具有数据传输速率高、误码率低、组建方便、使用灵活、易于管理等特点。

（2）城域网（Metropolitan Area Network，MAN）。城域网是指在一座城市范围内建立的计算机网络，如闭路电视网等。它是规模介于局域网和广域网之间的一种网络，一般采用与局域网类似的技术。城域网具有数据传输速率高、传输时延较小等特点，可作为骨干网将位于同一城市内不同地点的局域网互相连接起来。

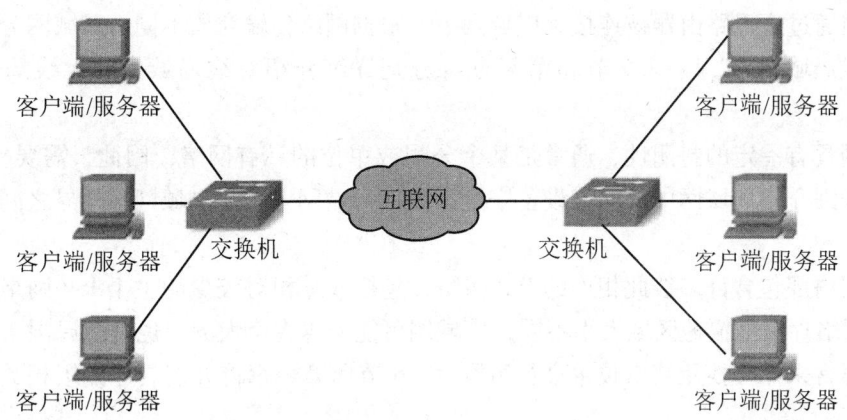

图1-14　P2P网络

（3）广域网（Wide Area Network，WAN）。广域网是通过光缆、卫星、电话线等传输媒介，将散布在各地的计算机或局域网连接起来的网络。例如，互联网即全球最大的广域网。广域网可以建立在公用通信网的基础上，也可以租用网络运营商的专线建立。广域网的覆盖范围半径可达数百或数千千米。其具有网络拓扑结构复杂、设备昂贵、传输速率较低等特点。

如图1-15所示，广域网通过边界网络设备（通常是路由器）远程连接各地的局域网。其自身也包括各级主干及地区互联网服务提供商（Internet Service Provider，ISP）网络。图中，PDA（Personal Digital Assistant）表示个人数字助理或掌上电脑，PC（Personal Computer）即个人计算机。

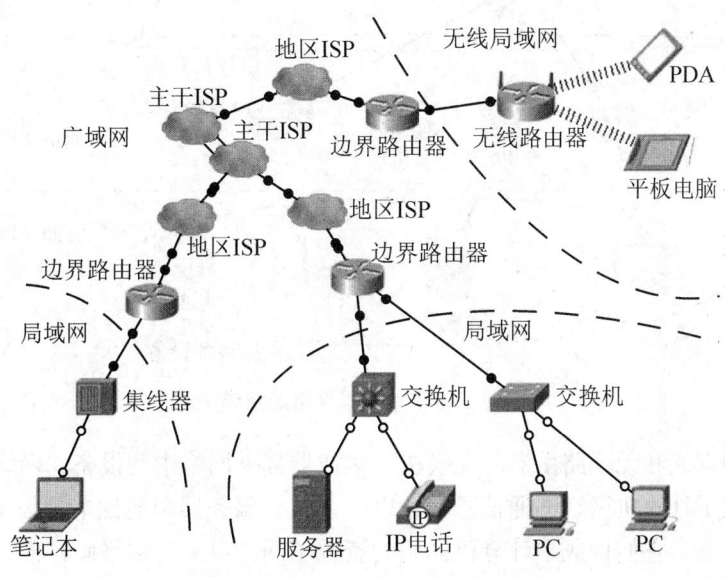

图1-15　广域网连接各地的局域网

局域网通过边界路由器被连接到广域网上。根据网络传输介质不同，局域网分为有线局域网和无线局域网。2.1～2.5 节和第 4 章将分别详细介绍有线局域网和无线局域网组网技术。

局域网具有一定的封闭性，通常是某个公司或单位的私有网络，因此，需要安全保护。第 5 章将详细介绍局域网中的网络设备安全、内部局域网安全、局域网与外界之间的接入安全技术。

广域网内部包含许多彼此相连的 ISP 网络，包括数量相对较少的主干 ISP 网络和各地的地区 ISP 网络。根据覆盖区域大小不同，广域网可能跨越多个大洲，也可能局限于某个国家或省市，通常采用交换及路由技术进行组网。2.6 节和第 3 章将分别具体介绍相关交换和路由技术。

1.2 计算机网络的组成结构

1.2.1 计算机网络的组成

计算机网络分为通信子网和资源子网。其还可以划分为网络硬件和网络软件，其中，网络硬件可进一步具体划分为网络终端设备、网络中间设备和网络传输介质三部分，如图 1–16 所示。

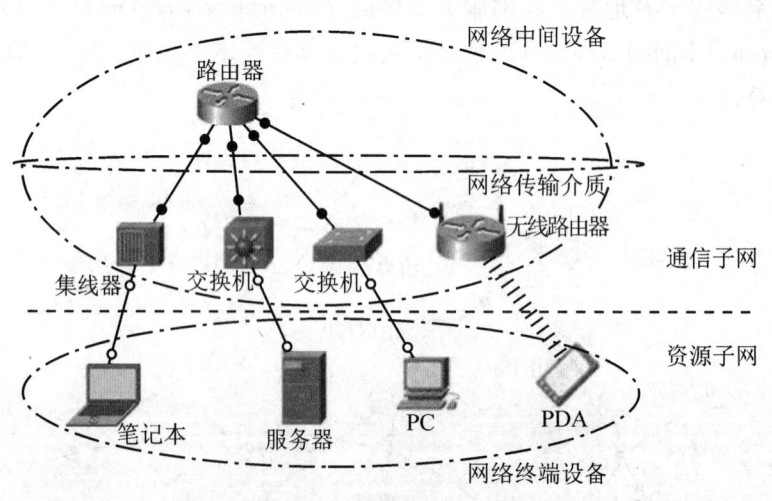

图 1–16 计算机网络的组成

其中，各种有线和无线路由器、交换机、集线器都是网络中间设备，网络中间设备和传输介质共同构成了计算机网络的通信子网；PDA、PC、服务器和笔记本都是用户可以直接使用的网络终端设备，它们构成了计算机网络的资源子网。以上为网络硬件部分，网络软件则包括各种网络协议软件、网络操作系统和网络应用。

1.2.2 网络中间设备

1. 集线器

集线器（Hub）工作在局域网中，处于 OSI 七层网络模型的第一层，是物理层设备。集线器的主要功能是简单地对接收到的信号进行再生、整形和放大，以扩大网络的传输距离，同时把所有节点集中连接到自己这个中心节点上。由于现在家用型路由器和交换机越来越便宜，功能也比集线器更多、更强，因此，集线器已经逐步被淘汰出市场。图 1-17 所示为一台由 NETGEAR（网件）公司生产的集线器。

图 1-17　NETGEAR 公司生产的集线器

2. 交换机

交换机（Switch）一般工作在局域网中，处于 OSI 七层网络模型的第二层，即数据链路层，现在也有工作在 OSI 七层网络模型第三层、具有路由功能的三层交换机。为了与路由器区分开，本书提到的交换机都是二层交换机。交换机能将数据有针对性地转发给相关的端口，而不只是简单地进行信号复制。因此，交换机的功能比集线器更强大。交换机通常用其英文单词的首字母 S 表示。图 1-18 所示为思科公司的 Catalyst 2960 系列交换机。

图 1-18　思科公司的 Catalyst 2960 系列交换机

思科公司将交换机分为低、中、高不同级别。低级交换机仅负责将终端客户机接入局域网，支持快速以太网和千兆以太网；中级交换机负责将接入交换机的流量转发给高层交换机，转发速率高，支持千兆以太网、万兆以太网和第三层路由功能；高级交换机负责骨干高速网流量转发，转发速率极高，支持千兆以太网、万兆以太网、第三层路由和提供冗余网络路径等功能。

3. 路由器

路由器（Router）一般工作在广域网中或局域网边界上，处于 OSI 七层网络模型的第三层，即网络层。路由器是用于连接两个以上复杂网络、具有路由选择功能的网络中间设备，可以连接不同类型的局域网或广域网，通常用于局域网连接外网，或不同的局域网互联。路由器通常用其英文单词的首字母 R 表示。图 1-19 所示为思科公司的 2800 系列路由器。

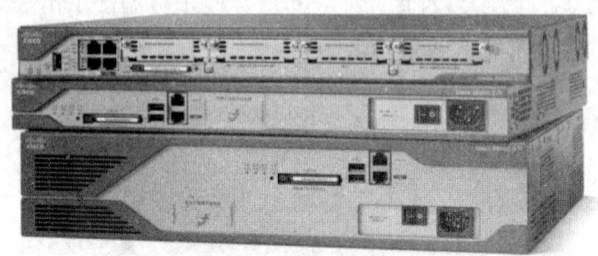

图 1-19　思科公司的 2800 系列路由器

4. 网络安全设备

网络安全设备一般工作在具有不同安全需求的网络边界上，根据类型不同，其处于 OSI 七层网络模型的第三层或更高层。市场上的网络安全设备非常多，最为典型的是防火墙。

防火墙是一种用于保障网络安全的网络中间设备，它能依照特定规则，允许或限制传输数据通过。图 1-20 所示为思科公司的 ASA5510 防火墙。

图 1-20　思科公司的 ASA5510 防火墙

5. 网络中间设备特点的比较

网络中间设备能在不同层次、不同的管辖区域中，对网络流量进行不同的管理和隔离。前述网络设备能管辖的区域有冲突域、广播域、路由器连通的网络区域、防火墙连通的网络区域。

（1）冲突域。在冲突域中，每个节点都能收到任意其他节点发出的所有物理信号。

（2）广播域。在广播域中，每个节点都能收到任意其他节点发出的广播数据帧。

（3）路由器连通的网络区域。在路由器连通的网络区域中，每个节点都能收到任意其他节点发出的 IP 数据包。

（4）防火墙连通的网络区域。防火墙具有根据数据包过滤规则划分路由器连通的网络区域的功能。

各层网络设备的网络管辖范围如图 1-21 所示。

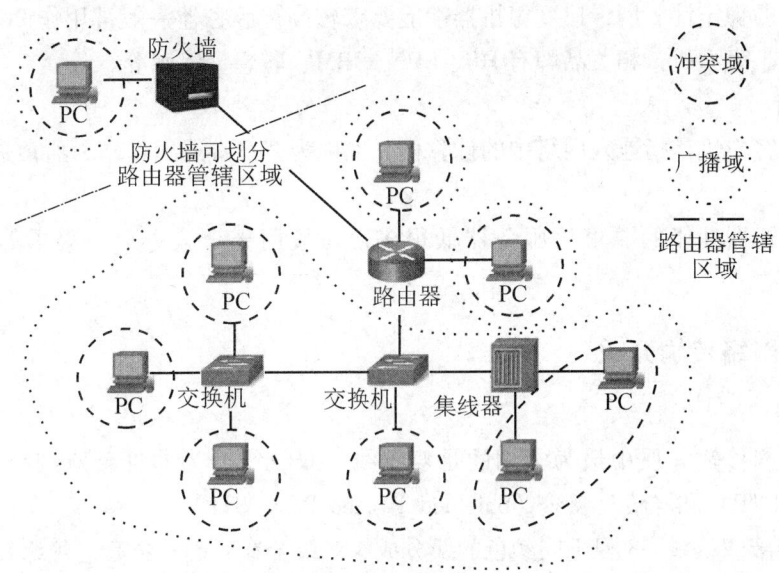

图 1-21　各层网络设备的网络管辖范围

网络中间设备的特点比较见表 1-2。

表 1-2　网络中间设备的特点比较

工作层次	设备名称	管辖区域	管辖区域与设备的关系	设备特点
物理层	集线器	冲突域	管辖区域是集线器所有端口连接的网络，也是二层交换机一个端口所在的网络	没有网络隔离功能
数据链路层	交换机	广播域	管辖区域是二层交换机所有端口连接的网络，也是路由器一个端口所在的网络	可隔离冲突域
网络层	路由器	路由器连通的网络区域	管辖区域是路由器所有端口连接的网络	可隔离广播域
网络层及以上	防火墙	防火墙连通的网络区域	管辖区域是防火墙所有端口连接的网络	可隔离路由器连通的网络区域

1.2.3　网络终端设备

1. 服务器

网络上的服务器是指为网络提供服务的计算机，一般分为控制服务器和功能性服务器。其中，控制服务器主要是指装有网络操作系统的高性能的服务器，起网络控制和管理作用；功能性服务器则是指系统中具备各种功能的服务器，如 Web 服务器、FTP 服务器、DHCP 服务器、DNS 服务器、电子邮件服务器、代理服务器以及数据库服务器等。

服务器控制资源调配，提供资源服务，因此，其对 CPU 的数量和速度、内存容量、硬盘速度、主板的稳定性、网卡速度等机器性能要求较高。服务器一般被用作 PC 服务器、工作站、小型机、大型机，相关品牌有 HP、SUN、IBM、联想、浪潮等。

2. 客户机

网络上的客户机是指连入网络中的计算机，也称为客户端或工作站，通常是一台具备网卡的普通 PC。

客户端对机器性能的要求比服务器低很多，一般用于个人办公、娱乐等，相关品牌很多。

1.2.4 网络传输介质

1. 双绞线

目前局域网传输介质中最为常用的是双绞线。双绞线分为非屏蔽双绞线（Unshielded Twisted Pair，UTP）和屏蔽双绞线（Shielded Twisted Pair，STP）。

（1）非屏蔽双绞线。8 根不同颜色的线分成 4 对绞合在一起，再套上绝缘套，即成为非屏蔽双绞线，如图 1-22 所示。非屏蔽双绞线成对扭绞的目的是尽可能减少电磁辐射与外部电磁干扰的影响。非屏蔽双绞线价格较低、数据传输速率较高，常用于室内短距离布线。

（2）屏蔽双绞线。如果在非屏蔽双绞线的绝缘套内加一层金属编织网，即成为屏蔽双绞线，如图 1-23 所示。屏蔽双绞线线缆的抗干扰性较好、数据传输速率高、耐腐蚀，但不易弯曲、相对难安装、较沉，并且价格较高。

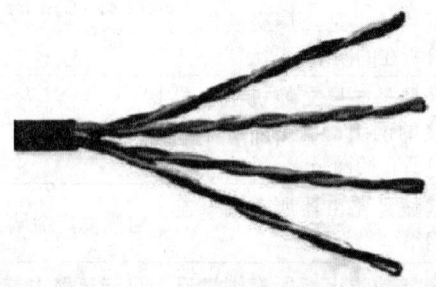
图 1-22 非屏蔽双绞线

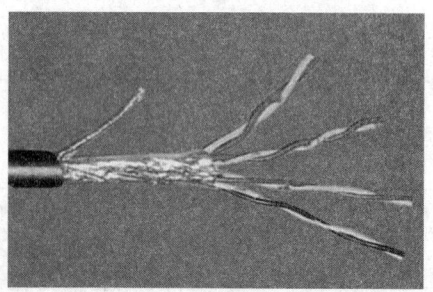
图 1-23 屏蔽双绞线

然而，经过长期的发展，非屏蔽双绞线不仅抗干扰性能有了大幅提高，而且具有轻便、灵活、使用更易安装的 RJ-45 水晶头的优点。因此，非屏蔽双绞线已经成为目前使用最为广泛的局域网传输介质。通常所说的网线即由一定长度的双绞线与 RJ-45 水晶头组成，如图 1-24 所示。

电子工业协会/电信工业协会制定的布线标准规定了两种双绞线线序：T568A 与 T568B。RJ-45 水晶头是压接在网线末端的插头，当面朝弹片俯视时，设引脚序号从左至右为 1~8。

T568A 线序从 1~8 依次为白绿、绿、白橙、蓝、白蓝、橙、白棕、棕；T568B 线序从 1~8 依次为白橙、橙、白绿、蓝、白蓝、绿、白棕、棕，具体如图 1-25 所示。

图 1-24 由双绞线和 RJ-45 水晶头组成的网线

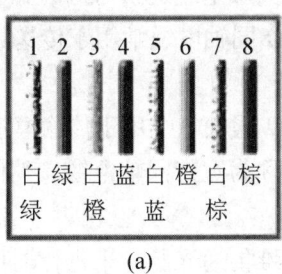

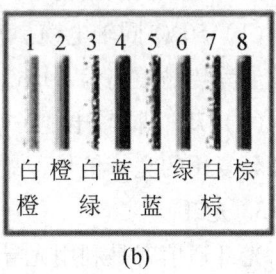

图 1-25 T568A 和 T568B 线序规定

(a) T568A；(b) T568B

在连接不同类型的设备时，通常使用两端线序完全相同的直通线缆；在连接同类设备时，则使用两端线序不同的交叉线缆（一端使用 T568A 线序，另一端使用 T568B 线序）；连接主机 COM 口与路由器 Console 口时，需使用两端线序完全相反的反转线缆。直通线缆、交叉线缆和反转线缆的制作和使用方法见表 1-3。

表 1-3 直通线缆、交叉线缆和反转线缆的制作和使用方法

线缆名称	制 作 方 法	使 用 方 法
直通线缆	线缆两端同时采用 T568A 标准或者同时采用 T568B 标准（通常是采用 T568B 标准）	交换机到路由器以太网端口
		PC 到交换机
		PC 到集线器
交叉线缆	线的一端采用 T568A 标准，另一端则采用 T568B 标准	交换机到集线器
		集线器到集线器
		路由器到路由器的以太网端口
		PC 到 PC
		PC 到路由器的以太网端口
反转线缆	两端线序完全相反，即一端为 1~8，另一端则为 8~1	主机 COM 口到路由器 Console 口

2. 同轴电缆

同轴电缆由内向外分别是导体（铜质芯线，可能是单股实心线或多股绞合线）、塑料质地的绝缘层、网状编织的导体屏蔽层（可以是单股的）以及起保护作用的塑料封套，如图 1-26所示。

由于同轴电缆的金属屏蔽层能将磁场反射回中心导体，同时也使中心导体免受外界干

19

扰，故其比双绞线抗干扰能力更强，具有更高的带宽，传输距离更远，用途更广泛，但价格比双绞线高，安装也较复杂。同轴电缆现被广泛用于较高速的数据传输。

按特性阻抗数据的不同，同轴电缆通常可分为如下两类：

（1）50 Ω同轴电缆。50 Ω同轴电缆常用于传送数字基带信号，因此，又称为基带同轴电缆。其传输距离为 1 km。

（2）75 Ω同轴电缆。75 Ω同轴电缆用于传输模拟信号，在这种电缆上传送的信号采用了频分复用的宽带信号，故又称为宽带同轴电缆。其传输距离可达 100 km。

3. 光纤

光纤通信就是利用光导纤维传递光脉冲来进行通信，而光导纤维是光纤通信的媒体。

光导纤维是一种能够传导光信号的极细（直径为 50 ~ 100 μm）、柔软的介质。常用的光纤材料有超纯二氧化硅、多成分玻璃纤维和塑料纤维。光纤的横截面为圆形，由纤芯、包层两部分构成，二者由两种光学性能不同的介质构成。其中，纤芯为光通路；包层由多层反射玻璃纤维构成，用来将光线反射到纤芯上。

一般在光纤外部还有一个保护层。纤芯及包层都被这个保护层包裹保护。在紧型结构中，光纤被外层塑料保护层完全包住；在松型结构中，光纤与保护层之间有一层胶体或其他材料。无论是哪一种结构，保护层都起着提供必要的光缆强度的作用，以防止光纤因受外界温度、弯曲、外拉等影响而折断。光纤及其保护层如图 1 – 27 所示。

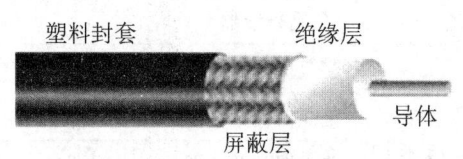

图 1 – 26 同轴电缆

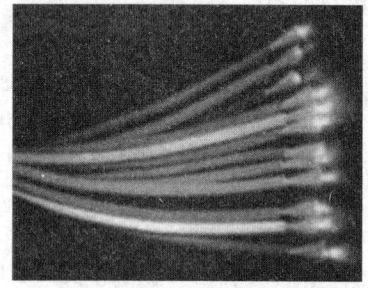

图 1 – 27 光纤及其保护层

光纤可以分为单模和多模两种传输方式。单模，即只提供单条光的通路；多模，即发散为多路光波，每一路光波走一条通路。单模光纤因衰减小而具有更大的容量，但是生产成本比多模光纤高。

光纤在任何时候都只能单向传输，因此，若要实行双向通信，其必须成对出现，一个用于输入，另一个用于输出，光纤两端要接到光学接口上。

4. 微波

微波通信在数据通信中占有重要地位，其主要使用 2 ~ 40 GHz 频率范围的微波。微波在空间中主要沿直线传播。由于微波会穿透电离层进入宇宙空间，因此，微波通信有两种主要方式：地面微波接力通信和卫星通信。

由于微波在空间中主要是沿直线传播的，而地球表面是曲面，所以其在地面上的传播距离会受到限制。对于地面微波接力通信，为了增大微波的直线传播距离，就需要增高天线塔的高度，塔越高，传播距离越远。微波具有如下优点：波段频率高、传输频带宽、通信容量大、传输距离远、抗干扰能力强、可靠性较高，与同容量和同长度的光纤、电缆载波相比，微波建设投资少、见效快。但微波也存在如下缺点：相邻站点之间不能有障碍物、会受到恶劣天气的影响，与电缆通信系统相比，微波通信的隐蔽性和保密性较差，对大量中继的使用和维护要耗费一定的人力和物力。

卫星通信由卫星和地球两部分组成。三个相差120°的卫星能覆盖整个赤道，充当中继站，把从地球发出的电磁波（微波）放大再送回地球，故卫星通信的通信范围大，易于实现广播和多播通信，并且工作频道容量大，适合多种业务传输。但卫星通信易受雨雪和太阳噪声的影响。

5. 激光

激光通信具有良好的保密性，无须申请使用微波频段，经营成本低，架构速度快，与传输协议无关，容量大。因此，无线激光通信可应用于最后 1 km 网络接入、移动通信的基站互联、数据通信专线、企业单位内部网、需特殊保密的军事安全部门和其他不宜使用光纤连接及微波的通信。但是，激光通信受天气、通信距离的影响较大，而且受到影响时链路可能会被中断。

1.2.5 网络软件

网络软件是指在计算机网络环境中支持数据通信和各种网络活动的软件，包括网络操作系统、网络协议软件和网络应用等。其能够使本机用户共享网络中其他系统的资源，或是把本机系统的功能和资源提供给网络中的其他用户使用。为此，每个计算机网络都制定了一套全网共同遵守的网络协议，并要求网络中的每台主机系统配置相应的协议软件，以确保网络中不同系统之间能够可靠、有效地相互通信和合作。

1.3 计算机网络的地址

1.3.1 物理地址

1. 物理地址的定义

物理地址，即介质访问控制（Medium Access Control，MAC）地址，也即网络设备的硬件地址，是电气与电子工程师协会（Institute of Electrical and Electronics Engineers，IEEE）802 系列标准为局域网定义的、工作在第二层（数据链路层）的网络设备地址，即网卡地址。之所以称其为 MAC 地址，是因为 OSI 七层网络模型的第二层（数据链路层）还可以细分为 MAC 子层和逻辑链路控制（Logical Link Control，LLC）子层。其中，MAC 子层提供设备寻址及访问控制功能，LLC 子层负责与介质无关的通信确认和流量控制。

2. 物理地址的特性

MAC 地址具有唯一性和不变性。

（1）唯一性。在网络中的任何一台设备（如计算机、路由器、交换机等）都有唯一的 MAC 地址作为在第二层网络中唯一的识别标志。只有每台设备的 MAC 地址都不一样，计算机网络才能在某个子网中向特定目的设备传送数据帧。

（2）不变性。首先，MAC 地址在出厂前就被烧录在网卡中，因此，其是不可变的，故也称为硬件地址。其次，MAC 地址与硬件在网络中所处的位置无关，也就是说，无论将带有这个地址的硬件（如网卡、集线器、交换机、路由器等）接入网络的何处，它都有相同的 MAC 地址，MAC 地址一般不可改变，不能由用户自己设定。

3. 地址的表示

MAC 地址是一个 6 个字节的二进制串，共 48 位，通常用 12 个 16 进制数表示，每 2 个 16 进制数之间用冒号隔开，如 08：00：20：0A：8C：6D。

MAC 地址的前 24 位（前 3 个字节，即前 6 位 16 进制数）由 IEEE 负责分配，编号代表硬件制造商的编号；后 24 位（后 3 个字节，即后 6 位 16 进制数）代表该制造商所制造的某个网络产品（如网卡）的系列号。每个网络制造商都必须确保它所制造的每台以太网设备都具有相同的前 3 个字节以及不同的后 3 个字节，这样就可以保证世界上的每台以太网设备都具有唯一的 MAC 地址，从而为在网络中寻找目标设备提供依据。在进行网络通信时，MAC 地址会被写入每一个数据链路层帧中，是帧头的组成部分。交换机会根据帧头中的 MAC 源地址和 MAC 目的地址实现数据包的交换和传递。

例如，FF：FF：FF：FF：FF：FF 为 MAC 广播地址，表示信息将广播给连接到链路上的所有接收方；00：50：BA：CE：07：0C 为网卡 MAC 地址，前 24 位 00：50：BA 表示 D-LINK 公司是该网卡的生产厂家。

1.3.2 逻辑地址

1. 逻辑地址的定义

逻辑地址即 IP 地址，也即网络设备的逻辑地址，是由互联网最高管理机构——互联网名称与数字地址分配机构（Internet Corporation for Assigned Names and Numbers，ICANN）分配与管理的、工作在第三层（网络层）的网络设备地址。网络层在 OSI 七层网络模型和 TCP/IP 五层网络模型中都负责 IP 数据包的传递和转发。

2. 逻辑地址的特性

IP 地址具有互联网唯一性和可变性。

（1）互联网唯一性。互联网上网络设备的 IP 地址都是唯一的，但不同内网的 IP 地址可以按照相关规则复用。

（2）可变性。IP 地址可以根据需要由 TCP/IP 动态分配，也可以由用户指定，因此，它是可变的。

3. 地址的表示

根据 IP 协议版本的不同，IP 地址可以分为 IPv4 和 IPv6 两种，目前被使用最多的仍然是 IPv4 地址。IPv4 地址是一个 4 个字节的二进制串，共 32 位（IPv6 地址将被扩展到 128 位），每个字节都用十进制、取值范围为 0~255 的数字表示。为了提高可读性，每个十进制数字之间用点号隔开，故其也称为点分十进制，如图 1-28 所示。其中，W、X、Y 和 Z 分别表示取值范围在 0~255 的整数。

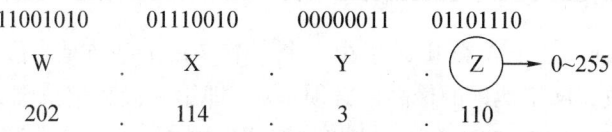

图 1-28 IPv4 协议使用的 IP 地址

现在，在互联网上有成千上亿台主机。为了区分这些主机，每个 ISP 都必须向 ICANN 申请一组 IP 地址，然后分配给其用户（一般是动态分配）。互联网上的每台 3 层及以上设备（如主机、路由器），都必须被分配专门的 IP 地址作为第三层的标志。例如，各台主机之间要进行通信，必须先知道对方的 IP 地址。在进行网络通信时，每个 IP 数据包都必须带有 IP 地址。路由器在转发数据时，将根据数据包包头中的 IP 源地址和 IP 目的地址实现数据包的接收和转发。

关于 MAC 地址与 IP 地址需要注意以下几点：

（1）IP 地址与 MAC 地址没有必然联系。IP 地址通常工作于广域网，由路由器处理；MAC 地址工作于局域网，由交换机处理。

（2）两者都不可或缺，主要原因如下：

① IP 地址的分配是根据网络的拓扑结构进行的，不应该像 MAC 地址那样依赖网络设备制造商。

② 两者并存时，设备更易于移动和维修。例如，如果一个以太网卡坏了，可以更换，且无须取得一个新的 IP 地址。如果一台主机从一个网络移到另一个网络，则可以给一个新的 IP 地址，而无须更换新网卡。

③ IP 地址是一个逻辑地址，能屏蔽数据链路层之间的差异。

4. IP 地址规划

同一个物理网络上的所有主机都用同一个网络号，网络上的一台主机（服务器和路由器等）对应一个主机号。因此，IP 地址的 4 个字节大部分被划分为两部分：一部分用来标明具体的网络，即网络号；另一部分用来标明具体的主机，即主机号。

32 位 IP 地址，根据网络规划需求不同，可以分为 A 类、B 类、C 类、D 类和 E 类，共 5 类，见表 1-4。

表1-4　5类IP地址

类别	IP地址第一个字节 二进制数开头	IP地址点分十进制范围	适用对象或范围
A	0	1. X. Y. Z ~ 126. X. Y. Z	大型网，可容纳$2^{24}-2$台主机
B	10	128. X. Y. Z ~ 191. X. Y. Z	中型网，可容纳$2^{16}-2$台主机
C	110	192. X. Y. Z ~ 223. X. Y. Z	小型网，可容纳$2^{8}-2$台主机
D	1110	224. X. Y. Z ~ 239. X. Y. Z	用于采用多播方式传输数据
E	11110	240. X. Y. Z ~ 254. X. Y. Z	保留待将来使用

（1）A类IP地址。一个A类IP地址由1个字节（每个字节是8位）的网络地址和3个字节的主机地址组成，网络地址的最高位必须是0，即第一段数字范围为1~126。每个A类IP地址可连接$2^{24}-2=1\ 677\ 214$（台）主机，互联网有$2^{7}-2=126$（个）A类IP地址，下文简称A类地址。

（2）B类IP地址。一个B类IP地址由2个字节的网络地址和2个字节的主机地址组成，网络地址的最高位必须是10，即第一段数字范围为128~191。每个B类地址可连接$2^{16}-2=65\ 534$（台）主机，互联网有$2^{14}-2=16\ 382$（个）B类IP地址，下文简称B类地址。

（3）C类IP地址。一个C类IP地址由3个字节的网络地址和1个字节的主机地址组成，网络地址的最高位必须是110，即第一段数字范围为192~223。每个C类IP地址可连接$2^{8}-2=254$（台）主机，互联网有$2^{21}-2=2\ 097\ 150$（个）C类IP地址，下文简称C类地址。

（4）D类IP地址。D类IP地址用于多点播送。其第一个字节以1110开始，第一个字节的数字范围为224~239，用于多目的地信息的传输以及备用。全0的IP地址（0.0.0.0）对应于当前主机，全1的IP地址（255.255.255.255）是当前子网的广播地址，下文简称D类地址。

（5）E类IP地址。E类IP地址以11110开始，即第一段数字范围为240~254。E类IP地址保留，仅做实验和开发用，下文简称E类地址。

需要注意的是，在以上5类IP地址中，只有A、B、C类IP地址分为网络号和主机号两部分，如图1-29所示。

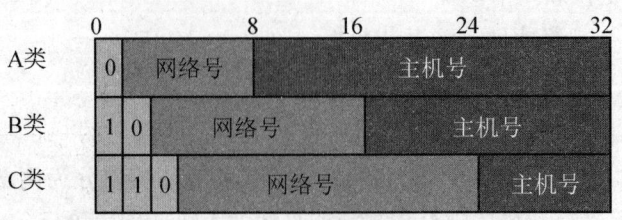

图1-29　A、B、C类IP地址的网络号和主机号

除A、B、C、D、E 5类IP地址以外，还有以下4种特殊地址：

（1）网络地址。主机地址全 0 时表示本网络地址，如 129.45.0.0 就是一个 B 类网络地址。

（2）广播地址。主机地址全 1 时表示在本网络上进行广播，如 129.45.255.255 就是一个 B 类广播地址。

（3）本地回环地址。网络地址以 127 开头的保留给本地系统测试诊断使用，其 IP 地址为 127.×.×.×。当有进程使用该地址发送数据时，协议软件将立即返回，不进行任何网络数据传输。

（4）私有地址。这些 IP 地址只能用于内部网络，可被不同的组织重复使用，有助于减轻 IPv4 地址的耗尽问题。这些地址在表 1-5 中进行了说明。

表 1-5　私有地址

私有地址范围	网络地址数/个	类　　别
10.0.0.0 ~ 10.255.255.255	1	A 类地址
172.16.0.0 ~ 172.31.255.255	16	B 类地址
192.168.0.0 ~ 192.168.255.255	256	C 类地址

5. 子网与子网掩码

（1）子网掩码。早在 2011 年 2 月 3 日，ICANN 就宣布 IPv4 地址已经耗尽。回顾本小节"3. 地址的表示"中的原有 IPv4 地址规划设计，其中确实存在浪费的问题。在很多情况下，某个 IP 网络地址能容纳的主机数量与实际需求并不一致。

例如，一个 B 类地址能容纳 65 534 台主机，而一般的机构都用不到这么多台主机，这种分配造成地址空间的利用率很低。另外，即使真的有 65 534 台主机，由于网络规模过大，其中的广播消息过多，也会对网络性能造成一定的影响。

为了更有效地使用 IP 地址空间、解决上述问题，人们提出使用子网掩码，即将一个大网络进一步划分成多个小一些的子网进行管理。这样，原有网络包含的 IP 地址自然也相应地需要重新进行分配。可以在原有主机号中借出一些位数作为子网编号，从而将之前用网络号识别的大网络划分成几个小一些的子网，原有网络号加上新的子网编号由子网掩码标记识别，该技术称为子网划分技术。

在有子网划分之前，直接给出某个 IP 地址，就可以根据第一个字节的大小（参看图 1-28 和表 1-4），判断主机号和网络号分别是多少位。对 A、B、C 类地址来说，主机号位数是确定的，所以也有确定的默认掩码。默认掩码是一个 32 位二进制数，左边 n 位全 1，右边 $32~n$ 位全 0。路由器通过逐位 AND 运算 IP 目的地址和默认掩码，得到目的网络的网络号，从而决定是否转发数据包，按位或处理两个长度相同的二进制数，两个相应的二进制位中只要有一个为 1，则该位的结果值为 1。

A、B、C 类地址的默认子网掩码如图 1-30 所示。

在进行子网划分之后，子网掩码不再是默认的，而是被用于判断目标主机地址是位于本

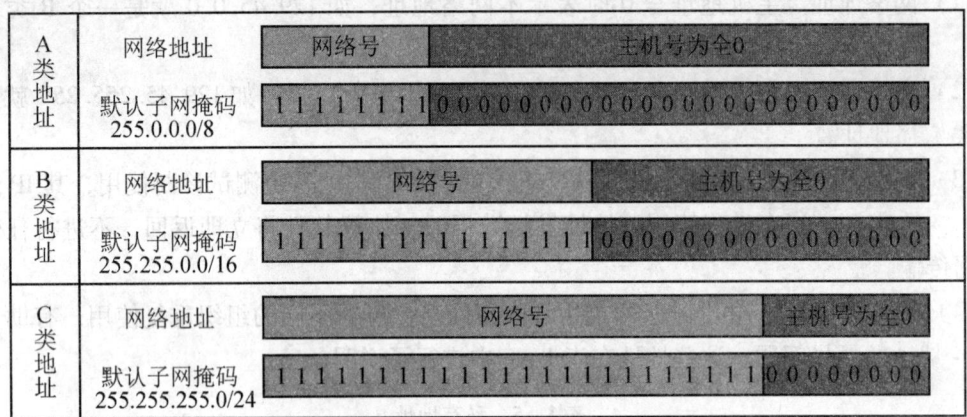

图 1-30　A、B、C 类地址的默认子网掩码

地子网内部（通过按位逐一进行或运算的方式处理两个长度相同的二进制数，即如果两个相应的二进制位中有一个为 1，则该位的运算结果值为 1，否则运算结果值为 0），还是位于无子网的网络中。其中，子网掩码为 1 表示该位被网络或子网编号使用，子网掩码为 0 表示该位被主机编号使用。另外，还可以直接用网络号和子网号的长度之和表示子网掩码。例如，假设 192.168.10.3 网络号为 24 位，子网号为 1 位，主机号为 7 位，那么其网络号 + 子网号 = 24 + 1 = 25（位），其子网掩码可以表示为 255.255.255.128，或者连同 IP 地址一起表示为 192.168.10.3/25。

（2）网络地址和广播地址的计算。划分子网之后，子网掩码还可以用来计算网络地址和广播地址，分别如图 1-31 和图 1-32 所示。其中，AND 表示逐位求与操作，OR 表示逐位求或操作，NOT 表示逐位求反操作。例如，11110000 AND 11100000 = 11100000，11110000 OR 11100000 = 11110000，NOT11110000 = 00001111。网络地址和广播地址的计算方法如下：

网络地址 = IP 地址 AND 子网掩码

广播地址 = IP 地址 OR（NOT 子网掩码）

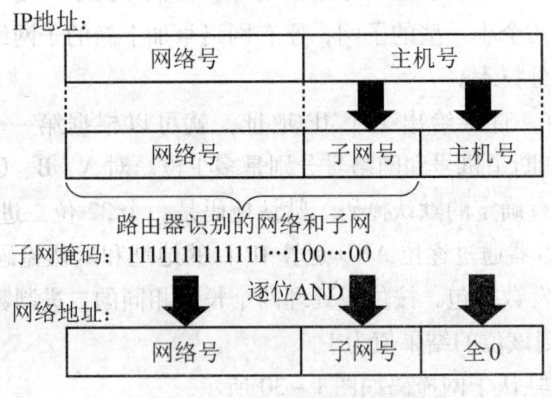

图 1-31　网络地址的计算

第 1 章 计算机网络基础

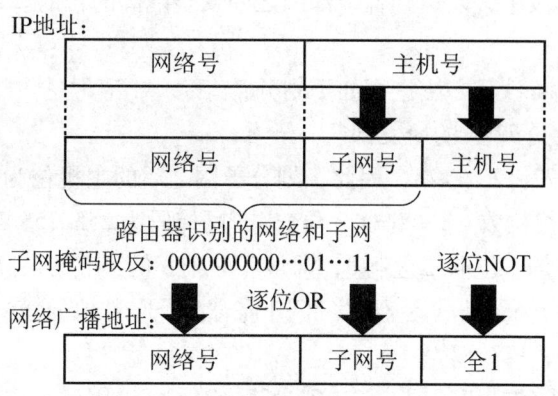

图 1-32 广播地址的计算

划分子网后，IP 地址就变成了网络号、子网号、主机号三级结构。划分子网纯属组织内部事务，对外仍然表现为一个没有被划分子网的网络。

另外，计算机必须将其 IP 地址和子网掩码同时发往网络，否则路由器等网络设备将无法正确进行数据转发工作。在本网络中的路由器收到一个数据分组时，会首先检查分组的目的 IP 地址中的网络号（IP 地址和掩码地址进行 AND 运算）：

① 若目的网络号不等于本地网络号，则转发出去。

② 若目的网络号等于本地网络号，则检查目的 IP 地址中的子网络号是否与本地子网络号相等。若子网络号不是本子网，则转发到本地相应的子网；若子网络号是本子网，则依据主机号把分组送到本路由器相应端口上的主机。

（3）可变长子网掩码（Variable Length Subnet Mask，VLSM）。可变长子网掩码提出了划分多级子网的方法，其允许一个组织在同一类地址空间中使用不同的子网掩码。VLSM 能满足不同子网的 IP 地址需求，提高 IP 地址的使用效率。

VLSM 的计算方法如下：

第 1 步：找出区域中最大的网段，即连接的设备数量最多的网段。

第 2 步：为最大网段找出合适的子网掩码。

第 3 步：算出满足该子网掩码的子网地址，并分配一个给最大的网段。

第 4 步：对于更小的网段，选取一个新划分的、未被使用的子网地址，根据目前的最大网段，确定一个不同的、更合适的子网掩码。

第 5 步：将最新子网化的子网地址分配给目前的最大网段。

第 6 步：回到第 4 步，进行更小网段的划分，直到所有网段均分配到合适的子网掩码为止。

VLSM 计算举例如下：

某公司使用一个 C 类地址 202.114.10.0/24，该公司现有研发、销售、财务、人事 4 个部门，4 个部门分别有 72 人、35 人、18 人、10 人，要求通过子网划分的方式，将这 4 个部门划分到不同的子网网段中，以达到各个部门之间安全隔离的目的。请问应该如何进行子网划分？

解 根据上述 VLSM 计算方法进行如下划分：

第 1 步：最大网段是 72 人的研发部门。

第 2 步：$64 = 2^6 < 72 < 2^7 = 128$，因此，划分子网之后的主机位为 7。C 类默认主机位是 8 位，因此，子网号借位位数 = 8 - 7 = 1（位），子网掩码为 255.255.255.128。

第 3 步：子网号借的 1 位取二进制 0，即最后一个 8 位字节的最高位取二进制 0，7 位主机位从全 0 取到全 1，得到满足研发部门需求的子网地址范围为 202.114.10.0 ~ 202.114.10.127，$0 = 0$，$127 = 2^7 - 1$。

第 4 步：选择 35 人的销售部门。$32 = 2^5 < 35 < 2^6 = 64$，因此，主机位为 6，子网号借位 8 - 6 = 2（位），子网掩码为 255.255.255.192。

第 5 步：子网号借的 2 位取二进制 10，即最后一个 8 位字节的最高 2 位取二进制 10，6 位主机位从全 0 取到全 1，得到满足销售部门需求的子网地址范围为 202.114.10.128 ~ 202.114.10.191，$128 = 2^7$，$191 = 2^6 - 1 + 128$。

第 6 步：选择 18 人的财务部门。$16 = 2^4 < 18 < 2^5 = 32$，因此，主机位为 5，子网号借位 8 - 5 = 3（位），子网掩码为 255.255.255.224。

第 7 步：子网号借的 3 位取二进制 110，即最后一个 8 位字节的最高 3 位取二进制 110，5 位主机位从全 0 取到全 1，得到满足财务部门需求的子网地址范围为 202.114.10.192 ~ 202.114.10.223，$192 = 2^7 + 2^6$，$223 = 2^5 - 1 + 192$。

第 8 步：选择 10 人的人事部门。$8 = 2^3 < 10 < 2^4 = 16$，因此，主机位为 4，子网号借位 8 - 4 = 4（位），子网掩码为 255.255.255.240。

第 9 步：子网号借的 4 位取二进制 1110，即最后一个 8 位字节的最高 4 位取二进制 1110，4 位主机位从全 0 取到全 1，得到满足人事部门需求的子网地址范围为 202.114.10.224 ~ 202.114.10.239，$224 = 2^7 + 2^6 + 2^5$，$239 = 2^4 - 1 + 224$。

到目前为止，所有网段都分配完成，每个子网的子网号位数都不同，符合 VLSM 的要求。注意：每个子网的主机地址范围需去掉主机位全 0 和全 1 两个地址。

6. 地址的聚合

使用地址聚合技术的原因有以下两个：

（1）一个 C 类网址能容纳的主机数量为 $2^8 - 2 = 254$（个），对中等偏上规模的公司来说，这个数目通常太少，不够使用。一个 B 类网址能容纳的主机数量为 $2^{16} - 2 = 65\ 534$（个），该数目又过大，会产生浪费。因此，需要一种能聚合多个低类网址的技术，按需使用 IP 地址，减少不必要的浪费。

（2）随着互联网的发展，IPv4 地址已经耗尽，每个 A、B 或者 C 类公网网址都已被投入使用，如果对每个公网网址都进行路由查询，那么主干网上的路由器表项将非常庞大，这将严重影响路由查询性能。地址聚合技术能将对应多个连续低类网址的多条路由信息聚合成一条信息，增加路由效率。

2006 年，无类别域间路由（Classless Inter-Domain Routing，CIDR）被提出，用于规范地解决上述问题。

CIDR 是一种在互联网上创建超网的方法，它能将几个小网络集中起来，形成一个较大的网络，对合适的机构提供服务，并且能使一个 IP 地址代表几千个 IP 地址，将路由条目集中起来，从而减轻互联网路由器的负担。IP 地址一般被直接分配给 ISP，再由 ISP 分配给用户，所以一般根据用户需要，由 ISP 使用 CIDR 合理分配网络地址。

使用 CIDR 后，IP 地址就变回了二级结构，即只有网络号和主机号，不再有 A、B、C 等默认类的默认主机号长度了。

例如，202.114.10.0/22 表示前 22 位是网络号，后 10 位是主机号，是 4 个 C 类网址聚合后形成的超网地址，已不再是一个单独的 C 类地址。

7. 地址的转换

所有公有 IP 地址都必须在所属地域的相应互联网 IP 地址管理机构（ICANN）注册。用户可以通过从 ISP 租用公有地址使用网络服务。

由于当前的 IPv4 地址数量已经无法满足实际需要，所以大型用户内部一般使用私有 IP 地址。与公有 IP 地址不同，私有 IP 地址可以被不同的组织同时使用，也就是说，多个网络可以同时使用相同的私有 IP 地址。为了防止因此造成的地址冲突，这些具有私有 IP 地址的数据包不能通过互联网路由，因此，私有 IP 地址也被称为不可路由地址。ISP 通常会在用户内网和外网之间配置边界路由器，防止对私有 IP 地址进行访问的流量通过互联网转发出去。但由于不能通过互联网路由私有 IP 地址，公有 IP 地址又不足，于是需要一个在网络边缘将私有 IP 地址转换为公有 IP 地址的双向机制，以保证内网、外网的互联互通。

网络地址转换（Network Address Translation，NAT）便提供了该机制。其工作原理类似于公司内线电话系统，外部只知道公司对外的统一电话，由服务台进行内线电话转接。同理，内网所有的网络设备都使用私有 IP 地址，公司申请少数外部公有 IPv4 地址，以便与外网交换信息。需要内网、外网相互通信时，由边界路由器建立 NAT 转换表，在内部网络的私有 IP 地址和外部网络上能够路由到的公有 IP 地址之间进行双向翻译，这样内部网络的设备就能够访问外网了。如图 1-33 所示，内网、外网边界路由器上的 NAT 转换表能将内网 192.168.1.0/24 上的主机地址转换为外网可识别的 202.114.18.2 公网地址，反之亦然。通过 NAT，内网 PC 将能与外网的网络服务器 202.114.12.22 互联互通。

综上所述，使用 NAT 的优点如下：

（1）节省公有 IPv4 地址资源。内部设备相互访问仅需要能够相互区分的私有地址，不需要公有地址。

（2）提高内部网络的安全性。内部网络使用的私有地址对外部公开网络是不可路由的，所以外部无法直接访问内部网络。

（3）管理方便。例如，公司搬迁后，私有地址并不需要进行改动，具有较好的可扩

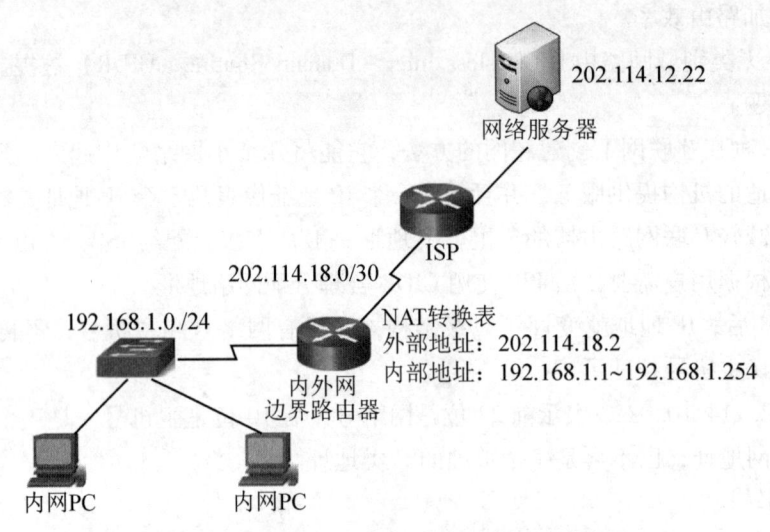

图 1-33 使用 NAT 进行内网、外网地址翻译

展性。

8. 下一代地址方案

（1）地址的定义和分类。IPv4 地址的耗尽是开发下一代地址方案的动力，由此出现了 IPv6 方案。该方案在征求修正意见书（Request For Comments，RFC）系列中的第 2373 号意见书，即 RFC2373 中有详细定义。

IPv6 地址的长度是 128 位，即 16 个字节×8 位为一组，长度是 IPv4 的 4 倍。为了更好地记忆这种地址，IPv6 采取了十六进制冒号记法：128 位被划分成 8 个区，每个区的长度为 2 个字节，2 个字节即 4 个十六进制数字。因此，IPv6 地址由 32 个十六进制数字组成，每 4 个数字用一个冒号分隔开。例如：

2001：BA97：4537：F76A：ADBF：BBFF：FE22：FFFF

虽然这样表示很长，不过很多数字都是 0，因此可以简写。两个冒号之间的 4 个数字开头的几个 0 可以忽略。例如，0074 可以简写为 74。如果连续几个冒号之间都是 0，还可以进一步简写，即零压缩，将这些 0 全部去掉，用双冒号代替。例如：

2001：0：0：0：BBAA：0：0：FFFF→2001：：BBAA：0：0：FFFF

从上面的例子可以看出，如果有两串连续的 0，则只能对其中一侧进行压缩，否则将无法无歧义地还原出原始数据。

此外，还可以使用十六进制冒号记法加上点分十进制方法表示与 IPv4 兼容的 IPv6 地址。例如：

：：126.1.1.2 或 ：：FFFF：126.1.1.2

IPv6 中的地址分为单播、任播和多播 3 种，广播被认为是多播的一种特殊情况。

① 单播。单播是指发送到单播地址的数据分组必须交付给指定计算机。以 2001 开头、可在全球路由的公网 IPv6 地址是一种单播地址。例如：

2001∷ADBF：BBFF：FE22：FFFF

② 任播。任播是指发送到任播地址的分组会被交付给共享一个地址的成员中最容易到达的那个，其他成员不会收到副本分组。如果单播地址被分配给多个接口，则该地址成为任播地址。

③ 多播。多播也称组播，是指发送到多播地址的分组会被交付给共享多播地址的每一个成员。以 FF00 开头的 IPv6 地址是组播地址。例如：

FF00∷ADBF：BBFF：FE22：FFFF

（2）地址的结构。可用于全球路由的公网 IPv6 地址是一个三级结构，由全球路由选择前缀、子网标识和接口标识 3 个部分组成。

① 全球路由选择前缀。全球路由选择前缀的推荐长度为 48 位，前 3 位固定为 001，后 45 位用于进行公网路由选择。

② 子网标识。子网标识的推荐长度为 16 位，全部用于标识子网编号。

③ 接口标识。接口标识的推荐长度为 64 位，用于标识网络接口。可用 48 位的二层 MAC 地址映射成 64 位的接口标识。

1.3.3 端口地址

1. 地址定义

端口地址，即主机上的应用进程实体的逻辑地址，是由 ICANN 定义的、工作在第四层（传输层）的主机进程的地址，也称为端口号。

2. 地址表示

在 TCP/IP 协议簇中，端口号的取值范围为 0~65 535。ICANN 将端口号分为 3 个部分：知名端口、注册端口和动态端口。

（1）知名端口。知名端口的取值范围为 0~1 023，全部由 ICANN 指定。

（2）注册端口。注册端口的取值范围为 1 024~49 151，ICANN 不指定，但必须在 ICANN 处进行注册，防止重复。

（3）动态端口。动态端口的取值范围为 49 152~65 535，不需要指定和注册，可以临时使用或专用。

其中，知名端口及相关协议列表见表 1-6。

表 1-6 知名端口及相关协议列表

端口号	使用 TCP	使用 UDP	使用的协议
0		UDP	保留，未使用
7	TCP	UDP	Echo 协议
20	TCP	UDP	FTP 文件传输协议
21	TCP		FTP 控制（命令）

续表

端口号	使用 TCP	使用 UDP	使用的协议
22	TCP	UDP	安全 Shell（Secure Shell，SSH），用于安全登录、安全文件传输（SCP、SFTP）、安全端口转发
23	TCP	UDP	Telnet 协议，用于明文信息通信
25	TCP		简单邮件传输协议（Simple Mail Transfer Protocol，SMTP），用于在邮件服务器之间进行邮件路由
53	TCP	UDP	域名解析协议（DNS）
69		UDP	普通文件传输协议（Trivial File Transfer Protocol，TFTP）
79	TCP		指示服务协议（Finger Protocol）
80	TCP		超文本传输协议（HTTP）
107	TCP		远程 Telnet 服务协议（Remote Telnet Service Protocol）
110	TCP		邮局协议第三版（Post Office Protocol – v3，POP3）
115	TCP		简单文件协议（Simple File Transfer Protocol，SFTP）
118	TCP	UDP	结构化查询语言服务［Structured Query Language（SQL）Services］
123		UDP	网络时钟协议（Network Time Protocol，NTP），用于时间同步
137	TCP	UDP	网络基本输入/输出系统（Network Basic Input/Output System，NetBIOS）命名服务
138	TCP	UDP	NetBIOS 数据报服务
139	TCP	UDP	NetBIOS 会话服务
143	TCP		互联网消息访问协议（Internet Message Access Protocol，IMAP），用于电子邮件信息管理
156	TCP	UDP	SQL 服务
161		UDP	简单网络管理协议（Simple Network Management Protocol，SNMP）
162	TCP	UDP	简单网络管理协议 Trap（Simple Network Management Protocol Trap，SNMPTRAP）
179	TCP		边界网关协议（Border Gateway Protocol，BGP）
194	TCP	UDP	互联网中继聊天（Internet Relay Chat，IRC）
201	TCP	UDP	AppleTalk 路由维护
213	TCP	UDP	互联网包交换（Internetwork Packet Exchange，IPX）
220	TCP	UDP	互联网消息访问协议（Internet Message Access Protocol，IMAP）第三版
389	TCP	UDP	轻量目录访问协议（Lightweight Directory Access Protocol，LDAP）

续表

端口号	使用 TCP	使用 UDP	使用的协议
443	TCP		TLS/SSL 超文本传输协议（HyperText Transfer Protocol over TLS/SSL，HTTPS）
514	TCP		Shell，用于远程执行非交互式命令
514		UDP	Syslog，用于进行系统日志记录
520		UDP	路由信息协议（Routing Information Protocol，RIP）
521		UDP	下一代路由信息协议（Routing Information Protocol Next Generation，RIPng）
530	TCP	UDP	RPC
546	TCP	UDP	DHCPv6 客户端
547	TCP	UDP	DHCPv6 服务器端
554	TCP	UDP	实时流协议（Real Time Streaming Protocol，RTSP）
587	TCP		简单邮件传输协议（SMTP）
636	TCP	UDP	TLS/SSL 轻量目录访问协议（LDAPS）
647	TCP		DHCP 热备协议
648	TCP		注册协议（Registry Registrar Protocol，RRP）
749	TCP	UDP	Kerberos（协议）管理
750		UDP	Kerberos 第四版（kerberos – iv）
751	TCP	UDP	Kerberos 认证（kerberos_master）
752		UDP	Kerberos 口令服务器（passwd_server）
847	TCP		DHCP 热备协议
860	TCP		iSCSI
873	TCP		RSync 文件同步协议
989	TCP	UDP	TLS/SSL 上的 FTPS 协议（数据）
990	TCP	UDP	TLS/SSL 上的 FTPS 协议（管理）
992	TCP	UDP	TLS/SSL 上的 Telnet
993	TCP		TLS/SSL 上的互联网消息访问协议（Internet Message Access Protocol over TLS/SSL，IMAPS）
995	TCP		TLS/SSL 上的邮局协议第三版（Post Office Protocol 3 over TLS/SSL，POP3S）

1.3.4 物理地址、逻辑地址和端口地址的区别

计算机网络中间层的物理地址、逻辑地址和端口地址之间的区别见表1－7。

表1-7 物理地址、逻辑地址和端口地址之间的区别

地址名称	对应网络层次	地址是否可变	物理地址还是逻辑地址	地址长度	地址的变化范围
物理地址	数据链路层	不可变	物理地址	48位	00：00：00：00：00：00 ~ FF：FF：FF：FF：FF：FF
逻辑地址	网络层	可变	逻辑地址	32位	0.0.0.0 ~ 255.255.255.255
端口地址	传输层	可变	逻辑地址	16位	0 ~ 65 535

1.4 计算机网络的测试与故障排查

1.4.1 网络配置查看测试

计算机网络成功配置之后就应该进行测试，查看结果是否达到预期。很多基本测试可以直接在PC上完成，虽然有些命令与PC上的操作系统有关，命令稍有出入，但测试流程和方法都是类似的。

ipconfig是Windows操作系统中内建的一个命令行实用程序，能够用于显示当前主机上人工配置的TCP/IP网络配置信息，得到的结果包括当前操作系统下的所有网络接口信息。ipconfig和ipconfig/all分别用于显示Windows操作系统下的网络配置。前者显示基本的本地IPv4地址和IPv6地址、子网掩码、默认网关等信息，后者显示更为详细的配置信息。

> 注意！"//"之后的文字为命令注释，在本书中出现是为了方便读者理解命令的含义，在实际配置时无须输入。输入命令时，还可以仅使用命令全称的前几个无歧义的字母进行代替，不需要全部输入；如果不记得命令全称，还可以输入命令单词的前几个字母，之后单击Tab键进行命令补全。运行"ipconfig"命令之前，应在Windows操作系统中单击"Windows徽标"，选择"所有程序"→"附件"，单击"命令提示符"，然后输入"ipconfig"命令，即可得到响应结果。其他Windows操作系统也可以通过类似的方式运行"ipconfig"命令。

```
Microsoft Windows[版本 6.1.7601]
版权所有(c)2009 Microsoft Corporation。保留所有权利。

    C:\Users\user>ipconfig
Windows IP 配置
    以太网适配器 本地连接：
    连接特定的 DNS 后缀.......：
```

IPv6 地址. . . . . :

临时 IPv6 地址. . . . . :

　　　本地链接 IPv6 地址. . . . . . . :

IPv4 地址. . . . . :192.168.1.216

　　　子网掩码. . . . . :255.255.255.0

默认网关. . . . . :192.168.1.254

C:\Users\user>ipconfig/all

Windows IP 配置

　主机名. . . . . :PC1

　主 DNS 后缀 . . . . :

　节点类型. . . . . :广播

　IP 路由已启用. . . . . :否

　WINS 代理已启用. . . . . :否

　DNS 后缀搜索列表. . . . . . . :无

　　　以太网适配器 本地连接：

　　　　连接特定的 DNS 后缀 . . . . :无

　描述. . . . .:Intel(R)82577LM Gigabit Network Connection

　物理地址. . . . . :F4-D1-F2-A3-B3-94

　DHCP 已启用. . . . . :是

　自动配置已启用. . . . . :是

　IPv6 地址. . . . . :

　临时 IPv6 地址. . . . . :

　　　本地链接 IPv6 地址. . . . . . . :

　IPv4 地址. . . . . :192.168.1.216(首选)

　　　子网掩码 . . . . :255.255.255.0

　　　获得租约的时间 . . . . :2016 年 9 月 23 日 23:42:08

　　　租约过期的时间 . . . . :2016 年 9 月 25 日 22:06:43

　默认网关. . . . . :192.168.1.254

　　　DHCP 服务器. . . . . :192.168.201.9

　　　DNS 服务器 . . . . :192.168.201.34

　TCPIP 上的 NetBIOS . . . . . . :已启用

1.4.2 物理地址查看测试

从 IP 地址动态映射到 MAC 地址的映射表是由 ARP 管理的。arp 命令能查看该映射表的内容。下面的代码显示了在 Windows 命令行终端使用 arp 命令查看本机上的 IP/MAC 地址映射表的结果,如 192.168.1.10 对应的主机物理地址为 8c-89-a5-81-4f-f4。

```
Microsoft Windows[版本 6.1.7601]
版权所有(c)2009 Microsoft Corporation。保留所有权利。

C:\Users\user>arp -a

接口:192.168.1.216---0x13
  Internet 地址         物理地址                类型
  192.168.1.10          8c-89-a5-81-4f-f4       动态
  192.168.1.14          1c-6f-65-28-63-7c       动态
  192.168.1..16         00-23-ae-ae-5c-87       动态
  192.168.1.254         00-0e-84-54-6e-bf       动态
  192.168.1.255         ff-ff-ff-ff-ff-ff       静态
  224.0.0.2             01-00-5e-00-00-02       静态
  224.0.0.13            01-00-5e-00-00-0d       静态
  255.255.255.255       ff-ff-ff-ff-ff-ff       静态
```

1.4.3 连通性测试

ping 命令是用于测试网络连通性的主要命令。其通过向对方发送网络层的 ICMP 控制报文的方法来验证对方设备与本地网络的连接是否保持通畅,同时,还会显示 ping 命令的应答和相应情况。ping 命令可用于测试本地和远程网络设备之间的连通性。如果需要测试本地 TCP/IP 是否正常运行,则可以输入 ping 127.0.0.1 命令查看结果;如果需要测试远程地址是否能够连通,则可以输入"ping 远程 IP 地址"进行验证。下面的代码显示了在 Windows 命令行终端测试本地和远程的连通性的命令和结果,每次测试发送 4 个数据包,均会 100% 成功返回。

```
Microsoft Windows[版本 6.1.7601]
版权所有(c)2009 Microsoft Corporation。保留所有权利。
```

```
C:\Users\user>ping 127.0.0.1                    //测试本地 TCP/IP 协议连通性
    正在 Ping 127.0.0.1 具有 32 字节的数据：
    来自 127.0.0.1 的回复：字节=32 时间<1ms TTL=254
    来自 127.0.0.1 的回复：字节=32 时间<1ms TTL=254
    来自 127.0.0.1 的回复：字节=32 时间<1ms TTL=254
    来自 127.0.0.1 的回复：字节=32 时间<1ms TTL=254

127.0.0.1 的 Ping 统计信息：
    数据包：已发送=4，已接收=4，丢失=0(0% 丢失)，
                                                //本地 TCP/IP 协议工作正常

往返行程的估计时间(以毫秒为单位)：
    最短=0ms，最长=0ms，平均=0ms


C:\Users\user>ping 192.168.1.254                //测试远程 IP 地址连通性

正在 Ping 192.168.1.254 具有 32 字节的数据：
    来自 192.168.1.254 的回复：字节=32 时间<1ms TTL=254
    来自 192.168.1.254 的回复：字节=32 时间=1ms TTL=254
    来自 192.168.1.254 的回复：字节=32 时间<1ms TTL=254
    来自 192.168.1.254 的回复：字节=32 时间<1ms TTL=254

192.168.1.254 的 Ping 统计信息：
    数据包：已发送=4，已接收=4，丢失=0(0% 丢失)，
                                                //远程地址设备已连通
往返行程的估计时间(以毫秒为单位)：
    最短=0ms，最长=1ms，平均=0ms
```

1.4.4 故障发现测试

在 Windows 操作系统下可使用 tracert 命令查看和测试路由情况，在 Linux 操作系统下则可使用 traceroute 命令查看和测试路由情况。

ping 命令能用于检查设备之间的连通性；traceroute（tracert）命令则可以用于查看设备之间的具体路径，该命令能生成成功到达目的地途中每一跳的列表。

其结果包括如下数据：

1. 往返时间

tracert 命令可以提供路径沿途每一跳的往返时间（Round Trip Time，RTT），并指示是否某一跳未响应。RTT 是数据包到达远程主机以及从该主机返回响应所花费的时间。星号（*）表示数据包丢失。如果特定的某一跳响应时间过长或数据丢失，则表明该路由器的资源或其连接可能出现了问题。

2. 生存周期

tracert 命令会向目标主机发送包含不同 IP 数据包生存周期（Time To Live，TTL）字段的 ICMP 报文，每个路由器转发数据包时都要将 TTL 减 1，当数据包上的 TTL＝0 时，告知超时。

3. 目标地址

tracert 命令用于确定 IP 数据包访问目标所选择的路径，即确定从一个主机到网络上其他主机的路由。

下面的代码显示了成功追踪一台路由器 192.168.177.4 的过程，第一步追踪到的是网关 192.168.1.254。

```
Microsoft Windows[版本6.1.7601]
版权所有(c)2009 Microsoft Corporation。保留所有权利。

C:\Users\user>tracert 192.168.177.4

通过最多30个跃点跟踪到192.168.177.4的路由:

  1    <1 毫秒    <1 毫秒    <1 毫秒    192.168.1.254   //数据包成功到
                                                        达网关
  2    <1 毫秒    <1 毫秒    3 ms       192.168.177.4   //数据包成功到
                                                        达目标主机
跟踪完成。
```

1.5 TCP/IP 和 OSI 网络模型认知实训

1.5.1 实训目的

理解计算机网络体系结构，理解 TCP/IP 和 OSI 网络模型及相关协议所处层次、协议流量转发过程，理解常见的 Web 网络服务，掌握 TCP/IP 和 OSI 网络模型的联系与区别。

1.5.2 实训内容

按要求进行 TCP/IP 和 OSI 网络模型认知实验,网络模型认知拓扑图如图 1-34 所示。

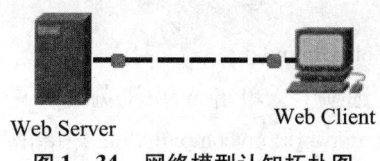

图 1-34 网络模型认知拓扑图

1.5.3 实训要求

实训前,认真复习 1.1.2 小节的内容。通过实训,熟悉 TCP/IP 和 OSI 网络模型的层次、协议流量转发过程,并书写实训报告。

1.5.4 实训步骤

1. 建立网络拓扑

根据拓扑图要求连接网络。

2. 建立模拟 Web 和 DNS 服务

(1) 参考附录 2,打开 Web Server 和 WebClient 图形化界面,分配同网段 IP 地址,注意给 Client 设置的网关和 DNS 地址都是 Web Server 地址。

(2) 打开 Web Server,选择 Services 标签。

(3) 保证 HTTP 服务为开启状态(On)。

(4) 打开 DNS 服务,保证服务处于开启状态(On)。

(5) 添加一条 DNS 资源记录(Resource Records),例如,Name:network.mycompany.cn,Address:Web Server 地址。

(6) 点击添加。

3. 查看 HTTP Web 流量

(1) 单击模拟(Simulation)模式图标,从实时(Realtime)模式切换到模拟模式。

说明:Packet Tracer 界面的右下角是用于实时模式与模拟模式切换的选项卡。Packet Tracer 始终以实时模式启动,在此模式中,网络协议采用实际时间运行。在模拟模式中,数据包显示为动画信封,时间由事件驱动,而用户可以逐步查看网络事件。

(2) 单击编辑过滤器(Edit Filters),显示可用的可视事件。切换全部显示/无(Show All/None)复选框。

(3) 单击全部显示/无(Show All/None)复选框,取消选中,然后选择 HTTP。可视事件(Visible Events)当前应仅显示 HTTP。

4. 生成 Web（HTTP）流量

注意：目前模拟面板（Simulation Panel）为空白。模拟面板的事件列表（Event List）顶部共有6列。随着流量的生成和逐条通过，列表中会显示事件。信息（Info）列用于检查具体事件内容。

（1）单击 Web 客户端（Web Client）。

（2）单击桌面（Desktop）选项卡，单击 Web 浏览器（Web Browser）图标打开浏览器。

（3）在 URL 字段中，输入 network.mycompany.cn 并单击转到（Go），此时应能正常访问 Web Server。

（4）单击4次捕获/转发（Capture/Forward）。事件列表应显示4个事件。查看 Web 客户端的 Web 浏览器页面有何变化。

5. 查看 HTTP 数据包的内容

（1）单击事件列表（Event List）→信息（Info）列下第一个彩色方框。显示 PDU Information at Device：Web Client（设备 PDU 信息：Web 客户端）窗口。

（2）选中 OSI 模型（OSI Model）选项卡。在传出层（Out Layers）列中，确保第七层（Layer 7）框突出显示。

请思考：第七层（Layer 7）标签表示什么含义？

请比较 PDU Information at Device：Web Client 窗口 OSI Model 和 Outbound PDU Details 标签，说明 OSI 和 TCP/IP 模型的联系与区别。

1.6　双绞线制作实训

1.6.1　实训目的

了解双绞线的制作标准；了解非屏蔽双绞线和屏蔽双绞线的优缺点；掌握直通线缆、交叉线缆、反转线缆3类非屏蔽双绞线的制作方法；掌握使用网线测试器测试电缆连通性的方法。

1.6.2　实训内容

按要求进行非屏蔽双绞线的制作及测试。

1.6.3　实训要求

实训前，认真复习1.2.4小节的内容。通过实训，熟悉非屏蔽双绞线的制作及测试方法，并书写实训报告。

1.6.4　实训步骤

每人一个 RJ-45 水晶头，每两个人一条网线、一台网线测试器和一把网线钳。

(1) 取非屏蔽双绞线线缆的一端，用网线钳的剪线刀口将线头剪齐，然后将线头放入剥线刀口，稍微握紧网线钳慢慢旋转，让刀口划开双绞线的保护胶皮，剥下胶皮。

(2) 剥除外面的胶皮后即可见到双绞线网线的 4 对 8 条芯线，将芯线依次拆开、理顺、捋直，然后两个人都按照 T568A 或 T568B 的线序规定，将芯线排列整齐。T568A 和 T568B 的线序规定如图 1-25 所示。

(3) 缓缓用力，将 8 条内芯导线沿 RJ-45 水晶头内的 8 个线槽插入水晶头顶端。注意，RJ-45 水晶头有塑料弹片的一侧向下，并保持线序不变。插入之后的效果如图 1-35 所示。

(4) 确认所有导线到位并检查线序正确之后，首先将 RJ-45 水晶头推入网线钳的夹线槽，然后用力（可以双手一起用力）握紧网线钳，使 RJ-45 水晶头的针脚全部压入水晶头内。

(5) 重复上述步骤，制作线缆的另外一端，完成直通线缆的制作。

(6) 用网线测试器检查制作完成的网线，确认其连通性。网线测试器分为主测试器和远程测试端两个可拆卸模块，如图 1-36 所示。

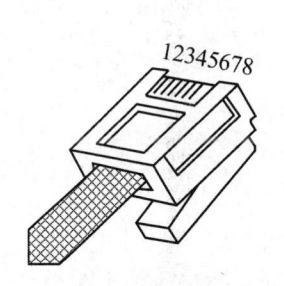

图 1-35　RJ-45 水晶头

图 1-36　网线测试器的主测试器（左侧）和远程测试端（右侧）

① 打开网线测试器电源至 ON，将做好的网线两端插头分别插入主测试器和远程测试端。如果主机指示灯从 1～G 逐个顺序闪亮，则说明网线制作成功。例如：

主测试器指示灯闪亮顺序：1→2→3→4→5→6→7→8→G。

远程测试端指示灯闪亮顺序：1→2→3→4→5→6→7→8→G。

② 如果出现问题，应按照如下步骤进行检查：

第一步，检查两端线序是否不同。

第二步，检查网线是否存在断路或者有接触不良的现象。网线测试器任何一个灯为红色或黄色，都说明存在断路或者接触不良的现象，很可能是水晶头未压牢所致。此时，可以先对两端的水晶头再用网线钳压一次，然后重新检测。

(7) 重复步骤（1）~（6），进行交叉线缆的制作，不同之处在于两个人分别使用 T568A 和 T568B 线序。

(8) 重复步骤（1）~（6），进行反转线缆的制作，不同之处在于一个人采用 T568A 或 T568B 线序，另一个人采用与前一个人完全相反的线序。

1.7 双机直连实训

1.7.1 实训目的

了解不同类别双绞线如何应用；掌握客户端 PC 的网络配置方法；掌握使用客户端 PC 进行简单网络测试与故障排查的方法。

1.7.2 实训内容

用测试合格的网线直连两台操作系统相同的 PC，并进行简单的 IP 地址设置，使两台 PC 之间能够相互联通。双机直连拓扑图如图 1-37 所示。

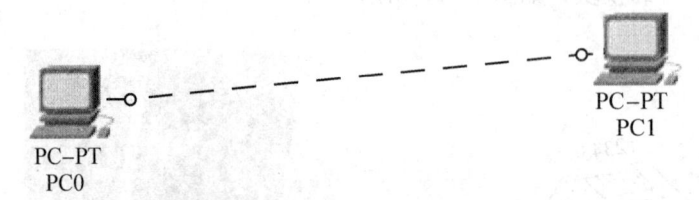

图 1-37 双机直连拓扑图

1.7.3 实训要求

实训前，认真复习 1.2.4 小节和 1.4 节的内容。通过实训，熟悉 3 种不同类别线缆的使用范围，掌握 IP 地址设置和测试排错的基本方法，并书写实训报告。

1.7.4 实训步骤

每人一个 RJ-45 水晶头，每两个人一条网线、一台网线测试器、一把网线钳和一台 PC。

（1）按照 1.6 节中实训所教方法完成交叉线缆的制作，并确认其连通性。

思考：为什么必须使用交叉线缆？

（2）配置 PC 的 IP 地址。

① 双击操作系统右下角的"本地连接"图标，进入"网络连接"界面，如图 1-38 所示。

图 1-38 本地连接

② 双击"网络连接"中的"本地连接"，系统打开"本地连接 状态"对话框，如图 1-39 所示。

③ 在出现的"本地连接 状态"对话框中，选中"属

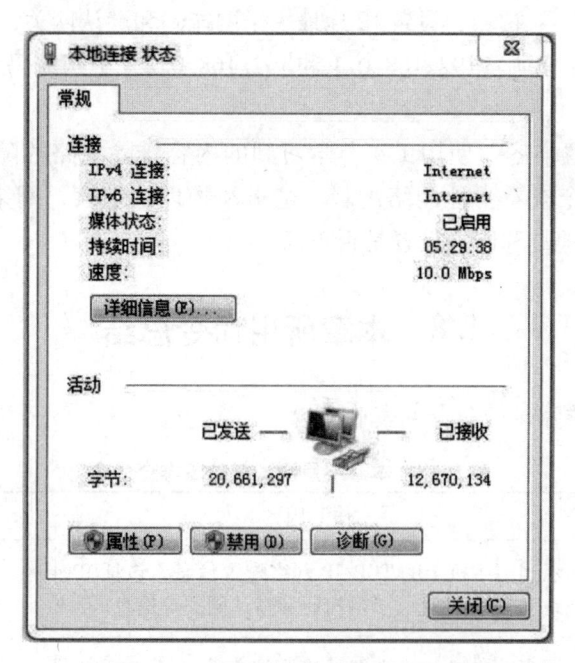

图 1–39 "本地连接 状态"对话框

性"按钮,在出现的"本地连接 属性"对话框(见图 1–40)中,选中"Internet 协议版本 4(TCP/IPv4)"项。

图 1–40 "本地连接 属性"对话框

43

④ 再次选择"属性"按钮，设定 IP 地址、子网掩码和默认网关，然后单击"确定"按钮。两台 PC 的 IP 地址分别为 192.168.0.1 和 192.168.0.2，子网掩码为 255.255.255.0，网关为 192.168.0.1。

（3）测试查看配置内容。使用 1.4 节学习到的内容排除线路故障，依次使用 ipconfig、arp、ping 和 tracert 命令查看本地网络配置、逻辑和物理地址表、网络连通性。如有错误，应检查 IP 地址、掩码地址和网关设置是否正确。

1.8 本章所用命令总结

本章所用测试与故障排查命令见表 1-8。

表 1-8 本章所用测试与故障排查命令

常用命令语法	作　用	首次出现的小节
ipconfig	显示当前主机上的 TCP/IP 网络配置信息，包括 IPv4 地址和 IPv6 地址、子网掩码和默认网关等信息	1.4.1
ipconfig /all	显示当前主机上的详细网络配置信息，还包括机器名、DHCP 网络服务器地址等	1.4.1
arp - a	查看 IP 地址动态映射到 MAC 地址的映射表内容	1.4.2
ping 127.0.0.1	测试本地 TCP/IP 是否正常工作	1.4.3
ping *ip - address*	测试本地到命令指定 IP 地址之间的网络是否通畅	1.4.3
tracert *ip - address*	显示路由路径	1.4.4

注意！表 1-8 "常用命令语法"一栏中的斜体字为用户自定义的输入，其他为不可更改的命令关键字。

本章小结

本章介绍了计算机组网的背景和基础知识。为了提高网络通信和资源共享效率，计算机网络不断向标准化和应用深入方向发展。计算机组网技术是着重学习计算机网络的通信子网技术。在标准化方面，TCP/IP 五层网络模型目前已经成为工业界的实施标准，各个层次都包含丰富的服务协议。从物理层开始自底向上，首先保证传输介质、基本设备物理安装正确，然后保证交换机、路由器、防火墙等活跃在不同网络层次的中间设备的功能。理解网络模型各个层次都有网络地址寻址转发问题。为了解决 IPv4 地址枯竭问题，VLSM 和超网聚合技术出现了，IP 地址的使用方式从有类转向无类。最后，介绍了如何进行网络测试与故障排查。

习 题

一、不定项选择题

1. 路由发生在 TCP/IP 五层网络模型的（   ）。
   A. 应用层　　　　　　　　　　B. 网络层
   C. 传输层　　　　　　　　　　D. 物理层
2. 二层交换机根据（   ）信息决定如何转发数据帧。
   A. 源 MAC 地址　　　　　　　B. 源 IP 地址
   C. 源交换机端口　　　　　　　D. 目的 IP 地址
   E. 目的端口地址　　　　　　　F. 目的 MAC 地址
3. PC 用（   ）命令验证处于交换机连接的相同局域网中的主机之间的连通性。
   A. ping IP 地址　　　　　　　 B. tracert IP 地址
   C. traceroute IP 地址　　　　　D. arp IP 地址

二、填空题

1. 假设一个网络管理员正在验证新安装的 FTP 服务是否能够连接，该网络管理员的操作是在 OSI 七层网络模型的_____层上进行的。
2. 某主机接收到数据帧后发现已经损坏，因此丢弃了该帧，该功能是在 OSI 七层网络模型的_____层完成的。

三、应用题

VLSM 方案设计：某大学使用一个地址 190.10.4.0/22，现有 7 个部门，每个部门分别有 140 人、130 人、68 人、60 人、24 人、18 人、9 人，要求通过子网划分的方式将这 7 个部门划分到不同的子网网段中，以达到各个部门之间相互隔离的目的。请问应该如何进行子网划分才不会浪费？请写出每个子网的网络地址范围和掩码信息。

第 2 章 组网交换技术

学习内容要点

1. 有线局域网,VLAN、VLAN 中继的 IEEE 标准。
2. 交换机的功能。
3. 交换机的操作模式、类别和转换方法。
4. VLAN 的特点。
5. VLAN 的划分方法。
6. VLAN 中继。
7. 广域网的 3 种交换技术。
8. 广域网常用的协议。

知识学习目标

1. 理解局域网的主流标准与技术。
2. 掌握二层交换机的交换原理。
3. 掌握 VLAN 的原理和配置技术。
4. 理解广域网的交换原理与技术。

工程能力目标

1. 掌握交换设备管理的基本配置方法。
2. 掌握 VLAN 及中继的配置方法。

本 章 导 言

通过第 1 章的学习,我们知道,在过去的 60 多年里,计算机网络在局域网和广域网技术方面都有了深入的发展。以太网交换机已经成为当前局域网组网最为重要的网络设备,负责局域网中的数据交换,广域网交换技术也正在向更快、更新的方向发展。学习本章内容,读者将能掌握常用的局域网、广域网组网交换技术,并通过两个案例实践迅速掌握中小型局域网的组网方法。

2.1 有线局域网概述

2.1.1 有线局域网标准简介

美国 IEEE 802 LAN/MAN 标准委员会为局域网、城域网等开发和维护了一系列标准和建议指南。IEEE 802 规范不仅定义了如何访问传输介质（如光缆、双绞线、无线等），以及在传输介质上传输数据的方法，还定义了传输信息的网络设备之间连接建立、维护和拆除的途径。遵循 IEEE 802 标准的产品包括网卡、交换机、路由器等用来组建局域网的部件。

IEEE 802 标准对应 OSI 七层网络模型中物理层和数据链路层的功能以及为网络层提供的接口服务。

IEEE 802 所定义的物理层功能包括二进制位流传输与接收、同步前序的产生与删除、信号的编码与译码、传输介质（双绞线、同轴电缆、光缆、无线介质）、拓扑结构（总线型、树形和环形）和传输速率（1 Mbps ~ 10 Gbps）。

IEEE 802 标准把数据链路层分为两层：下层为介质访问控制（MAC）子层，该层与硬件相关，负责解决介质利用问题，为此，IEEE 802 制定了多种介质访问标准；上层为逻辑链路控制（LLC）子层，该层与硬件无关，从而使局域网体系结构能适应多种传输媒介，负责成帧、发送接收帧、控制字段、循环冗余校验、帧顺序控制、差错控制和流量控制等。

当前的 IEEE 802 标准包括 802.1 ~ 802.24，共计 24 个子标准。其中，应用最为广泛的是以太网、虚拟局域网（Virtual LAN，VLAN）和无线网相关标准。目前仍活跃于研发中的 IEEE 802 标准见表 2 - 1。

表 2 - 1 目前仍活跃于研发中的 IEEE 802 标准

标准编号	标准名称
IEEE 802.1	高层局域网协议（Higher Layer LAN Protocols）
IEEE 802.3	以太网（Ethernet）
IEEE 802.11	无线局域网（Wireless LAN，WLAN）
IEEE 802.15	无线个人局域网（Wireless Personal Area Network，WPAN）
IEEE 802.16	宽带无线接入（Broadband Wireless Access，BWA）
IEEE 802.18	无线电管制（Radio Regulatory）
IEEE 802.19	无线并存（Wireless Coexistence）
IEEE 802.21	介质无关切换服务（Media Independent Handover Services）
IEEE 802.22	无线区域网（Wireless Regional Area Networks，WRAN）
IEEE 802.24	智能网格（Smart Grid）

由表 2 - 1 可以看出，目前的有线局域网标准主要是 IEEE 802.3（以太网）标准，现已被 ISO 接纳为国际标准，这也是目前市场上的实际标准。之前与之竞争的 IEEE 802.4（令

牌总线网）标准和 IEEE 802.5（令牌环网）标准已被 IEEE 放弃维护。

2.1.2 以太网技术的发展与现状

以太网最初是由施乐公司研发的，包括前五代——标准以太网（10 Mbps）、快速以太网（100 Mbps）、吉比特以太网（1 Gbps）、10 G 以太网（10 Gbps）和 100 G 以太网（100 Gbps），如今第六代以太网也已经发布。

总体来说，以太网技术的发展有如下几个特点：

（1）传输速率越来越高。

（2）兼容原有的二层物理地址和数据帧格式。

（3）现代以太网逐渐用全双工模式取代半双工模式，用点对点的连接方式代替共享介质的连接方式，每台二层设备的每个数据接收端口都有缓存保存数据，直到数据被发出去为止，因此，不会再出现以太网的共享介质上因为双方同时发送信号出现碰撞而导致数据丢失的问题，从而不再需要专用的冲突检测机制。

（4）双绞线、同轴电缆将逐步退出，光纤的使用越来越普及。

（5）以太网技术不再局限于局域网，已经向城域网甚至广域网不断发展。

现行各个阶段以太网实现技术的比较见表 2-2。

表 2-2　现行各个阶段以太网实现技术的比较

以太网标准	名　　称	速　　率	介　　质	最大传输距离/m
100Base-TX	快速以太网	100 Mbps	屏蔽双绞线	100
100Base-FX	快速以太网	100 Mbps	光缆	100
100Base-T4	快速以太网	100 Mbps	非屏蔽双绞线	100
1000Base-SX	吉比特以太网	1 Gbps	短波长（770~860 nm）的多模光纤	550
1000Base-LX	吉比特以太网	1 Gbps	长波长（1 270~1 355 nm）的多模光纤	5 000
1000Base-CX	吉比特以太网	1 Gbps	屏蔽双绞线	25
1000Base-T4	吉比特以太网	1 Gbps	5 类非屏蔽双绞线	100
10 GBase-S	10 G 以太网	10 Gbps	多模光纤	300
10 GBase-L	10 G 以太网	10 Gbps	单模光纤	10 000
10 GBase-E	10 G 以太网	10 Gbps	多模光纤	40 000
100 GBase-CR10	100 G 以太网	100 Gbps	铜缆	7
100 GBase-SR10	100 G 以太网	100 Gbps	多模光纤	100 或 125
100 GBase-LR4	100 G 以太网	100 Gbps	单模光纤	10 000 或 40 000

2.2 宿舍小型局域网组网案例

2.2.1 任务说明

1. 任务概述

(1) 情境说明。如图 2-1 所示，假设 4 名被安排在同一宿舍的大一新生刚办理好住校手续，发现宿舍墙上只有一个以太网插口，请问应如何连接校园网？如何对交换机进行基本配置？说明：图 2-1 中的 Fa 表示快速以太网接口，PC-PT 表示模拟 PC，Laptop-PT 表示模拟笔记本。其中，"-PT"后缀表示模拟设备，后图类似。

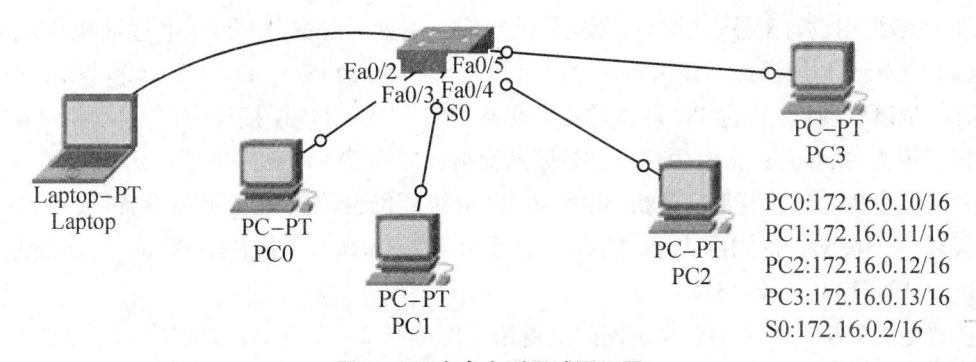

图 2-1 宿舍小型局域网组网

PC0:172.16.0.10/16
PC1:172.16.0.11/16
PC2:172.16.0.12/16
PC3:172.16.0.13/16
S0:172.16.0.2/16

(2) 具体说明。在本任务中，我们将学习如何连接配置一台交换机和 4 台 PC 组建一个宿舍小型局域网。本任务模拟了一个宿舍内部的小型局域网，条件如下：宿舍内部有 4 名校园网学生用户的 PC（记为 PC0~PC3），一台交换机（记为 S0）连接到校园网中，假设宿舍之外的其他交换机和路由器已由校园网网络管理员提前设置好。

需要注意的是，达到宿舍网络互联互通的目标并不需要专门配置交换机，这里配置交换机只是为了学习如何配置网络中间设备。

注意！本任务的学习目标如下：
(1) 进行交换机全局配置和命名。
(2) 配置交换机口令访问。
(3) 配置交换机远程访问接口。
(4) 保存交换机配置文件。
(5) 测试验证任务目标。

本任务实际上是大型校园网组网的一个子任务，任务步骤可以简化如下：

(1) 需求分析。这是网络组网的第一步，是对整个网络组网任务的整体把握，包括任务整体规划、逻辑拓扑图设计、具体协议选型、IP 编址方案以及设备和连线的选型。

(2) 设备安装。按照需求分析结果安装网络设备。

（3）设备配置。按照需求分析得到的网络拓扑，对宿舍 PC 连接的交换机设备进行基本设置，包括设置主机名、特权加密口令、Console 及 VTY 登录口令。按照需求分析结果进行 IP 地址的设置。

（4）分析测试。对设备进行分析测试，使得宿舍局域网内每个学生的 PC 之间都能够互相访问。

（5）故障排查。如果无法达到需求分析和测试要求，则进行故障查找并排除。

2. 需求分析

（1）任务整体规划。本任务模拟一个包含 4 名学生的宿舍内部的小型局域网，实现宿舍接入校园网，宿舍内部网络机器之间能够相互通信的目标。因此，本任务分为两部分：

① 网络中间设备配置。学生使用笔记本电脑配置宿舍交换机。

② 网络终端设备配置。学生按照学校的规定，配置 4 台宿舍 PC 的 IP 地址和网关地址。

（2）逻辑拓扑图设计。设 4 名学生用户 PC 分别标号为 PC0、PC1、PC2 和 PC3；由于宿舍只有一个以太网口，4 台 PC 将通过一台交换机（记为 S0）连接校园网；配置 S0 的笔记本电脑（记为 Laptop）；宿舍用户通过校园网交换机（记为 S1）、路由器（记为 R0）访问互联网。假设宿舍之外的其他交换机 S1 和 R0 已由校园网网络管理员提前设置好，从校园网网络管理员处获悉，校园网内 PC 的网关地址为 172.16.0.1，本宿舍 PC 的 IP 地址范围为 172.16.0.10 ~ 172.16.0.13。

按照上述分析，宿舍小型局域网的逻辑拓扑图如图 2-2 所示，方框内部为本次组网的任务范围。

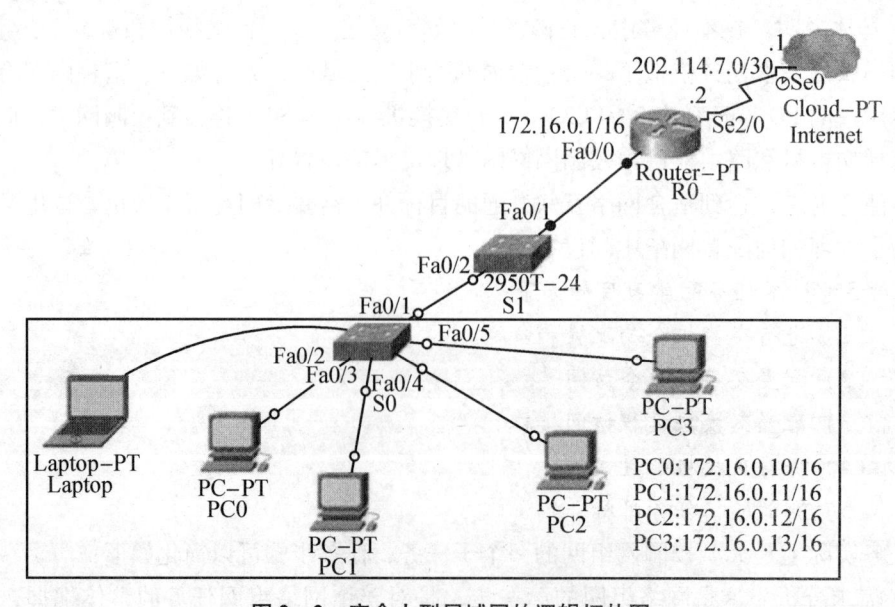

图 2-2 宿舍小型局域网的逻辑拓扑图

（3）选择具体的协议。一般选择 TCP/IP 制定 IP 编址方案。

(4) IP 编址方案，见表 2-3。宿舍 PC 的 IP 地址属于 172.16.0.1/16 网络，范围为 172.16.0.10~172.16.0.13。宿舍楼网络管理员从学校获悉，校园网内 PC 的网关地址为 172.16.0.1/16。

4 台 PC 通过交换机 S0、S1 接入校园网，然后通过路由器 R0 接入互联网。路由器 R0 连接交换机 S1 的 Fa0/0 接口的 IP 地址和掩码表示为 172.16.0.1/16，连接互联网的 Se2/0 接口的 IP 地址和掩码表示为 202.114.7.2/30。

宿舍小型局域网的 IP 编址方案见表 2-3。

表 2-3 宿舍小型局域网的 IP 编址方案

设备名称	接口	IP 地址	子网掩码	默认网关
R0	Se2/0	202.114.7.2	255.255.255.252	不适用
	Fa0/0	172.16.0.1	255.255.0.0	不适用
S1	不适用	不适用	不适用	不适用
S0	不适用	172.16.0.2	255.255.0.0	172.16.0.1
PC0	网卡	172.16.0.10	255.255.0.0	172.16.0.1
PC1	网卡	172.16.0.11	255.255.0.0	172.16.0.1
PC2	网卡	172.16.0.12	255.255.0.0	172.16.0.1
PC3	网卡	172.16.0.13	255.255.0.0	172.16.0.1

注意！本任务无须设置交换机 S1 和路由器 R0，默认这些已经由校园网网络管理员设置完毕。

(5) 设备的安全性设计。为了防止未经授权的人员访问网络设备，一般需要为每台设备设置访问口令，以保证设备的访问安全。这里主要是设置一些基本口令，如控制台访问口令、特权模式访问口令和远程 Telnet 访问口令。交换机访问口令配置方案见表 2-4。

表 2-4 交换机访问口令配置方案

设备名称	控制台访问口令	特权模式访问口令	远程 Telnet 访问口令
S0	s0console	s0enable	s0telnet

(6) 设备和连线选型。根据第 1 章所学的知识可知，应选择直通线缆连接交换机和 PC，使用反转线缆连接交换机和配置交换机的 Laptop，如图 2-2 中连线所示。

3. 设备安装

与网络相关的设备安装包括网络设备和宿舍的 PC 终端设备两部分。

(1) 网络设备。网络设备通常集中安装在楼房网络专用设备间的机架上，网线提前集中布好，使用时，每台终端设备对应一条连接宿舍网口和交换机 S0 的以太网接口的网线，如图 2-3 方框内的 4 条线所示，由于宿舍有 4 台 PC 终端，因此对应地需要 4 条网线连接 S0 上的第 2、3、4、5 号以太网口。

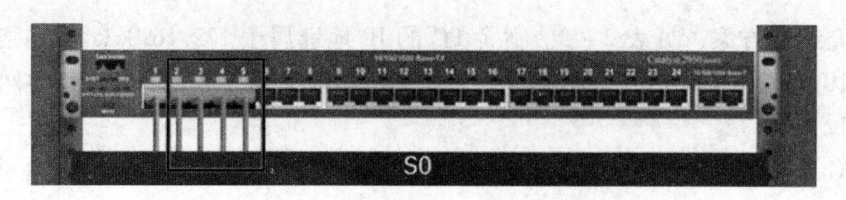

图 2-3 设备间交换机 S0 的安装

配置交换机 S0 需使用 Laptop 的 COM 串口，如图 2-4 方框内的插口所示。

使用交换机 S0 背面的 Console 口，通过 DB-9 转 RJ-45 反转线缆（见图 2-5）连接交换机 S0 和 Laptop，然后在 Laptop 上使用 Windows 超级终端对交换机进行控制。

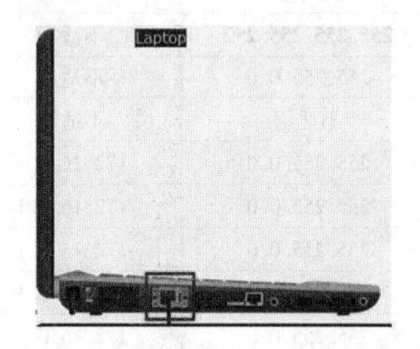

图 2-4 配置交换机的 Laptop COM 串口

图 2-5 DB-9 转 RJ-45 反转线缆

（2）宿舍的 PC 终端设备。宿舍的 PC 终端设备的安装需要准备 4 条直通线缆网线，连接本宿舍预留的以太网口和 PC 机箱上的以太网口即可，如图 2-6 方框内的连线所示。

图 2-6 宿舍 PC0~PC3 的网络连接

4. 设备配置

网络中间设备配置：

（1）"超级终端"配置。如图 2-7 所示，打开 Laptop 上的"超级终端"，以便开始进行配置。

单击"超级终端"菜单，进入"连接描述"界面。在"连接描述"界面中为新建连接命名，如图 2-8 所示。

图 2-7 打开"超级终端"

选择 COM1 口，如图 2-9 所示。
设置通信参数，如图 2-10 所示。

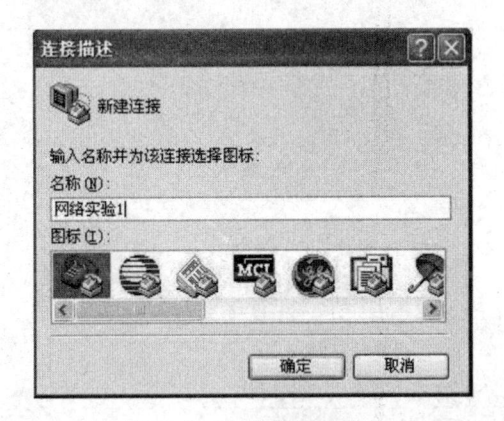

图 2-8 为新建连接命名

图 2-9 超级终端连接参数设置

图 2-10 超级终端通信参数设置

进入交换机配置界面后，超级终端上将会显示交换机的相关版本等信息，如下所示：

```
C2960 Boot Loader (C2960-HBOOT-M) Version 12.2(25r)FX, RELEASE SOFTWARE (fc4)
Cisco WS-C2960-24TT (RC32300) processor (revision C0) with 21039K bytes of memory.
2960-24TT starting...
Base ethernet MAC Address: 0002.16E4.1881
Xmodem file system is available.
Initializing Flash...
flashfs[0]: 1 files, 0 directories
flashfs[0]: 0 orphaned files, 0 orphaned directories
flashfs[0]: Total bytes: 64016384
flashfs[0]: Bytes used: 4414921
flashfs[0]: Bytes available: 59601463
flashfs[0]: flashfs fsck took 1 seconds.
...done Initializing Flash.

Boot Sector Filesystem (bs:) installed, fsid: 3
Parameter Block Filesystem (pb:) installed, fsid: 4

Loading "flash:/c2960-lanbase-mz.122-25.FX.bin"...
########################################################################
[OK]
              Restricted Rights Legend

Use, duplication, or disclosure by the Government is
subject to restrictions as set forth in subparagraph
(c) of the Commercial Computer Software - Restricted
Rights clause at FAR sec. 52.227-19 and subparagraph
(c) (1) (ii) of the Rights in Technical Data and Computer
Software clause at DFARS sec. 252.227-7013.

           cisco Systems, Inc.
           170 West Tasman Drive
```

```
           San Jose, California 95134-1706

   Cisco IOS Software, C2960 Software (C2960-LANBASE-M), Version 12.2
(25)FX, RELEASE SOFTWARE (fc1)
   Copyright (c) 1986-2005 by Cisco Systems, Inc.
   Compiled Wed 12-Oct-05 22:05 by pt_team
   Image text-base: 0x80008098, data-base: 0x814129C4

   Cisco WS-C2960-24TT (RC32300) processor (revision C0) with 21039K
bytes of memory.

   24 FastEthernet/IEEE 802.3 interface(s)
   2 Gigabit Ethernet/IEEE 802.3 interface(s)

   63488K bytes of flash-simulated non-volatile configuration memory.
   Base ethernet MAC Address       : 0002.16E4.1881
   Motherboard assembly number     : 73-9832-06
   Power supply part number        : 341-0097-02
   Motherboard serial number       : FOC103248MJ
   Power supply serial number      : DCA102133JA
   Model revision number           : B0
   Motherboard revision number     : C0
   Model number                    : WS-C2960-24TT
   System serial number            : FOC1033Z1EY
   Top Assembly Part Number        : 800-26671-02
   Top Assembly Revision Number    : B0
   Version ID                      : V02
   CLEI Code Number                : COM3K00BRA
   Hardware Board Revision Number  : 0x01


   Switch   Ports   Model         SW Version        SW Image
   ------   -----   -----         ----------        --------
   *  1      26     WS-C2960-24TT    12.2           C2960-LANBASE-M
```

```
Cisco IOS Software, C2960 Software (C2960-LANBASE-M), Version 12.2
(25)FX, RELEASE SOFTWARE (fc1)
Copyright (c) 1986-2005 by Cisco Systems, Inc.
Compiled Wed 12-Oct-05 22:05 by pt_team


Press RETURN to get started!
```

至此,交换机启动完成。按照提示,按回车键,就可以在 Laptop 的"超级终端"上进行交换机设备的设置了。

(2) 交换机设备名称配置。配置方法及步骤如下:

```
Switch > en                              //进入特权模式,"en"为"ena-
                                           ble"的缩写,下同
  Switch#conf t                          //进入全局配置模式,"conf t"为
                                           "configure terminal"的
                                           缩写
  Enter configuration commands, one per line. End with CNTL/Z.
  Switch(config)#hos S0                  //修改交换机名称为S0,"hos"为
                                           "hostname"的缩写
  S0(config)#
```

(3) 交换机控制台口令设置。给控制台设置口令是为了防止未经授权的用户访问交换机,设置方法如下:

```
  S0(config)#line console 0              //进入控制台配置模式
  S0(config-line)#password s0console     //设置控制台口令
  S0(config-line)#login                  //设置登录时需要输入口令
  S0(config-line)#end                    //退出到特权模式
    S0#
    %SYS-5-CONFIG_I:Configured from console by console
    S0#exit
      S0 con0 is now available
Press RETURN to get started.
```

(4) 交换机特权模式访问口令设置。给特权模式设置口令是为了防止一般用户对交换机的关键配置随意进行更改,设置方法如下:

```
S0(config)#enable secret s0enable        //设置特权模式访问口令
S0(config)#end
S0#
    % SYS-5-CONFIG_I:Configured from console by console
S0#exit                                  //退出到上一级配置模式
   S0 con0 is now available
    Press RETURN to get started.


S0 > en
    Password:                            //输入设置好的"s0enable"
S0#                                      //成功进入特权模式
```

(5) 交换机虚拟终端 VTY 访问口令设置。设置虚拟终端 VTY 访问口令是为了方便管理员远程访问并配置交换机，在此之前，必须先配置好特权模式访问口令，否则远程登录后将无法使用特权模式。VTY 访问口令的设置方法如下：

```
S0 > en
S0#conf t
Enter configuration commands, one per line. End with CNTL/Z.
S0(config)#line vty 0 4
    //进入远程虚拟终端 VTY 的配置模式,同时设置 0~4 一共 5 条 VTY 线路
S0(config-line)#password s0telnet        //设置远程访问口令为 s0telnet
S0(config-line)#login                    //登录时需要输入口令
S0(config-line)#end
S0#
% SYS-5-CONFIG_I:Configured from console by console
S0#exit
S0 con0 is now available
Press RETURN to get started.
```

(6) 为交换机配置远程访问 IP 地址。由于交换机是二层设备，通过 MAC 地址转发数据，因此，其物理接口没有 IP 地址，但在需要远程管理交换机时，仍需要为交换机分配 IP 地址，该 IP 地址为分配给交换机上的虚拟局域网（VLAN）的虚拟接口（通常为 VLAN 1 的接口）。对该接口的设置需要从全局配置模式进入 VLAN 接口模式，方法如下：

```
S0(config)#int vlan 1                    //进入 vlan 1 配置模式
```

```
S0(config-if)# ip add 172.16.0.2 255.255.0.0
                              //设置交换机的 IP 地址为 172.16.0.2,
                                掩码为 255.255.0.0
Switch(config-if)#no shut     //为"no shutdown"的缩写,使刚设置
                                的 vlan 1 网络 IP 地址、掩码信息
                                生效
Switch(config-if)#exit
Switch(config)#ip default-gateway 172.16.0.1
                              //设置交换机的默认网关
```

（7）保存交换机设置。在实际管理工作中，进行完上述配置后应将配置信息加以保存，以便在下次设备断电重启时不至于重新设置，此时，只需将运行配置复制到保存在交换机内部的启动配置即可。方法如下：

```
S0#copy running-config startup-config   //保存配置信息
```

（8）终端设备设置。在终端设备 PC 上需要手动设置 PC 的 IP 地址与网关信息，在"Internet 协议版本 4（TCP/IPv4）属性"对话框中，填入表 2-3 设定的 PC0 的 IP 地址、子网掩码和默认网关，单击"确定"按钮即可，如图 2-11 所示。

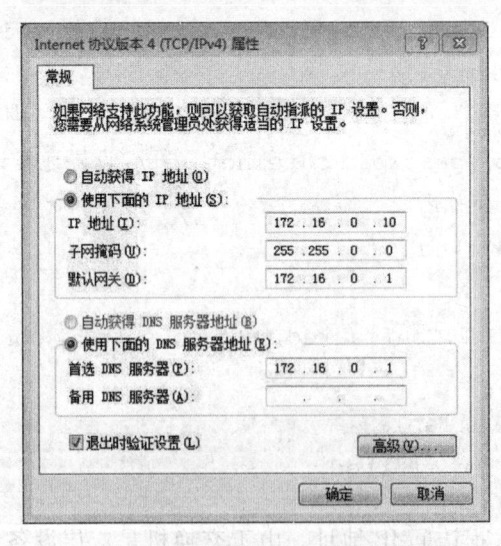

图 2-11 TCP/IPv4 属性设置

PC1～PC3 的 IP 地址、子网掩码和默认网关设置类似。

注意！通常宿舍的 PC 是通过自动获取 IP 地址和 DNS 服务器连接网络的，不需要手动设置网络地址等信息。这里采用手动设置地址的方法是为了方便说明联网工作需要客户终端和网络设备端联合设置才能完成。

5. 分析测试

（1）MAC 地址表测试。尚未打开交换机接口之前，宿舍网络上的设备还没有向外发包，因此，此时检查交换机的 MAC 地址表将会得到空表，如下所示：

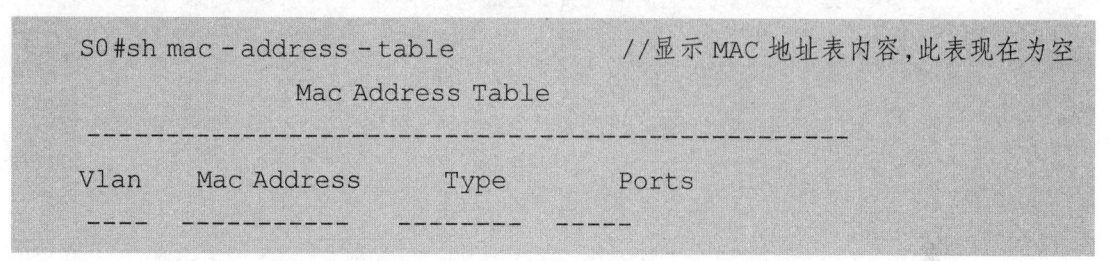

```
S0#sh mac-address-table              //显示 MAC 地址表内容,此表现在为空
            Mac Address Table
--------------------------------------------------
Vlan    Mac Address      Type        Ports
----    -----------      --------    -----
```

（2）连通性测试。打开交换机 VLAN 的虚拟接口，成功连接各台 PC 之后，各台 PC、交换机之间应能相互联通。连通性测试可以通过在 PC 的命令行使用 ping 命令进行。

例如，如果想测试 PC0 是否能连通 PC1，则可以依次单击"开始"→"所有程序"→"附件"→"命令提示符"进入 PC0 的命令行界面。在界面中，输入"ping PC1 的 IP 地址"即可测试两台 PC 之间的连通性，如下所示：

```
PC0>ping 172.16.0.11                 //测试 PC0 与 PC1 之间的连通性
  Pinging 172.16.0.11 with 32 bytes of data:
    Reply from 172.16.0.11:bytes=32 time=212 ms TTL=128
    Reply from 172.16.0.11:bytes=32 time=8 ms TTL=128
    Reply from 172.16.0.11:bytes=32 time=7 ms TTL=128
    Reply from 172.16.0.11:bytes=32 time=7 ms TTL=128
  Ping statistics for 172.16.0.11:
    Packets:Sent=4, Received=4, Lost=0(0% loss),
                                     //测试全部通过
    Approximate round trip times in milli-seconds:
    Minimum=7 ms, Maximum=212 ms, Average=58 ms
PC0>
```

以上信息表示从 PC0 向 PC1（IP 为 172.16.0.11）总共发送了 4 个数据包，接收到 4 个回复，丢包率为 0%，表示 PC0 与 PC1 之间的连接是畅通的。同理，可测试 PC0~PC3 两两之间是否都能 ping 通。

连通性测试成功之后，再次在"超级终端"上进行 MAC 地址表测试，此时将发现交换机已经学到所有 MAC 地址/端口关联关系：

```
S0#sh mac-address-table
            Mac Address Table
--------------------------------------------------
```

```
     Vlan    Mac Address        Type       Ports
     ----    -----------        --------   -----
     1       0001.43c3.6e60     DYNAMIC    Fa0/3
                                                      //学到的 MAC 地址是 0001.43c3.6e60，
                                                      对应 Fa0/3 端口
     1       0001.c915.cca6     DYNAMIC    Fa0/2
     1       0002.1734.9985     DYNAMIC    Fa0/4
     1       0005.5ea2.8202     DYNAMIC    Fa0/1
     1       00d0.ba78.04dc     DYNAMIC    Fa0/5
```

（3）远程访问测试。在 PC0 上尝试远程访问交换机，如果成功进入，则说明不再需要 Laptop 使用专用的反转线缆对交换机进行设置了，今后可在安装了 Windows 命令行终端的联网 PC 上直接进行交换机的远程设置。

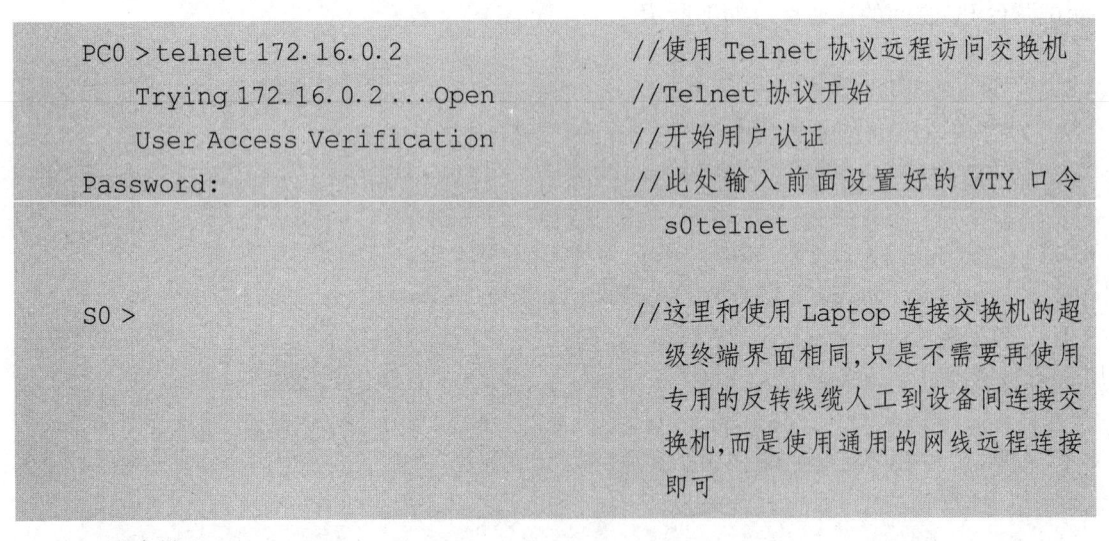

```
PC0 > telnet 172.16.0.2              //使用 Telnet 协议远程访问交换机
    Trying 172.16.0.2...Open         //Telnet 协议开始
    User Access Verification         //开始用户认证
    Password:                        //此处输入前面设置好的 VTY 口令
                                     s0telnet

    S0 >                             //这里和使用 Laptop 连接交换机的超
                                     级终端界面相同，只是不需要再使用
                                     专用的反转线缆人工到设备间连接交
                                     换机，而是使用通用的网线远程连接
                                     即可
```

6. 故障排查

如果各台 PC 之间无法 ping 通，则可按照如下顺序排查原因：

（1）检查物理连线是否松动，PC 和交换机连接网口的灯是否正常闪烁。

（2）如果有多个网络连接，则应检查 PC 端的 IP 地址是否设置在正确的本地网络连接中，以及 PC 端的网关 IP 地址是否设置为路由器的 IP 地址。

（3）关闭 Windows 防火墙，看问题是否能够解决。

2.2.2　任务总结

经过分析，本任务可总结如下：

（1）交换机是局域网中的核心设备，应学习的配置功能包括如何切换交换机的操作模式、如何对交换机进行本地配置和远程配置、如何为设备命名、如何设置访问口令、如何保存设置等，内容较复杂。

（2）终端 PC 是局域网的末端设备，主要需要进行 IP 地址的相关配置，比较简单。

（3）交换机组网本身不需要设置三层通信需要的 IP 地址，但为了方便进行连通性测试，本任务进行了交换机和 PC 的相关 IP 设置。二层局域网的相关测试是 MAC 地址表测试，该测试能说明交换机的端口与局域网设备物理地址之间的对应关系（数据转发关系）。

综上所述，本案例所涉及的知识包含交换机在局域网中的二层交换工作原理、交换机的操作模式和基本配置方法等内容，可以先认真完成该案例的设计工作，然后阅读下面的章节，系统地学习相关知识。

2.3 交换机技术概述

2.3.1 交换机的原理

交换机是一种主要用于连接局域网的二层网络中间设备。市场上还有具有部分路由功能的三层交换机。为了避免混乱，我们把三层交换机看作路由器的一种。

图 2-12 展示了思科公司 Catalyst® 2960-L 系列交换机。

图 2-12 思科公司 Catalyst® 2960-L 系列交换机

图 2-12 中，从上到下共有 4 台 Catalyst® 2960-L 系列交换机，这 4 台交换机分别有 8、16、24、48 个支持千兆速率转发的以太网端口，并分别有 2、2、4、4 个千兆上行链路接口，可以用于连接终端设备（如 PC）或其他网络中间设备（如路由器、交换机等）。交换机的背面有电源插口和控制台端口。一旦电源插口接通电源，交换机的所有接口都默认为打开状态，可以即插即用；控制台端口是用户用于连接配置交换机的计算机对交换机进行管理配置的重要端口。

2.3.2 交换机的功能

作为工作在第二层的网络中间设备，交换机具有物理层再生接收到的信号和数据链路层转发、过滤、学习数据帧的功能。从第1章可以知道，第二层被处理的数据帧格式中包含了源地址和目的地址，即 MAC 地址。与仅仅工作在第一层的集线器不同，交换机在内部维护了一张包含第二层数据帧的目的 MAC 地址和转发端口号映射关系的 MAC 表，能够根据该表进行数据转发。该表还设置了时间戳，经过一段时间后，如果没有接收到从某个端口号发来的具有源 MAC 地址的新数据帧，则将删除这条 MAC 地址/转发端口号条目。

1. 学习功能

从某个端口接收到数据帧后，交换机将读取该数据帧的源 MAC 地址，并在 MAC 表中填入 MAC 地址及其对应的端口号。

2. 转发功能

如果交换机查 MAC 表发现了数据帧目的 MAC 地址对应的转发端口号，它将直接转发数据帧到该端口；如果交换机查表之后，仍然不知道该目的 MAC 地址对应的端口号，它会将帧转发到除了接收端口以外的所有端口。

3. 过滤功能

交换机能够根据数据帧是否完整、数据帧地址、端口号决定是否转发，以及应该将帧从哪个适当的端口转发出去。

4. 其他高级功能

除具备以上基本功能以外，交换机还有进行虚拟局域网划分等高级功能，这部分内容将在2.4和2.5中详细介绍。

2.3.3 交换机的操作模式

交换机需要软件才能正常运行，该软件称为互联网络操作系统（Internetwork Operating System，IOS）。交换机通过逐条运行配置文件，按照配置文件的要求控制交换机。这些配置文件被称为 running-config 和 startup-config。前者是运行时使用的配置文件，后者是开机启动时使用的配置文件。所有路由器和交换机中都有 IOS，其主要具有基本的数据转发功能，同时根据型号的不同，还可能提供网络可靠性和安全性服务。

IOS 使用命令行界面（Command Line Interface，CLI）环境，设置了不同的操作模式供用户管理和配置交换机。操作模式分为用户模式、特权模式、全局配置模式和其他特定配置模式。由于 IOS 采用分级模式，所以对网络设备进行配置操作时，必须依照上述顺序，逐级进入用户模式、特权模式、全局配置模式和其他特定配置模式。各个模式说明如下：

（1）用户模式。此模式只允许用户对交换机进行必要的检查，允许远程访问其他设备。

（2）特权模式。此模式允许管理员对交换机进行全面检查、调试和测试，允许进行相关文件操作，允许远程访问其他设备。

（3）全局配置模式。此模式用于对设备进行整体配置，同时它还是访问其他特定配置模式的跳板。

(4) 其他特定配置模式。此模式用于配置设备的特定部分，如配置特定的接口和线路等。

交换机的不同操作模式总结见表 2-5。

表 2-5　交换机的不同操作模式总结

交换机使用模式	提 示 符
用户模式	Switch >
特权模式	Switch#
全局配置模式	Switch(config)#
接口配置模式	Switch(config - if)#
线路配置模式	Switch(config - line)#

用户模式与特权模式的切换方式具体如下。

(1) 从用户模式转入特权模式。具体方法如下：

```
S0 > enable                        //从用户模式转入特权模式
S0#
```

(2) 从特权模式转入用户模式。具体方法如下：

```
S0#disable                         //从特权模式转入用户模式
S0 >
```

在逐级进入特定配置模式时，必须首先进入特权模式，然后进入全局配置模式，最后进入其他特定配置模式。退出时，无论在什么模式下，都可以输入 exit 命令逐级退出，并且可以在任何配置模式下，按 Ctrl + C 组合键或输入 end 命令一步返回特权模式。

特权模式与全局配置模式的切换方式具体如下。

(1) 从特权模式转入全局配置模式。具体方法如下：

```
S0#conf t                          //从特权模式转入全局配置模式
S0(config)#
```

(2) 从全局配置模式转入特权模式。具体方法如下：

```
S0(config)#exit                    //从全局配置模式转入特权模式
  S0#
                                   //或者：
S0(config)#end                     //从全局配置模式转入特权模式
  S0#
```

从全局配置模式进入接口配置模式、从全局配置模式进入线路配置模式,已在2.2.1小节中"设备配置"的"交换机控制台口令设置""交换机虚拟终端VTY访问口令设置"部分讲解,其退出方法与这里的"从全局配置模式转入特权模式"相同,此处不再赘言。

2.3.4 其他有用的交换机配置

1. 配置文件设置

交换机配置文件内容包括交换机的基本配置、接口配置和VLAN配置等。配置文件存放在非易失性随机访问存储器(Non-Volatile Random Access Memory,NVRAM)中,被称为启动配置startup-config,断电之后,配置仍然能保存下来。交换机启动时,启动配置被复制到随机访问存储器(Random Access Memory,RAM)中,这种存储器中的配置在断电时将丢失,这里的配置文件被称为运行配置running-config。与交换机配置文件相关的命令及其说明见表2-6。

表2-6 与交换机配置文件相关的命令及其说明

命 令	说 明
copy startup-config running-config	更新运行配置
copy running-config startup-config	保存配置文件到NVRAM
erase startup-config	擦除NVRAM的配置信息
delete vlan.dat	擦除VLAN的配置信息

2. 调试与排错命令

交换机和路由器的IOS都提供了一系列show命令来显示设备的相关信息,常用的show命令及其说明见表2-7。其中,*type*是接口类型,*port* | *slot* | *port* | *slot* | *subslot* | *port*是接口的插槽和端口编号。这里列出的show命令是一些基本命令,在后续课程中我们还将接触到一些更有针对性的相关命令,以便管理配置、排查故障。

表2-7 常用的show命令及其说明

命 令	说 明
show version	显示硬件设备和IOS软件的相关信息
show startup-config	显示NVRAM中的保存配置
show running-config	显示RAM中的运行配置
show mac-address-table	显示交换机所学到的MAC地址表
show interface *type port*	*slot*	*port*	*slot*	*subslot*	*port*	显示路由器不同类型的接口、子接口的统计信息
show ip protocols	显示路由协议相关信息
show history	显示之前已经输入命令的列表

3. 加密口令设置

当使用show running-config命令时,系统会出现当前的所有配置,包括口令配置,具体如下所示:

```
S0#sh run                          //是"show running-config"的缩写
  Building configuration...
     Current configuration:1185 bytes
   !
   version 12.1
   ...                             //中间无关内容省略
    line con 0
  password s0console               //控制台口令明文显示
       login
    !
    line vty 0 4
  password s0vty                   //远程访问口令明文显示
       login
    line vty 5 15
       login
```

当使用加密口令命令后,明文口令将加密保存,如下所示:

```
S0(config)#service password-encryption
                                   //明文口令加密保存
S0(config)#end
  S0#sh run                        //是"show running-config"的缩写
Building configuration...
   Current configuration:1185 bytes
   !
     version 12.1
    ...                            //中间无关内容省略
     line con 0
  password 7 08321C4D061716181E0E  //控制台口令加密显示
     login
   !
     line vty 0 4
  password 7 08321C581D00          //远程访问口令加密显示
     login
      line vty 5 15
     login
```

4. 取消某一命令设置

当操作有误，想要取消已经输入生效的命令时，只需要再次输入之前写过的输入命令并在前面加上 no 即可。

2.3.5 交换机的扩展方式

如果一台交换机的端口有限，无法满足网络规模的需要，则需要用交换机级联或者堆叠方式连接多台交换机，从而增加可用的交换端口。

1. 交换机级联方式

如图 2-13 所示，交换机级联就是交换机与交换机之间通过交换端口进行扩展。这样一方面解决了单一交换机端口数不足的问题；另一方面解决了离机房距离较远的客户端和网络设备的连接问题。因为单段交换双绞线以太网电缆的最大工作距离为 100 m，所以每级联一台交换机就可以扩展 100 m 的距离。但这并不意味着可以进行任意多次级联，原因如下：

（1）如果线路过长，则信号在线路上的衰减较多。

（2）下级交换机使用了上级交换机的一个端口可用带宽，级联层次越多，用户的可用带宽就越低，对网络的连接性能影响较大。

因此，从实用的角度看，建议最多部署 3 个级联层次，即核心交换机、二级交换机和三级交换机。连接在同一台交换机不同端口的交换机属于同一层次，每个层次允许几台，甚至几十台交换机级联。层级联所用端口可以是专门的级联（UpLink）端口，也可以是普通的交换端口。专门的级联端口可以确保下级交换机有充足的带宽。

2. 交换机堆叠方式

如图 2-14 所示，交换机堆叠是通过厂家提供的一条专用连接电缆，从一台交换机的 UP 堆叠端口直接连接到另一台交换机的 DOWN 堆叠端口，从而实现单台交换机端口数的扩充。一般交换机能够堆叠 4~9 台。为了使交换机满足大型网络对端口数量的要求，一般在较大型的网络中都采用交换机的堆叠方式。只有可堆叠的交换机才具备这种端口。当多个交换机连接在一起时，堆叠中所有的交换机从拓扑结构上可被视为一台交换机，并被统一管理。

图 2-13 交换机的级联

图 2-14 交换机的堆叠

这样做的好处是：一方面，增加用户端口，能够在交换机之间建立一条较宽的宽带链路，每个实际使用的用户带宽有可能更宽；另一方面，多台交换机能够作为一台大的交换机被统一管理，更加方便。

2.4 虚拟局域网组网案例

2.4.1 任务说明

1. 任务概述

（1）情境说明。一个学院进行网络划分，其中学生与教师属于不同的虚拟网络，网络拓扑图如图2-15所示。假设现在学院楼网络在逻辑上被划分成学生学习用网络和教师工作用网络两部分，但在物理上，每层楼都同时有学生实验室和教师办公室。请问：如何组网才能使学生网和教师网互不干扰？

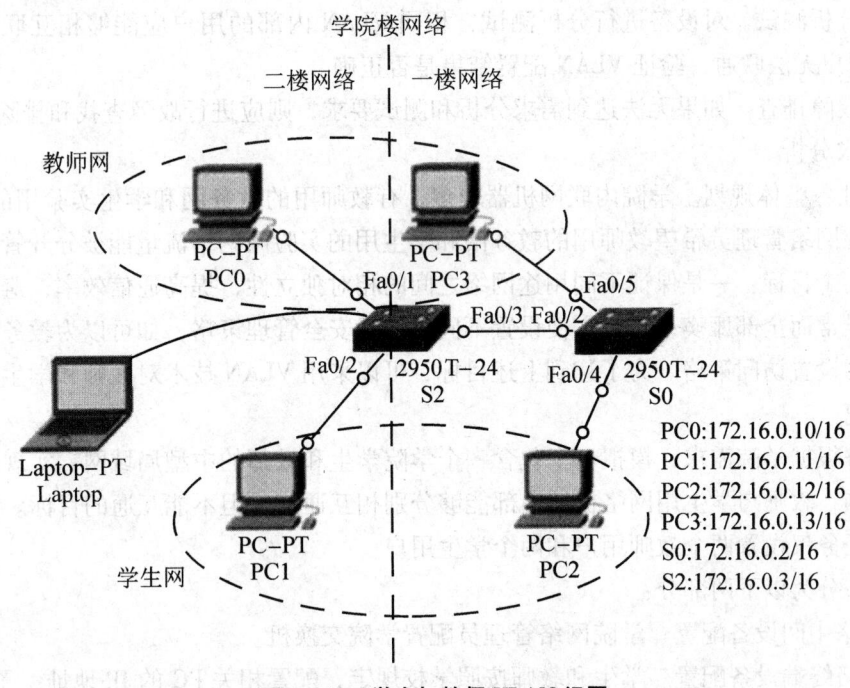

图2-15 学生与教师 VLAN 组网

（2）具体说明。在本任务中，我们将学习在中型局域网中进行 VLAN 组网。本任务将通过扩展2.2节任务中的网络规模，模拟学院大楼内部局域网，要求隔离学生网和教师网之间的网络流量。将学院楼简化为两层楼，每层都有学生用户 PC（记为 PC1 和 PC2）和教师用户 PC（记为 PC0 和 PC3），通过学院楼网络设备间的二楼和一楼楼层交换机（分别记为 S2 和 S0）连接校园网。在本任务中，我们将学习如何进行学院中型局域网组网，如何配置与教师 PC、学生 PC 相连的 Cisco（思科）交换机 S2 和 S0（假设其他交换机 S1 和路由器 R0 设备已经由校园网网络管理员提前设置好）。

注意！本任务的学习目标如下：
（1）配置 VLAN。
（2）配置中继。
（3）测试验证任务目标。

本任务是大型校园网组网的一个子任务，并且可以直接在 2.2 节任务的基础上进行扩展，任务步骤如下：

（1）需求分析。本任务与 2.2 节任务的不同之处在于网络规模扩大了，网络内部流量隔离需求也增加了。

（2）设备安装。与 2.2 节的任务一样，按照需求分析结果安装网络设备。

（3）设备配置。对教师 PC 和学生 PC 连接的交换机设备进行 VLAN 相关设置，包括 VLAN 划分和中继设置。

（4）分析测试。对设备进行分析测试，相同 VLAN 内部的用户应能够相互联通，不同 VLAN 的用户无法联通，验证 VLAN 配置结果是否正确。

（5）故障排查。如果无法达到需求分析和测试要求，则应进行故障查找和排除。

2. 需求分析

（1）任务整体规划。学院内联网机器较多，有教师用的教务网和学生实验用的实验网，因此，学院网络管理员希望教师用的教务网和学生用的实验网网络流量能被分开管理。这是为了达到两个目标：一是保证不同用途网络之间的相对独立性，提高通信效率，避免网络因局部流量异常而全部瘫痪；二是方便设置不同的网络安全管理策略，如可以为教务网、实验网分别单独设置访问策略。为了达到上述目标，可以采用 VLAN 技术对教师和学生使用的网络进行隔离。

本任务根据学院需求，模拟一个包含一个学院学生和教师的中型局域网，实现该局域网接入校园网，教师与学生用网络机器内部能够分别相互通信，但不能互通的目标。为了清晰起见，本任务仅设置两个教师用户和两个学生用户。

本任务分为以下两部分：

① 网络中间设备配置。学院网络管理员配置学院交换机。

② 网络终端设备配置。学生和教师按照学校规定，配置相关 PC 的 IP 地址、子网掩码、网关地址等信息。

（2）逻辑拓扑图设计。学生用户 PC、教师用户 PC、交换设备、VLAN 划分关系见表 2-8。

表 2-8 VLAN 划分信息表

设备名称	用途	所在楼层	所属 VLAN 号	所属 VLAN 名	对应交换机端口号
PC0	教师用户	二楼	10	TEACHER	S2：Fa0/1

续表

设备名称	用途	所在楼层	所属 VLAN 号	所属 VLAN 名	对应交换机端口号
PC1	学用用户	二楼	20	STUDENT	S2：Fa0/2
PC2	学生用户	一楼	20	STUDENT	S0：Fa0/4
PC3	教师用户	一楼	10	TEACHER	S0：Fa0/5
S2	学院交换机	二楼	—		
S0	学院交换机	一楼	—		
S1	校园网交换机	—			
R0	校园网路由器	—			

学院网络管理员可以在使用笔记本电脑（记为 Laptop）对交换机 S2 和 S0 进行 Telnet 配置之后，利用 Telnet 远程配置交换机 S0 和 S2；S0 的 Fa0/2 与 S2 的 Fa0/3 接口相连；学院楼通过一楼交换机 S0 连接校园网内部的其他交换机 S1，路由器 R0 访问互联网，校园网内部的其他交换机 S1、路由器 R0 已经由校园网网络管理员配置好；学院网络管理员从校园网网络管理员处获悉，校园网内 PC 的网关地址为 172.16.0.1，并获悉本楼这 4 个 PC 的 IP 地址范围为 172.16.0.10 ~ 172.16.0.13。

按照上述分析，网络拓扑图如图 2 - 16 所示，方框内部为本次组网的任务范围，两个椭圆框分别表示教师网和学生网。

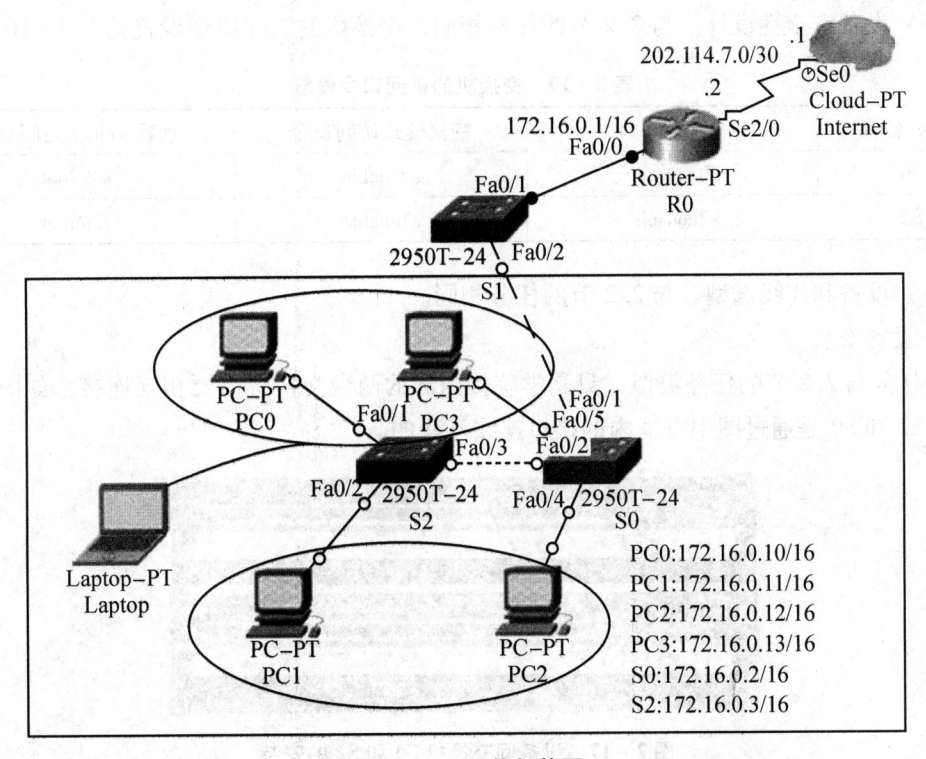

图 2 - 16 网络拓扑图

(3) 具体协议选型。仍然选择 TCP/IP 制定 IP 编址方案。

(4) IP 编址方案。与 2.2 节任务中只设置宿舍楼某一楼层的一台交换机相比，本任务需要设置学院楼每一层的交换机，相关 IP 编址方案见表 2-9。

表 2-9 学院楼中型局域网的相关 IP 编址方案

设备名称	接口	IP 地址	子网掩码	默认网关
R0	Se2/0	202.114.7.2	255.255.255.252	不适用
	Fa0/0	172.16.0.1	255.255.0.0	不适用
S1	管理 VLAN	172.16.0.111	255.255.0.0	172.16.0.1
S0	管理 VLAN	172.16.0.2	255.255.0.0	172.16.0.1
S2	管理 VLAN	172.16.0.3	255.255.0.0	172.16.0.1
PC0	网卡	172.16.0.10	255.255.0.0	172.16.0.1
PC1	网卡	172.16.0.11	255.255.0.0	172.16.0.1
PC2	网卡	172.16.0.12	255.255.0.0	172.16.0.1
PC3	网卡	172.16.0.13	255.255.0.0	172.16.0.1

注意！本任务无须设置校园网内部的其他交换机 S1 和路由器 R0，默认这些已经由校园网网络管理员设置完毕。

(5) 设备安全性设计。与 2.2 节的任务相同，交换机的访问口令设置见表 2-10。

表 2-10 交换机的访问口令设置

设备名称	控制台访问口令	特权模式访问口令	远程 Telnet 访问口令
S0	s0console	s0enable	s0telnet
S2	s2console	s2enable	s2telnet

(6) 设备和连线选型。与 2.2 节的任务相同。

3. 设备安装

本任务与 2.2 节的任务类似，只是学院楼内部的两台交换机需要相互连接，如图 2-17 所示，S2 和 S0 是通过图中方框内的接口连线互联的。

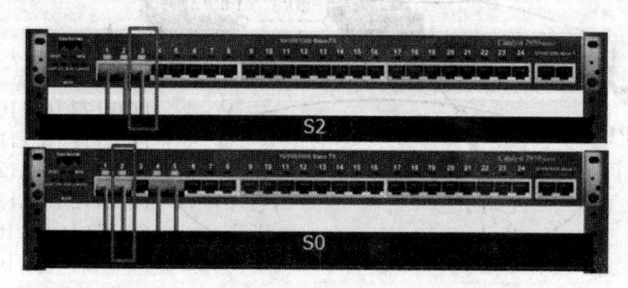

图 2-17 设备间交换机 S0 和 S2 的安装

4. 设备配置

关于网络中间设备配置，本任务中交换机的基本配置与 2.2 节中相同，这里主要讲授 VLAN 的配置方法。

（1）VLAN 的创建与配置。在 S2 上建立教师 VLAN（记为 VLAN 10）和学生 VLAN（记为 VLAN 20），具体创建与配置方法如下：

```
S2(config)#vlan 10                      //进入 VLAN 配置界面
    S2(config-vlan)#name TEACHER        //VLAN 命名为 TEACHER
    S2(config-vlan)#exit
    S2(config)#vlan 20
    S2(config-vlan)#name STUDENT        //设置 VLAN 20 并命名为 STUDENT
    S2(config-vlan)#exit
    S2(config)#int fa0/1
    S2(config-if)#sw mod acc
    //"switchport mode access"的简写,设置以太网口 fa0/1 为接入(VLAN)模式
    S2(config-if)#swi acc vlan 20
    //"switchport access vlan 20"的简写,设置该接口加入 VLAN 20
    S2(config-if)#exit
    S2(config)#int fa0/2
    S2(config-if)#swi mod acc
    S2(config-if)#swi acc vlan 10
    S2(config-if)#exit
    S2(config)#
```

在 S0 上用同样的方法建立 VLAN 10 和 VLAN 20。

```
S0(config)#vlan 10
    S0(config-vlan)#name TEACHER
    S0(config-vlan)#exit
    S0(config)#vlan 20
    S0(config-vlan)#name STUDENT
    S0(config-vlan)#exit
    S0(config)#int fa0/5
    S0(config-if)#sw mod acc
    S0(config-if)#swi acc vlan 10
    S0(config-if)#exit
```

```
S0(config)#int fa0/4
S0(config-if)#swi mod acc
S0(config-if)#swi acc vlan 20
S0(config-if)#exit
S0(config)#
```

为了避免在 S0 与 S2 之间为每个 VLAN 都建立单独连线，浪费交换机的有限接口，可以在两个 VLAN 之间设置一条能传输所有 VLAN 流量的信道，该信道被称为中继（Trunk）线路。其配置方法如下：

```
S0(config)#int fa0/2
S0(config-if)#swi trunk encap dot1q      //因此不需要配置中继,在更高型号
                                           的交换机中则需配置。
S0(config-if)#swi mod trunk              //"switchport mode trunk"的
                                           缩写,设置接口为中继模式
S0(config-if)#exit
S2(config)#int fa0/3
S2(config-if)#swi trunk encap dot1q
S2(config-if)#swi mod trunk
S2(config-if)#exit
```

（2）终端设备配置。终端 PC 的网络信息配置与 2.2 节的任务类似。

5. 分析测试

（1）连通性测试。配置成功后，处于相同 VLAN 的教师 PC0、PC3 之间，学生 PC1、PC2 之间应能够相互联通，如下所示：

```
PC1 >ping 172.16.0.12

Pinging 172.16.0.12 with 32 bytes of data:

Reply from 172.16.0.12:bytes=32 time=94 ms TTL=128
Reply from 172.16.0.12:bytes=32 time=93 ms TTL=128
Reply from 172.16.0.12:bytes=32 time=60 ms TTL=128
Reply from 172.16.0.12:bytes=32 time=60 ms TTL=128

Ping statistics for 172.16.0.12:
```

```
    Packets:Sent =4, Received =4, Lost =0(0% loss),
                                //成功率达到100%
    Approximate round trip times in milli - seconds:
    Minimum =60 ms, Maximum =94 ms, Average =76 ms

PC0 >ping 172.16.0.13

    Pinging 172.16.0.13 with 32 bytes of data:

    Reply from 172.16.0.13:bytes =32 time =88 ms TTL =128
    Reply from 172.16.0.13:bytes =32 time =60 ms TTL =128
    Reply from 172.16.0.13:bytes =32 time =93 ms TTL =128
    Reply from 172.16.0.13:bytes =32 time =77 ms TTL =128

    Ping statistics for 172.16.0.13:
    Packets:Sent =4, Received =4, Lost =0(0% loss),
                                //成功率达到100%
    Approximate round trip times in milli - seconds:
    Minimum =60 ms, Maximum =93 ms, Average =79 ms
```

(2) VLAN 隔离测试。不属于相同 VLAN 的机器应该无法联通。例如，PC0 与 PC1 之间无法联通，如下所示：

```
PC0 >ping 172.16.0.11

    Pinging 172.16.0.11 with 32 bytes of data:

Request timed out.
Request timed out.
Request timed out.
Request timed out.
    Ping statistics for 172.16.0.11:
    Packets:Sent =4, Received =0, Lost =4(100% loss),
                                //失败率达到100%,两个 VLAN 之
                                 间无法联通
```

（3）VLAN 配置验证。可以通过 show 命令检查 S0 和 S2 上的 VLAN 设置是否正确，如下所示：

```
S0#show vlan brief                          //查看 VLAN 接口、状态、名称的配置信息

VLAN Name                        Status      Ports
---------------------------------------------------------------
1    default                     active      Fa0/1, Fa0/3, Fa0/6, Fa0/7
                                             Fa0/8, Fa0/9, Fa0/10, Fa0/11
                                             Fa0/12, Fa0/13, Fa0/14, Fa0/15
                                             Fa0/16, Fa0/17, Fa0/18, Fa0/19
                                             Fa0/20, Fa0/21, Fa0/22, Fa0/23
                                             Fa0/24, Gig1/1, Gig1/2
10   TEACHER                     active      Fa0/5
20   STUDENT                     active      Fa0/4
1002 fddi-default                active
1003 token-ring-default          active
1004 fddinet-default             active
1005 trnet-default               active
```

同理，可查看 S2 上的配置，如下所示：

```
S2#show vlan bri                 //查看 VLAN 配置结果
VLAN Name                        Status      Ports
---------------------------------------------------------------
1    default                     active      Fa0/4, Fa0/5, Fa0/6, Fa0/7
                                             Fa0/8, Fa0/9, Fa0/10, Fa0/11
                                             Fa0/12, Fa0/13, Fa0/14, Fa0/15
                                             Fa0/16, Fa0/17, Fa0/18, Fa0/19
                                             Fa0/20, Fa0/21, Fa0/22, Fa0/23
                                             Fa0/24, Gig1/1, Gig1/2
10   TEACHER                     active      Fa0/2
20   STUDENT                     active      Fa0/1
1002 fddi-default                active
1003 token-ring-default          active
```

1004 fddinet-default	active
1005 trnet-default	active

（4）中继接口配置验证。可以通过如下命令查看交换机上的中继接口配置是否正确：

```
S0#show int fa0/2 switchport                    //查看接口对应的端口信息
  Name:Fa0/2
  Switchport:Enabled
Administrative Mode:trunk                       //使用了Trunk中继模式
  Operational Mode:trunk
Administrative Trunking Encapsulation:dot1q
                                                //使用了IEEE 802.1q中继协议
  Operational Trunking Encapsulation:dot1q
  Negotiation of Trunking:On
  Access Mode VLAN:1(default)
Trunking Native Mode VLAN:1(default)            //使用默认VLAN作为本征VLAN
Voice VLAN:none                                 //无语音VLAN
  Administrative private-vlan host-association:none
  Administrative private-vlan mapping:none
  Administrative private-vlan trunk native VLAN:none
  Administrative private-vlan trunk encapsulation:dot1q
  Administrative private-vlan trunk normal VLANs:none
  Administrative private-vlan trunk private VLANs:none
  Operational private-vlan:none
Trunking VLANs Enabled:ALL
  Pruning VLANs Enabled:2-1001
  Capture Mode Disabled
  Capture VLANs Allowed:ALL
Protected:false
  Appliance trust:none
S2#show int fa0/3 switchport
Name:Fa0/3
  Switchport:Enabled
  Administrative Mode:trunk
  Operational Mode:trunk
```

```
  Administrative Trunking Encapsulation:dot1q
    Operational Trunking Encapsulation:dot1q
Negotiation of Trunking:On
Access Mode VLAN:1(default)
    Trunking Native Mode VLAN:1(default)
Voice VLAN:none
        Administrative private-vlan host-association:none
        Administrative private-vlan mapping:none
        Administrative private-vlan trunk native VLAN:none
        Administrative private-vlan trunk encapsulation:dot1q
        Administrative private-vlan trunk normal VLANs:none
        Administrative private-vlan trunk private VLANs:none
    Operational private-vlan:none
    Trunking VLANs Enabled:ALL
Pruning VLANs Enabled:2-1001
    Capture Mode Disabled
    Capture VLANs Allowed:ALL

  Protected:false
Appliance trust:none
    S2#
```

6. 故障排查

如果相同 VLAN 内的 PC 之间无法 ping 通，则除物理连线的问题以外，还可以按照上面所述的 show 命令依次检查 VLAN 信息和接口信息，以排查故障原因。

如果不同 VLAN 之间的 PC 能相互 ping 通，则应检查 Trunk 封装是否正确。

2.4.2　任务总结

经过分析和总结，可以从本任务发现如下结论和问题：

（1）VLAN 可以用于按照用户逻辑需求对局域网进一步分割，与地理位置无关。因此，在设置 VLAN 之后，之前处于一个局域网中能够相互联通的教师 PC 和学生 PC 在分别属于不同 VLAN 之后将无法联通；两台学生 PC 虽然分别处于一楼和二楼、直连在不同交换机上，但因为其处于相同的 VLAN，所以能够相互联通。

（2）虽然不进行任何 VLAN 配置，但是交换机的端口都默认处于 VLAN 1 中，任何新加入的 PC 都将成为默认 VLAN 中的一员，能够监听所有默认 VLAN 成员发出的流量，因此，这是一个不安全因素。

（3）基于交换机端口进行 VLAN 配置是最基础、最常用的 VLAN 产品实现方式，应该重点掌握相关原理和技术。

（4）在本任务中，由于原有 PC 都处于同一局域网中，故都配置了同一个 IP 子网的 IP 地址，启用两个 VLAN 之后，IP 地址没有修改，出现一个 IP 子网对应两个 VLAN 的情况。但一般推荐一个 IP 子网对应一个 VLAN；一对多仍然会按照 VLAN 分割通信，因此，没有必要再划分多个子网；多对一则需要路由器进行 VLAN 间的路由设置，失去了一个 VLAN 内正常通信的意义。

（5）在本任务中，两个 VLAN 之间只有一条线路连接，为了使两个 VLAN 都能正常通信，应该设置 Trunk 连接，以保证两个 VLAN 的流量都能通过。

综上所述，本任务所涉及的内容和知识点包括交换机在 VLAN 中的背景特点、流量分类、实现方式、协议配置等。可以先认真完成该案例，然后阅读下面的章节，以加深对相关知识和问题的思考。

2.5　VLAN 概述

2.5.1　VLAN 的背景和优点

随着网络规模的扩大，网络主机数量的增加，属于同一广播域的主机 IP 报文会被交换机转发给域内的所有主机。如果网络中的广播信息过多，则将导致网络性能急剧恶化，即产生广播风暴。这是因为交换机工作在第二层（数据链路层），通过端口进行数据转发，因此，不能根据 IP 报文进行数据过滤，这样自然也无法缩小广播域，减轻广播风暴对网络性能的影响。

另外，随着网络用户数量的增多，不同用户可能对应用具有不同的安全需求。例如，同一个公司的财务部门和其他部门之间可能不希望进行数据交换。

VLAN 是为解决以太网的广播问题和安全性问题而被提出的一种协议，是一种比较成熟的企业组网规范，IEEE 802 标准委员会已于 1999 年为其颁布了 VLAN 实现协议标准 IEEE 802.1q。它在以太网帧的基础上增加了 VLAN 头，用虚拟局域网标识（VLAN Identification，VLAN ID）把局域网划分为更小的、逻辑上独立的广播域，限制不同域之间的用户在第二层互访。

综上所述，VLAN 的特点如下：

（1）能限制广播风暴的规模，从而提高网络性能。

（2）能够把分散在任何地点的一些用户组成高性能的工作组，使网络管理员不需要过度考虑管理不同地理位置的用户带来的额外物理成本。

（3）能更有针对性地管理属于相同广播域的用户，使根据逻辑需求配置专用的安全访问策略成为可能，提高网络的安全性。

（4）能隔离故障域，帮助网络管理员提高效率、简化组网工作。

（5）增加了一定的网络管理难度和成本。

2.5.2 VLAN 的实现方式

1. 静态 VLAN

VLAN 其实是一种逻辑网络的定义方法，目前 VLAN 的实现方式和产品非常多，其中，基于端口的 VLAN 是 VLAN 关联最简单的一种形式。从网络管理的角度看，此时，VLAN 就是一组可以互换单一播送和广播数据包的局域网交换机上的端口。当一个数据包从一个属于某一 VLAN 的端口进行广播时，交换机收到数据包，然后复制到这一 VLAN 所包括的所有端口上。因此，静态 VLAN 也被称为基于端口的 VLAN（Port Based VLAN）。一些局域网交换机还允许一个 VLAN 跨越到多台交换机的端口上，如图 2-18 和表 2-11 所示。

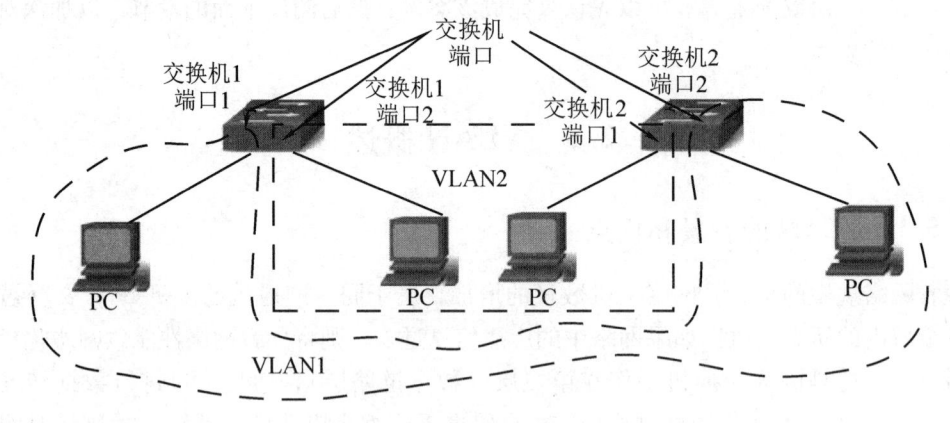

图 2-18 基于端口隔离的 VLAN

表 2-11 基于端口隔离的 VLAN 端口配置对应表

端　　口	VLAN 编号
交换机 1 端口 1	1
交换机 1 端口 2	2
交换机 2 端口 1	2
交换机 2 端口 2	1

2. 动态 VLAN

动态 VLAN 根据每个端口所连的计算机，随时改变端口所属的 VLAN。由于静态 VLAN 需要一个一个地指定端口，因此，当网络中的计算机数目超过一定数字（如数百台）后，设定操作就会变得繁杂。此外，客户机每次变更所连端口，都必须同时更改该端口所属 VLAN 的设定，这显然不适合需要频繁改变拓扑结构的网络。因此，交换机还可以采用其他基于以太网数据包内部信息的 VLAN 关联策略，如第二层 MAC 地址、第三层 IP 地址、第四层及以上层的用户信息等。但是，除基于端口的 VLAN 在众多产品中得到实现以外，以下几种 VLAN 技术都仍有待于获得广泛的接受和标准化：

（1）基于 MAC 地址的 VLAN（MAC Based VLAN）。基于 MAC 地址的 VLAN 通过查询并记录端口所连计算机上网卡的 MAC 地址来决定端口所属。假定有一个 MAC 地址 A 被交换机设定为属于 VLAN 10，那么无论 MAC 地址为 A 的这台计算机连在交换机的哪个端口上，该端口都会被划分到 VLAN 10 中。计算机连在端口 1 时，端口 1 属于 VLAN 10；计算机连在端口 2 时，则端口 2 属于 VLAN 10。

（2）基于子网的 VLAN（Subnet Based VLAN）。基于子网的 VLAN，是通过所连计算机的 IP 地址决定端口所属 VLAN 的。基于子网的 VLAN 不同于基于 MAC 地址的 VLAN，即使计算机因为交换了网卡或其他原因导致 MAC 地址改变，只要 IP 地址不变，就仍可以加入原先设定的 VLAN。

（3）基于用户的 VLAN（User Based VLAN）。基于用户的 VLAN，是根据交换机各个端口所连的计算机上当前登录的用户来决定该端口属于哪个 VLAN 的。用户识别信息一般是计算机操作系统登录的用户，如可以是 Windows 域中使用的用户名。这些用户名信息属于 OSI 七层网络模型第四层及以上的信息。决定端口所属 VLAN 时利用的信息在 OSI 七层网络模型中的层面越高，越适用于构建灵活多变的网络。

根据实现方式不同，VLAN 虽然可以选择与 IP 子网绑定或不绑定，但其划分应与 IP 规划结合起来考虑，一般推荐一个 VLAN 接口 IP 就是一个子网关，一个 VLAN 对应一个 IP 子网，并且 VLAN 应以部门划分，相同部门的主机 IP 以 VLAN 接口 IP 为依据，划归在一个子网范围内，同属于一个 VLAN。这样不仅在安全上有益，而且更方便网络管理员的管理和监控。

2.5.3 VLAN 的分类

按照 VLAN 上的流量类别不同，VLAN 可以分为 5 类，分别是默认 VLAN、数据 VLAN、语音 VLAN、管理 VLAN 和本征 VLAN。

1. 默认 VLAN

交换机启动初始化之后，其所有端口都将加入默认 VLAN 中。这样一来，所有这些交换机端口会全部位于同一个广播域中，连接到交换机任何端口的任何设备都能相互通信，这显然是不安全的。因此，最好将默认 VLAN 从 VLAN 1 更改为其他 VLAN（如 VLAN 99）；同时，应配置交换机上的所有端口，使这些端口与新的默认 VLAN（VLAN 99）关联，而不是与 VLAN 1 关联。

以思科公司的交换机为例，默认 VLAN 是 VLAN 1。VLAN 1 具有 VLAN 的所有功能，但不能对它进行重命名，也不能将其删除。因为有一些第二层控制流量（如思科公司的专有协议 CDP 流量和生成树协议流量）必须经过 VLAN 1。

2. 数据 VLAN

数据 VLAN 只传送用户产生的一般性数据流量，提出该概念是为了与实时性要求较高的语音流量区分开来。数据 VLAN 有时也被称为用户 VLAN。

3. 语音 VLAN

由于语音流量的实时性要求较高，为了确保有足够的带宽以保证质量，通常要为其单独设置高于其他网络流量的传输优先级，所以需要专用 VLAN 支持 IP 语音（Voice over IP，VoIP），即从网络设计方面支持 VoIP。

4. 管理 VLAN

管理 VLAN 是配置用于访问交换机管理功能的 VLAN，需要为管理 VLAN 分配 IP 地址和子网掩码，可通过 HTTP、Telnet、SSH 或 SNMP 进行管理。如果没有主动定义某个 VLAN 为管理 VLAN，则 VLAN 1 会默认充当管理 VLAN。

例如，思科公司的交换机的出厂配置是将 VLAN 1 作为默认 VLAN，但这样会带来潜在的安全问题。假如新设备加入之后没有经过特殊配置，则将直接加入 VLAN 1，从而获得其中的管理流量。

5. 本征 VLAN

本征 VLAN（Native VLAN）对应支持多 VLAN 流量（包括有 VLAN 标记的流量和无标记的非 VLAN 流量）的单条链路。IEEE 802.1q 中继协议规定，如果交换机端口配置了本征 VLAN，则连接到该端口的计算机将产生无标记流量，这是为了向下兼容传统的无标记流量局域网。因此，可以说本征 VLAN 的用途是充当中继链路两端的公共标识。最好使用 VLAN 1 以外的 VLAN 作为本征 VLAN，以便与默认 VLAN 流量相隔离。

2.5.4　VLAN 协议与中继技术

1. IEEE 802.1q 中继协议

VLAN 为了解决以太网的广播问题和安全性问题，在以太网帧的基础上增加了 VLAN 相关数据字段，用 VLAN ID 把用户划分为更小的工作组，从而限制不同 VLAN 的用户在第二层的互访。修改了以太网数据帧结构的 IEEE 802.1q 中继协议字段图如图 2 - 19 所示。

IEEE 802.1q 数据帧在原有以太网数据帧上主要修改了如下结构：

（1）以太网类型（EtherTpye）。以太网类型为十六进制 0x8100，称为标记协议值，收到该帧的交换机就知道后续会收到 VLAN 的相关信息。

（2）标记控制信息。该字段包括 3 个部分：

① 用户优先级。

② 规范格式标识符（Canonical Format Identifier，CFI），即供令牌环网使用的标识位。

③ 12 位 VLAN ID，能标识虚拟局域网。VLAN ID 的命名范围分为标准 ID（1~1005）和扩展 ID（1006~4094）。

2. VLAN 的配置与检验

VLAN 的配置分为以下几个步骤：

6	目的地址
6	源地址
2	EtherType = 0x8100
2	标记控制信息
2	用户优先级
可变	数据
4	填充数据
	校验序列

| 用户优先级 | CFI |
| VID (VLAN ID) - 12位 ||

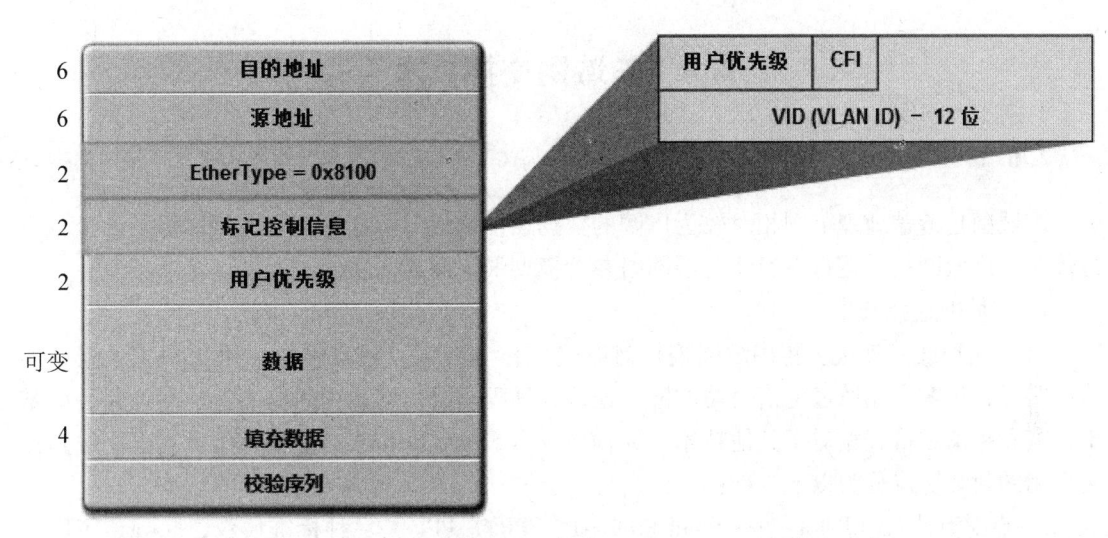

图 2-19　修改了以太网数据帧结构的 IEEE 802.1q 中继协议字段图

（1）创建和命名 VLAN。交换机使用 ID 来区别和配置 VLAN。ID 1 是默认 VLAN，不能被删除，ID 从 2~1001 可以被任意使用，1002~1005 为系统保留，扩展 ID 1006~4094 也可以由用户使用。VLAN 配置结果会自动储存在交换机 Flash 上名为 vlan.dat 的文件中。

（2）配置交换机端口。创建 VLAN 后，需要为 VLAN 分配该 VLAN 的成员端口。一般使用命令手动将交换机端口分配给 VLAN，这种端口被称为静态接入端口，一次只能分配给一个 VLAN。分配完毕之后，使用 show vlan brief 命令能显示 vlan.dat 文件的内容，即可看到 VLAN 的设置结果。

（3）删除 VLAN。可以使用 no vlan vlan – id 命令从系统中删除某一 ID 为 vlan – id 的 VLAN，或者直接使用 delete flash：vlan.dat 命令删除前述 vlan.dat 文件，然后使用 reload 命令重启交换机。

（4）VLAN 的检验。可以使用 show vlan brief 命令检验 VLAN 的设置是否正确。

3. VLAN 的中继配置与中继检验

（1）中继配置。在端口下使用 switchport mode trunk 和 switchport trunk native vlan vlan – id 命令可对中继端口进行配置。

中继模式在一条链路上转发多个不同 VLAN 的数据，因此，可以认为中继链接（端口）同时属于交换机上所有的 VLAN。由于实际应用中并不需要转发所有 VLAN 的数据，因此为了减轻交换机的负载、减少对带宽的浪费，可以通过 switchport trunk ｛allowed vlan ｛all | add | remove | except vlan – list｝ | native vlan vlan – id｝ 命令限制使用中继链路互联的 VLAN。

（2）中继检验。使用 show interface trunk 命令能够查看 Trunk 端口的信息是否正确。

2.6 广域网交换技术

2.6.1 广域网概述

广域网是覆盖地理范围相对较为广阔的数据通信网络，一般利用公共载体提供的设备进行传输。广域网技术运行在 OSI 七层网络参考模型最下面的 3 层。

1. 广域网连接技术

（1）租用线路连接。租用线路连接有时也叫作专线或点对点连接。采用预先设置好的通信路径，从客户端通过电信公司的网络连接到远程网络，即租用线路。这样的线路一般基于带宽和距离定价，相对于其他技术，如帧中继（Frame Relay），它更为昂贵。租用线路连接采用的封装协议分为以下 3 种：

① 点对点协议（Point-to-Point Protocol，PPP）。PPP 是一种标准协议，它规定了同步或异步电路上的路由器对路由器、主机对网络的连接。

② 串行线路互联协议（Serial Line Internet Protocol，SLIP）。SLIP 是 PPP 的前身，用于使用 TCP/IP 的点对点串行连接。SLIP 基本上已经被 PPP 取代。

③ 高级数据链路控制（High-Level Data Link Control，HDLC）协议。HDLC 标准是思科公司私有的，它是点对点、专用链路和电路交换连接上默认的封装类型。HDLC 是按位访问的同步数据链路层协议，它定义了同步串行链路上使用帧标识与校验和的数据封装方法。

（2）电路交换连接。电路交换连接只在有数据需要传输的时候才进行，通信完成后便终止连接。这和日常生活中打电话的过程很相似，故其一般用于对带宽要求低的数据传输，如综合业务数字网络（Integrated Service Digital Network，ISDN）。路由器向远程站点发送数据时，交换线路用远程网络的线路号进行启动，验证成功后开始传输数据直到传输完成，终止连接。

（3）包交换连接。用户共享电信公司资源的成本较低。在这样的网络中，网络连接电信公司网络可以让许多客户共享电信公司网络，然后电信公司在客户站点之间建立虚拟线路，数据包通过网络进行传输。这类例子有帧中继、ATM、X.25 等，包交换连接的速度可以从 56 Kbps 达到 45 Mbps，其采用多路复用的方式。目前，帧中继已经逐步取代了低速的 X.25。

2. 常用的广域网协议

（1）HDLC 协议。这是由 IBM 公司的同步数据链路控制（Synchronous Data Link Control，SDLC）衍生而来的协议，工作在 OSI 七层网络模型的数据链路层。相比平衡链路访问过程（Link Access Procedure Balanced，LAPB），HDLC 协议的成本较低，由各个厂商自行实现，因此，HDLC 协议是私有协议。

（2）PPP。PPP 是公开协议，可以用于不同厂商设备之间的连接。PPP 使用网络控制协议（Network Control Protocol，NCP）验证 OSI 七层网络模型的网络层协议。

（3）ISDN。ISDN 是一种在已有的电话线路上传输语音和数据等数字服务的协议。ISDN 也可以作为帧中继或者 T1 连接的备份连接。

（4）LAPB。LAPB 工作在 OSI 七层网络模型的数据链路层，是一种面向连接的协议，一般和 X.25 技术一起进行数据传输。因为有严格的窗口和超时功能，所以 LAPB 的运行代价很高。

（5）帧中继。帧中继是一种高性能的包交换技术，运行在 OSI 七层网络模型最下面的两层，即物理层和数据链路层，它其实是 X.25 技术的简化版本。帧中继工作在性能更好的广域网设备上，因此，传输效率比 X.25 更高，速度可以从 64 Kbps 达到 T3 的 45 Mbps，还能提供带宽的动态分配和拥塞控制功能。

（6）ATM。ATM 是国际电信联盟电信标准委员会（ITU Telecommunication Standardization Sector，ITU – T）制定的信元（Cell）中继标准。ATM 使用固定长度为 53 字节的信元方式提供面向连接的服务。

2.6.2　广域网交换协议的特点与工作方式

广域网覆盖省或者国家级别的面积，通常采用交换技术向用户提供多个接入点，故也被称为广域网交换技术，是互联网的一种重要组成形式。采用交换技术的广域网被称为交换广域网，交换广域网在网络内部呈网状进行各地的多端口交换机连接，向外部提供多输入/输出连接。目前交换广域网主要使用 X.25、帧中继和 ATM。

广域网交换技术与局域网交换技术有很多不同，具体如下：

（1）不使用局域网通常采用的星形拓扑结构，而是使用交换机组成网状结构。

（2）局域网交换技术是一种无连接服务，发送的分组之间没有直接联系，到达目的地之后才进行组装；但广域网交换技术使用面向连接方式，发送分组之前，在发送和接收方之间建立一条连接。每个建立的连接都将被标记，发送和接收双方在传输期间都使用这个标记识别这个连接，传输完成之后则进行终止。该标记代替了局域网中的源地址和目的地址。

帧中继已成为应用最广泛的广域网协议之一，取代了 X.25。本节将基于帧中继介绍广域网交换技术。

帧中继的应用成本比专用线路低得多，并且用户端配置非常简单。用户通过配置路由器或其他设备，使之与服务提供商的帧中继交换机通信，即可建立连接。由服务提供商负责配置帧中继交换机。

帧中继网络的典型结构如图 2 – 20 所示，永久虚电路（Permanent Virtual Circuit，PVC）是指通过网络依次沿着始发帧中继链路和端接帧中继链路到达最终目的地的逻辑路径。与专用连接使用的物理路径相比，在帧中继接入的网络中，PVC 定义的每两个端点之间的路径都具有唯一性。

帧中继封装传输数据的过程如图 2 – 21 所示。

首先，帧中继接受网络层协议（如 IP）发来的数据包。随后，帧中继在数据包中封装

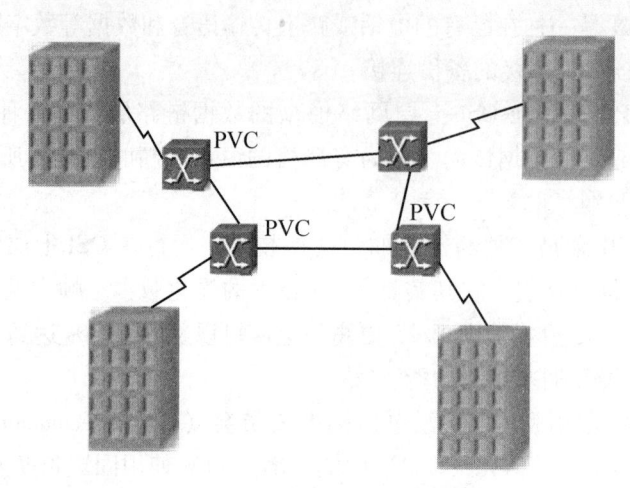

图 2 – 20　帧中继网络的典型结构

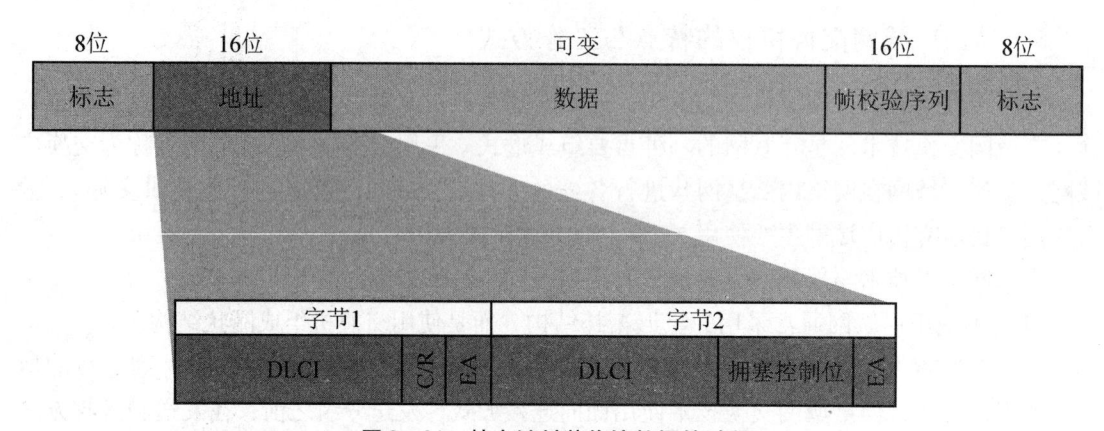

图 2 – 21　帧中继封装传输数据的过程

地址字段，地址字段包含数据链路连接标识符（Data Link Connection Identifier，DLCI）与校验和。标识字段标记帧头和帧尾，所有的标识字段都是相同的。标识表示为十六进制数 7E 或二进制数 01111110。帧中继头（地址字段）明确包含以下几方面：

（1）DLCI。10 位 DLCI 是帧中继头的关键。该值表示数据终端设备（Data Terminal Equipment，DTE）和交换机之间的虚拟连接。每个虚拟连接都复用到由唯一 DLCI 表示的物理通道上。DLCI 值仅具有本地意义，因此，只在所在的物理通道上是唯一的。位于某个连接两端的设备可以使用不同的 DLCI 值引用同一个虚拟连接。

（2）命令/响应位（Command/Response，C/R）。C/R 用于表示在上层应用看来，该数据帧是命令帧还是响应帧。

（3）扩展地址（Extend Address，EA）。如果 EA 字段的值为 1，则可以确定当前字节为 DLCI 的最后一个二进制八位数。

（4）拥塞控制。用于控制帧中继的拥塞通知机制。

2.7 VLAN 中继配置实训

2.7.1 实训目的

掌握 VLAN 中继模式的配置和检验方法。

2.7.2 实训内容

根据图 2-22，按照要求进行中继配置与中继检验。

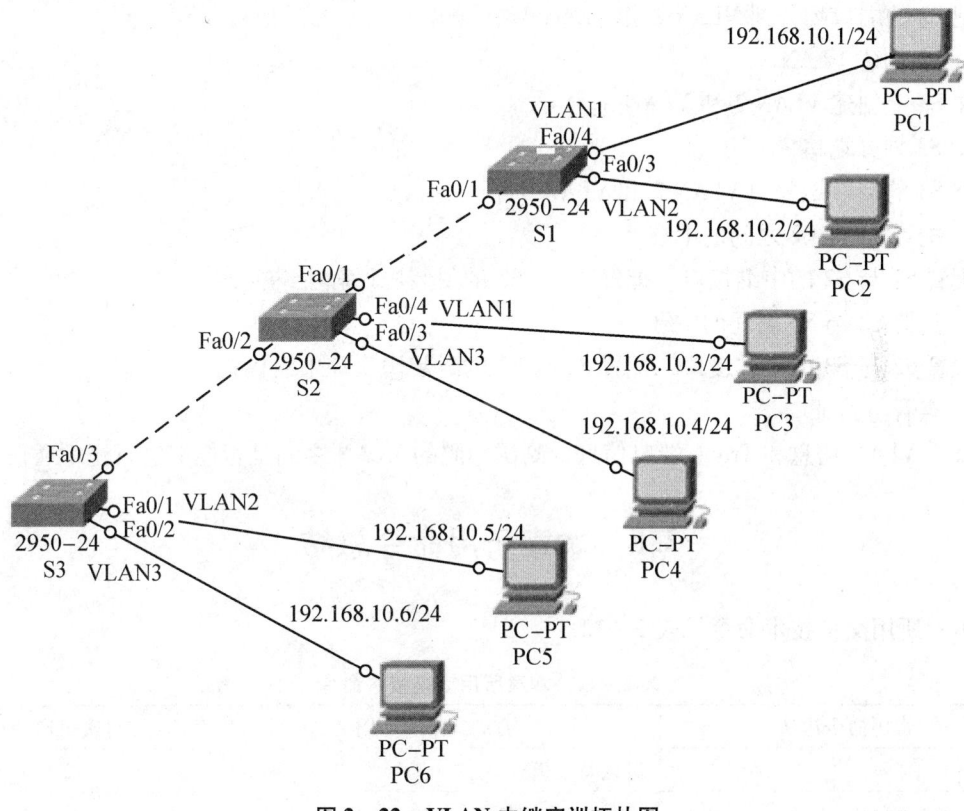

图 2-22 VLAN 中继实训拓扑图

2.7.3 实训要求

实训前，认真复习 2.5.4 小节的内容。通过实训，熟悉 Trunk 配置与检验方法，并书写实训报告。

2.7.4 实训步骤

1. S1 创建 VLAN

在 S1 上创建 VLAN 1 和 VLAN 2。

2. S1 划分端口

把 S1 的端口划分到 VLAN 1 和 VLAN 2 中。

3. S2 创建 VLAN

在 S2 上创建 VLAN 1 和 VLAN 3。

4. S2 划分端口

把 S2 的端口划分到 VLAN 1 和 VLAN 3 中。

5. S3 创建 VLAN

在 S3 上创建 VLAN 2 和 VLAN 3。

6. S3 划分端口

把 S3 的端口划分到 VLAN 2 和 VLAN 3 中。

7. 配置 S1 与 S2 之间的中继

配置 S1 与 S2 的中继接口，配置 S1 与 S2 的封装协议和中继模式。

8. 配置 S2 与 S3 之间的中继

配置 S2 与 S3 的中继接口，配置 S2 与 S3 的封装协议和中继模式。

9. 查看与验证

查看 VLAN 信息和 Trunk 端口信息，测试相同的 VLAN 之间是否能够进行正常通信。

2.8 本章所用命令总结

本章所用交换技术命令见表 2-12。

表 2-12 本章所用交换技术命令

常用命令语法	作　　用	首次出现的小节
enable	进入特权模式	2.2.1
configure terminal	进入全局配置模式	2.2.1
hostname *hostname*	修改交换机名称	2.2.1
line console 0	进入控制台配置模式	2.2.1
password *password*	设置口令	2.2.1
login	设置登录时需要输入口令	2.2.1
end	退出到特权模式	2.2.1
enable secret *secret*	设置特权模式的访问口令	2.2.1

续表

常用命令语法	作　用	首次出现的小节
exit	退出到上一级配置模式	2.2.1
line vty 0 *number*	进入远程虚拟终端 VTY（Virtual Teletype Terminal）配置模式，同时设置 0~*number* 共 *number*+1 条 VTY 线路	2.2.1
int vlan 1	进入 VLAN 1 配置模式	2.2.1
ip add *ip-address netmask*	设置接口 IP 地址为设置交换机的 IP 地址，为 *ip-address*，掩码为 *netmask*	2.2.1
ip default-gateway *ip-address*	设置默认网关的 IP 地址为 *ip-address*	2.2.1
copy running-config startup-config	保存配置文件到 NVRAM	2.2.1
show mac-address-table	显示 MAC 地址表的内容	2.2.1
telnet *ip-address*	使用 Telnet 协议远程访问设备 IP 地址	2.2.1
disable	从特权模式转入用户模式	2.3.3
copy startup-config running-config	更新运行配置	2.3.4
erase startup-config	擦除 NVRAM 的配置信息	2.3.4
delete vlan.dat	擦除 VLAN 的配置信息	2.3.4
show version	显示硬件设备和 IOS 软件相关信息	2.3.4
show startup-config	显示 NVRAM 中的保存配置	2.3.4
show running-config	显示 RAM 中的运行配置	2.3.4
show interface *type port* | *slot* | *port* | *slot* | *subslot* | *port*	显示路由器不同类型的接口、子接口的统计信息	2.3.4
show ip protocols	显示路由协议相关信息	2.3.4
show history	显示之前已经输入命令的列表	2.3.4
no *command*	取消某条命令	2.3.4
service password-encryption	明文口令将加密保存	2.3.4
vlan *vlan-id*	进入 VLAN 配置界面	2.4.1
name *name*	将 VLAN 命名为 *name*	2.4.1
switchport mode access	设置接口为 VLAN 接入模式	2.4.1
switchport access vlan *vlan-id*	设置接口加入 VLAN	2.4.1
switchport trunk encapulation dot1q	配置 Trunk 中继线路封装协议 802.1q	2.4.1
switchport mode trunk	设置接口为中继模式	2.4.1
show vlan brief	查看 VLAN 接口、状态、名称的配置信息	2.4.1
show int *interface-id* switchport	查看接口对应的端口信息	2.4.1

续表

常用命令语法	作　　用	首次出现的小节
no vlan *vlan - id*	从系统中删除某一 ID 为 *vlan - id* 的 VLAN	2.5.4
delete flash：vlan. dat	删除 vlan. dat 文件和 VLAN	2.5.4
reload	重启交换机	2.5.4
switchport trunk native vlan *vlan - id*	将 *vlan - id* 号 VLAN 指定为本征 VLAN	2.5.4
switchport trunk {allowed vlan {all |add|remove|except *vlan - list*}|native vlan *vlan - id*}	限制使用中继链路互联的 VLAN	2.5.4
show interface trunk	查看 Trunk 端口信息	2.5.4

本章小结

交换技术是局域网和广域网组网的关键技术，主要涉及交换机的使用配置和 VLAN 协议，广域网方面主要涉及帧中继技术。组网是一个工程问题，作为网络管理员，需要进行清晰的规划和详细的需求分析，合理地设计与安装配置方案，并具备一定的故障排查能力。本章围绕目前的中小型局域网组网技术，详细介绍了如何从最基本的小型局域网开始，一步步设计、构造中型局域网的过程和方法，包括具体的交换机、VLAN 及中继配置与检验方法。

习　题

一、不定项选择题

1. (　　) 命令被用来验证中继链路的配置状态。
   A. show interfaces interface　　　　B. show interfaces trunk
   C. show interfaces switchport　　　　D. show ip interface brief
   E. show interfaces vlan

2. 交换机上 VLAN (　　) 是默认可以修改和删除的。
   A. 2~1001　　　　　　　　　　　　B. 1~1001
   C. 1~1002　　　　　　　　　　　　D. 2~1005

3. 以太网使用物理地址的原因是 (　　)。
   A. 在二层唯一确定一台设备　　　　B. 允许设备在不同网络中通信
   C. 区分二层和三层数据包　　　　　D. 允许同一网络的不同设备之间通信

4. (　　) 可用于广域网连接。
   A. PPP　　　　　　　　　　　　　B. WAP
   C. DSL　　　　　　　　　　　　　D. Ethernet
   E. 帧中继

二、填空题

1. VLAN 可以分割_____域。

2. _____协议用于在单条链路上传播多个 VLAN 数据。

三、简答题

1. 交换机有哪几种操作模式？请分别简要说明如何转化这几种操作模式。
2. VLAN 协议的原理是什么？
3. VLAN 中继技术有什么优点？

第 3 章 组网路由技术

学习内容要点

1. 路由表的作用和内容。
2. 路由技术的分类。
3. 路由器的组成结构和启动顺序。
4. 路由器的接口及配置方法。
5. 静态路由配置。
6. 默认路由配置。
7. 汇总路由配置。
8. 动态路由协议的分类与比较。
9. RIPv1 与 RIPv2 的区别与配置。
10. OSPF 的原理。
11. OSPF 的选举背景与方法。
12. 路由技术的比较。

知识学习目标

1. 理解路由表的作用。
2. 掌握路由技术的分类与比较。
3. 理解路由器的路由原理。
4. 理解静态路由、默认路由和汇总路由的意义。
5. 掌握 RIP 和 OSPF 协议的技术。

工程能力目标

1. 掌握路由器的配置方法。
2. 掌握静态路由的配置方法。
3. 掌握 RIP 两个版本的配置方法。
4. 掌握 OSPF 协议的选举方法。

本章导言

第 2 章对局域网和广域网第二层数据链路层交换技术进行了讲解，本章将深入介绍第三层网络层的路由技术。路由器是当前互联网应用中最为核心的网络设备。路由技术的好坏是网络质量好坏的影响因素。学习本章内容，读者将能掌握常用的路由技术，并通过两个案例，掌握使用路由器连入互联网和在大型网络内使用路由技术进行组网的方法。

3.1 路由技术概述

3.1.1 路由原理

路由是路由器的基本功能，顾名思义，即选择最佳路径，将 IP 层数据包转发到目的网络。这一功能是通过查询储存在路由器中的路由表信息实现的。路由表是路由器对可能的网络路由进行计算，选择具有最小代价的路径之后生成的。最常用的衡量路径大小的方式就是从源端到目的端需要经过多少个节点，即需要经过多少"跳"（Hop）才能到达目的地。

1. 路由表

路由表的表项包括能够转发的数据包的目的网络地址以及到达该目的网络需要的下一跳信息，用于帮助路由器选择最佳转发路径，做出路由决策。路由器路由表的信息条数等于数据包可能的目的地个数，路由表条目包括数据包的目的地址、下一跳 IP 地址和本地路由器发往下一跳的出口接口号。

例如，如图 3-1 所示，假设有 3 个路由器通过串行接口（简称串口）串联，两端各有一个直连以太网网络，网络地址/掩码、路由器每个端口的 IP 地址都标记其中。图 3-1 中路由器两端接口上的 .1 和 .2 表示处于该网络中的主机号，接口上的数字表示该网络的网络号，两者联合起来表示该接口的 IP 地址。这样写是为了标示方便。例如，R1 左侧接口上的 .1 与该接口上方的 10.0.0.0/24 一起表示该接口的 IP 地址是 10.0.0.1/24。

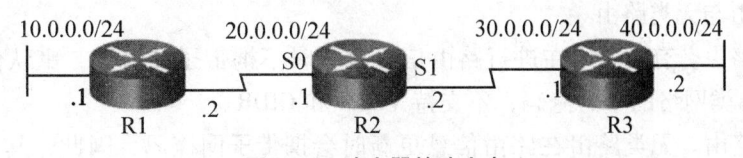

图 3-1 路由器的路由表

R2 的路由表信息见表 3-1，假如 R2 需要查找 40.0.0.0/24 网络，则数据包都将通过 S1 接口发送出去。

表 3-1 R2 的路由表信息

数据目的地址	下一跳的 IP 地址	本地路由器发往下一跳的出口接口号
10.0.0.0/24	20.0.0.2	S0
20.0.0.0/24	20.0.0.1	S0
30.0.0.0/24	30.0.0.2	S1
40.0.0.0/24	30.0.0.1	S1

2. 路由代价

当路由器为一个 IP 数据包路由时，将择优选择花销最小的路径，该路径上的花销也被称为路由代价。例如，路径上的子网吞吐量越高，网络延迟越低，因此，到达目标网络的路由代价就越低。路由代价简称为代价（Cost）或度量（Metric）。

3.1.2 路由技术的分类

路由表是路由器根据不同的路由技术生成的。路由技术可以分为如下几类：

1. 静态路由与动态路由

（1）静态路由。静态路由是指需要用户或网络管理员手工配置的路由信息。当网络的拓扑结构或链路的状态发生变化时，静态路由信息需要人工修改。

（2）动态路由。动态路由是指路由器能够自动建立路由表上的路由信息。当网络的拓扑结构或链路的状态发生变化时，动态路由信息能够根据实际情况的变化自动进行调整，不需要人工干预。

静态路由与动态路由的优缺点比较见表 3-2。

表 3-2　静态路由与动态路由的优缺点比较

比较项目	静态路由	动态路由
配置方法	手工配置	自动学习建立
网络适应性	弱	强
适用网络的规模	小	大
资源消耗	少	相对多
安全性	较安全	不够安全

2. 有类路由与无类路由

（1）有类路由。有类路由在进行路由信息更新时不携带子网掩码，默认使用第 1 章介绍的 A、B 和 C 类网络的子网掩码，不支持 VLSM 和 CIDR。

（2）无类路由。无类路由在路由信息更新时会携带子网掩码，因此，其支持 VLSM 和 CIDR。

3.2　模拟网络互联案例

3.2.1　任务说明

1. 任务概述

（1）情境说明。如图 3-2 所示，假设一名用户想通过家里的台式机（PC1）上网看新闻，从用户端（PC1）到远程网页服务器端（Web 服务器）应该用什么技术互联？如何配置？

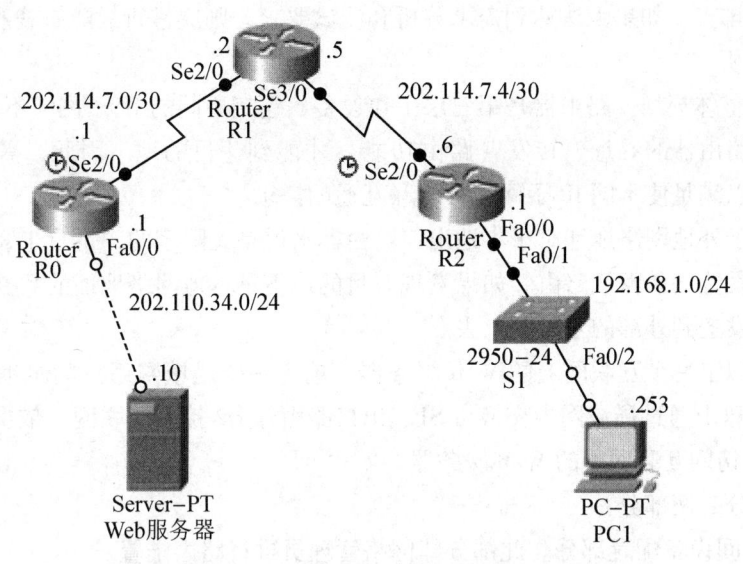

图 3-2 用户访问远程 Web 服务器

（2）具体说明。本任务模拟了从本地局域网连接到互联网上的远程服务器场景，即本地局域网用户 PC1 通过 1 台交换机和 3 台路由器访问远程互联网上的 Web 服务器。其中，本地局域网包括 1 台用户 PC（记为 PC1）、1 台交换机（记为 S1），通过本地网络的出口路由器（记为 R2）连接到外部互联网；外部互联网仅包含 2 台互联的路由器 R0 和 R1，以及 1 台与 R0 相连的提供网上信息浏览服务的网站服务器（记为 Web 服务器）。

在本任务中，我们将学习如何进行本地网络与远程网络的互联，如何配置本地和远程的路由器。

注意！本任务的学习目标如下：
（1）配置路由器接口。
（2）配置静态路由。
（3）配置默认路由。
（4）测试验证任务目标。

本任务实际上是对不同网络互联的简化模拟，任务步骤可以简化如下：

（1）需求分析。本任务与第 2 章组网交换任务的不同之处在于，增加了第三层，即网络层功能，不同的 IP 子网之间默认是相互隔离的，因此，增加了正确配置路由，使得不同 IP 子网能够互联互通的需求。其他部分与第 2 章任务类似。

（2）设备安装。按照需求分析结果安装路由器、交换机、PC 和服务器。

（3）设备配置。对 PC 和 Web 服务器连接的路由器设备进行网络设置，包括基本命名配置、接口配置和路由配置；对 PC 和 Web 服务器进行网络配置。

（4）分析测试。对设备情况进行分析测试，本地网络 PC 用户应能够联通互联网上的 Web 服务器。

(5) 故障排查。如果无法达到需求分析和测试要求，则应进行故障查找和排除。

2. 需求分析

(1) 任务整体规划。路由器是第三层工作设备，连接不同的 IP 子网。不同 IP 子网的数据包需要通过路由器的寻址、转发（路由功能）才能到达目的地。因此，需要对路由器进行路由配置，以满足使不同 IP 子网能够互联互通的需求。

另外，由于外地网络地址对于本地出口路由器来说是无限多的，也是未知的，所以本地路由器通常会设置一条默认路由。如果发现有目的地不是本地网络地址的数据包，就默认通过出口路由器发送到外部的互联网上去。

本任务模拟了一个互联网上的 Web 服务器，包含一个局域网用户的本地局域网，实现该局域网用户 PC1 通过局域网内交换机 S1、出口路由器 R2 接入互联网，依次通过互联网路由器 R1 和 R0 访问互联网上的 Web 服务器。

本任务可分为两部分：

① 网络中间设备配置部分。此部分即网络管理员进行路由配置。

② 网络终端设备配置部分。内部 PC 用户和远程的 Web 服务器管理员配置相关 IP 地址、掩码、网关地址等信息。

(2) 逻辑拓扑图设计。按照上述分析，逻辑拓扑图如图 3-2 所示。

(3) 具体协议选型。仍然选择 TCP/IP 协议制定 IP 编址方案。

(4) IP 编址方案。模拟网络互联的 IP 编址方案，见表 3-3。

表 3-3 模拟网络互联的 IP 编址方案

设备名称	用 途	接口	IP 地址	子网掩码	默认网关
PC1	局域网用户 PC	网卡	192.168.1.253	255.255.255.0	192.168.1.1
Web 服务器	互联网 Web 服务器	网卡	202.110.34.10	255.255.255.0	202.110.34.1
R0	互联网路由器	Fa0/0	202.110.34.1	255.255.255.0	不适用
		Se2/0	202.114.7.1	255.255.255.252	不适用
R1	互联网路由器	Se2/0	202.114.7.2	255.255.255.252	不适用
		Se3/0	202.114.7.5	255.255.255.252	不适用
R2	局域网出口路由器	Se2/0	202.114.7.6	255.255.255.252	不适用
		Fa0/0	192.168.1.1	255.255.255.0	不适用

(5) 设备安全性设计。与 2.4 节中的任务类似，本任务也需要设置路由器访问口令。

(6) 设备和连线选型。与 2.4 节中的任务类似。

3. 设备安装

与 2.4 节中的任务类似，只是 3 台路由器需要通过串口线互联，路由器 R0、R1、R2 之间的串口连线如图 3-3 中方框内的插头连线所示。

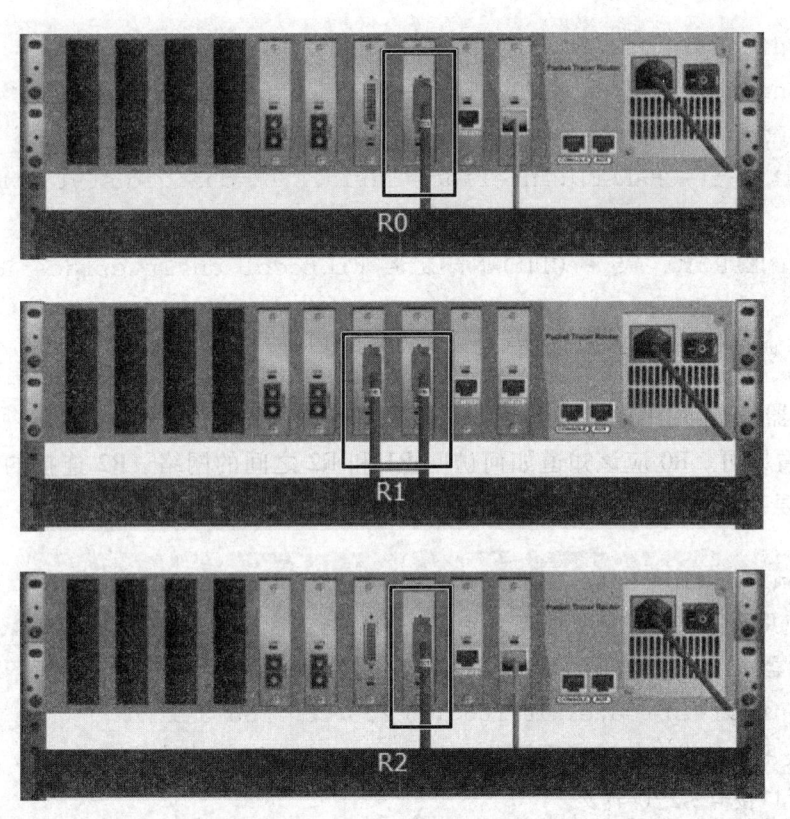

图 3-3　设备间的路由器 R0、R1、R2 之间的串口连线

4. 设备配置

（1）网络中间设备配置。路由器、PC 和服务器的基本配置与 2.4 节中的任务类似，这里主要讲授路由器的配置方法。

① 路由器接口配置（仅以 R0 和 R1 之间的接口连线配置为例，其他路由器配置类似），如下所示：

```
R0(config)#int se2/0              //配置 R0 的串口 Se2/0
R0(config-if)#ip add 202.114.7.1 255.255.255.252
                                  //配置 Se2/0 的 IP 地址
R0(config-if)#clock rate 56000    //设置 DCE 设备的时钟频率
R0(config-if)#no shut             //打开串口

% LINK-5-CHANGED:Interface Serial2/0, changed state to down
```

如果与 R0 连接的 R1 使用类似的方法配置好 R1 上的 Se2/0 接口，则 R0 与 R1 之间的线路将被开通，如下所示：

```
R1(config)#int s2/0
R1(config-if)#ip add 202.114.7.2 255.255.255.252
R1(config-if)#no shut
  %LINK-5-CHANGED:Interface Serial2/0, changed state to up

  %LINEPROTO-5-UPDOWN:Line protocol on Interface Serial2/0, changed state to up
    //说明 R0 与 R1 之间的串口线路协议已通
```

② 路由器静态路由配置。这里因为将复杂的互联网简化成 2 台路由器，所以直接使用静态路由配置即可。R0 应该知道如何访问 R1 和 R2 之间的网络、R2 连接的本地局域网，因此，只需要手动配置 2 条静态路由即可。具体方法如下：

```
R0(config)#ip route 202.114.7.4 255.255.255.252 202.114.7.2
    //使用下一跳地址配置静态路由。如果数据包目的地是 202.114.7.4,将之转发给下一跳路由器 R1 的 IP 地址为 202.114.7.2 的接口
R0(config)#ip route 192.168.1.0 255.255.255.0 s2/0
    //使用本地出口接口配置静态路由。如果数据包目的地是局域网 192.168.1.0,将通过本地出口接口 s2/0 转发
```

③ 路由器默认路由设置。由于内网设备并不了解互联网的 IP 编址方案，因此，内网出口服务器 R2 上只需增加一条默认路由，就可以将目的地址不在本地网络的数据包转发给其他网络。配置方法如下：

```
R2(config)#ip route 0.0.0.0 0.0.0.0 s2/0
    //第一个 0.0.0.0 表示去任意网络,第二个 0.0.0.0 表示网络地址掩码任意,s2/0 表示本地路由器的流量出口接口
```

（2）终端设备配置。与 2.4 节中的任务类似。

5. 分析测试

分析测试的具体方法如下：

```
PC1>ping 202.110.34.10              //测试是否连接上了 Web 远程服务器

Pinging 202.110.34.10 with 32 bytes of data:
  Reply from 202.110.34.10:bytes=32 time=94 ms TTL=128
  Reply from 202.110.34.10:bytes=32 time=93 ms TTL=128
```

```
Reply from 202.110.34.10:bytes=32 time=60 ms TTL=128
Reply from 202.110.34.10:bytes=32 time=60 ms TTL=128

Ping statistics for 202.110.34.10:
    Packets:Sent=4, Received=4, Lost=0(0% loss),
                                        //连接远程服务器成功
Approximate round trip times in milli-seconds:
    Minimum=60 ms, Maximum=94 ms, Average=76 ms
```

6. 故障排查

如果 PC1 无法 ping 通 Web 服务器，则除物理连线的问题以外，可以采用 show ip route 命令，依次检查路由器 R2、R1、R0 的路由表、接口信息等排查原因。

例如，查看 R2 的路由表，结果如下：

```
R2#sh ip route
    Codes:C-connected, S-static, I-IGRP, R-RIP, M-mobile, B-BGP
        D-EIGRP, EX-EIGRP external, O-OSPF, IA-OSPF inter area
        1-OSPF NSSA external type 1, N2-OSPF NSSA external type 2
        E1-OSPF external type 1, E2-OSPF external type 2, E-EGP
        i-IS-IS, L1-IS-IS level-1, L2-IS-IS level-2, ia-IS-
IS inter area
        *-candidate default, U-per-user static route, o-ODR
        P-periodic downloaded static route
Gateway of last resort is 0.0.0.0 to network 0.0.0.0
    //默认路由已经设置好
C   192.168.1.0/24 is directly connected, FastEthernet0/0
    //C 表示路由器接口设置好之后,对应出现直连网络路由信息
    //直连本地 192.168.1.0/24 的路由已经配置成功
    202.114.7.0/30 is subnetted, 1 subnets
C   202.114.7.4 is directly connected, Serial2/0
    //直连网络 202.114.7.0/30 的路由已经配置成功
S*  0.0.0.0/0 is directly connected, Serial2/0
    //S 表示是静态路由,* 表示是默认路由
```

3.2.2 任务总结

本任务模拟了一个简化版本的互联网 Web 服务器与本地局域网用户之间互相联通的案例。通过本案例，我们会发现，路由决策直接取决于路由表的内容。以局域网出口路由器 R2 为例，路由表的内容直接取决于与路由器的活动接口直接连接的直连网络、与路由器间接连接的 IP 子网之间的静态路由，以及默认路由的设置。

因此，完成本任务需要重点理解以下 3 方面的内容：

(1) 路由器的组成结构及其配置（包括路由器的接口配置）。

(2) 静态路由的概念和配置。

(3) 默认路由的概念和配置。

综上所述，可以先认真完成本任务，然后阅读下面的章节，加深思考相关知识和问题。

3.3 路由器的组成结构

3.3.1 路由器的组成

路由器是连接网络、为数据传输定向的核心网络设备，图 3-4 展示了思科 2800C 系列路由器。实际上，可以将路由器看作一种特殊的计算机。路由器具备普通 PC 所具有的中央处理器（Central Processing Unit，CPU）、配置寄存器（Configuration Register）、只读存储器（Read-Only Memory，ROM）、随机访问存储器（Random Access Memory，RAM）、输入/输出接口，但是没有键盘、鼠标、显示器这些输入/输出外设。此外，路由器比普通 PC 多了两个存储设备，即闪存（Flash Memory）和非易失性随机访问存储器（Non-Volatile Random Access Memory，NVRAM），如图 3-5 所示。

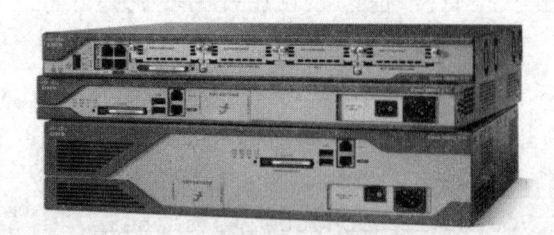

图 3-4 思科 2800C 系列路由器

路由器具备的两大基础功能是路径确定和数据转发。其中，路径确定功能允许路由器选择最适当的接口转发分组；数据转发功能允许路由器从一个接口上接收分组，再将其转发到另外一个接口上。

(1) CPU。CPU 是路由器的控制和运算部件。

(2) ROM。ROM 用于储存路由器启动指令、基本诊断软件以及精简版 IOS。IOS 是路由器的操作系统，称为互联网络操作系统。

（3）RAM。RAM 用于储存 CPU 所执行的指令和数据，启动时加载 IOS，储存 IOS 当前使用的配置文件（running – config）、路由表、ARP 缓存和数据包缓冲区。

（4）NVRAM。NVRAM 用于储存预设的配置文件（startup – config），系统断电后，NVRAM 中的内容不会丢失。

（5）Flash Memory。Flash Memory 用于储存 IOS，系统断电后，Flash Memory 中的内容不会丢失。

（6）接口。接口用于连接网络或控制台终端，现有的网络接口大多以模块的形式选购。

不同类型的路由器内部部件及其位置可能不同，思科 2800 系列 2811 路由器的内部构造如图 3 – 5 所示。

图 3 – 5 思科 2811 路由器的内部构造

3.3.2 路由器的启动顺序

路由器的启动过程分为以下 3 个主要阶段：

（1）加载引导程序。路由器开机加电后，首先检查硬件是否能正常工作，然后加载引导 IOS 的 bootstrap 程序。

（2）加载 IOS。使用 bootstrap 程序定位并加载 IOS 到 RAM，IOS 可能存在于闪存、TFTP 服务器，甚至 ROM 等不同位置，具体选择哪一个位置根据配置寄存器的最后 4 位寄存器二进制值决定。

（3）加载配置文件。使用 IOS 定位，并加载预设的配置文件或进入对话配置模式（这里不使用对话配置模式配置路由器，可以使用 Ctrl + C 组合键终止对话配置过程）。配置文件通常存在于 NVRAM 的 startup – config 文件中。如果在路由器运行过程中进行过修改的配置 running – config 没有被保存到 NVRAM 中，则重启之后修改将无法生效。

3.3.3 路由器的接口

思科 2811 路由器正面和背面外部接口分别如图 3-6 和图 3-7 所示。路由器有 3 种基本接口：广域网接口、局域网接口和管理端口。其中，管理端口分为控制台端口（Console Port）和辅助端口（Auxiliary Port），如图 3-7 所示。

图 3-6　思科 2811 路由器正面的广域网接口与局域网接口

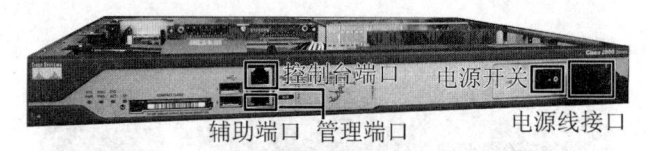

图 3-7　思科 2811 路由器背面的管理端口

一般使用路由器串口进行广域网连接。以思科路由器为例，两台路由器之间串口连接时使用 DTE/DCE 线缆，如图 3-8 所示。

路由器通常使用以太网或快速以太网接口连接到局域网上。当路由器通过集线器或者交换机与局域网进行通信时，使用直通线缆；当路由器直接连接到计算机或者其他路由器上时，使用交叉线缆。

管理端口一般用于对路由器进行初始化配置和故障排除。控制台端口是管理端口中常见的一种，其不需要借助网络即可被网络管理员用来通过专用电缆访问路由器。通常使用反转线缆和 RJ-45 到 DB-9 或 RJ-45 到 DB-25 的适配器连接计算机串口和路由器的控制台端口，管理员在计算机端使用"超级终端"（Hyper Terminal）或 SecureCRT 等软件进行管理。通过计算机 DB-9 串口连接路由器控制台端口（RJ-45）的连线，RJ-45 到 DB-9 的反转线缆如图 3-9 所示。

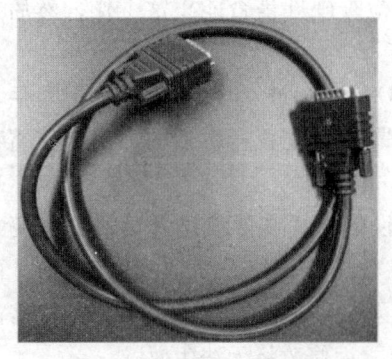

图 3-8　DTE/DCE 线缆

图 3-9　RJ-45 到 DB-9 的反转线缆

3.4 路由器的基本配置方法

3.4.1 操作模式及其配置

就像计算机的正常工作离不开操作系统一样，路由器需要 IOS 才能正常运行。路由器通过 IOS 逐条运行配置文件，按照文件要求进行配置。这些配置文件即 running – config 和 startup – config。所有思科路由器和交换机中都有 IOS，其主要功能包括基本路由和数据包转发。另外，根据型号不同，IOS 还可能提供网络可靠性和安全性服务。

IOS 使用命令行界面（CLI）环境设置了不同的操作模式，供用户管理和配置路由器。操作模式分为用户模式、特权模式、全局配置模式和其他特定配置模式。由于 IOS 采用分级模式，所以对网络设备进行配置操作时，必须依照上述顺序，逐级进入用户模式、特权模式、全局配置模式和其他特定配置模式。各种模式与交换机模式类似，可以查看 2.3.3 小节。

3.4.2 基本配置

1. 路由器串行接口配置命令

路由器串行接口需要时钟信号控制通信同步信息。路由器之间使用串口通信时，由数据通信设备（Data Communications Equipment，DCE）提供时钟信号，另一方作为数据终端设备（DTE）。思科路由器一般被默认设置为 DTE，需根据通信需要，选择一方设置为 DCE。

配置路由器串口时，应该先进入串口配置模式，然后配置正确的 IP 和子网掩码，为 DCE 设置时钟速率（如 56 000 bps），配置广域网链路封装协议，最后打开串口使配置生效。

路由器串口配置 DTE 的命令如下：

```
Router(config)#interface serial 0              //进入串口配置模式
Router(config-if)#ip address 192.168.1.1 255.255.255.0
                                               //设置 IP 和掩码
Router(config-if)#encapsulation HDLC           //封装数据链路层通信协议
Router(config-if)#no shutdown                  //打开串口接口
```

路由器串口配置 DCE 的命令如下：

```
Router(config)#interface serial 0
Router(config-if)#ip address 192.168.1.1 255.255.255.0
Router(config-if)#encapsulation HDLC
Router(config-if)#clock rate 56000             //DCE 需多一条设置时钟的指令
Router(config-if)#no shutdown
```

广域网链路封装协议主要有 HDLC 协议、PPP 和帧中继协议 FRAME – RELAY 等。不同厂家的设备之间可能使用不同的协议。

2. 路由器以太网接口配置命令

路由器一般通过以太网接口（或快速以太网接口）连接局域网。配置以太网接口时，应该先进入以太网接口配置模式，然后配置正确的 IP 和子网掩码，最后打开串口使配置生效。路由器以太网接口配置命令如下：

```
Router(config)#interface ethernet 0        //进入以太网口配置模式
Router(config-if)#ip address 192.168.1.1 255.255.255.0
                                           //配置以太网口为 192.168.1.1/24
Router(config-if)#no shutdown
```

3. 路由器 loopback 接口配置命令

路由器 loopback 接口（loopback 口）是一种虚拟接口，称为回环接口，无须依赖实际电缆和相邻设备，配置后自动处于工作状态，不需要使用命令手动打开接口，常被用来模拟与其他路由器或主机的连接。另外，由于 loopback 接口不像物理接口那样会发生故障，更加稳定，因此，它还常被路由协议用作他途。

每个路由器都可以配置多个 loopback 接口，用不同的接口编号区分。配置 loopback 接口时，应该进入准备配置的 loopback 接口配置模式，然后配置正确的 IP 和子网掩码，最后打开串口使配置生效。以路由器上的第一个 loopback 接口配置为例，配置方法如下：

```
Router(config)#interface loopback 0        //进入回环接口配置模式
Router(config-if)#ip address 192.168.1.1 255.255.255.0
                                           //配置回环网口为 192.168.1.1/24
```

3.4.3 路由器其他配置和检验排错方法

路由器也能配置成本地和远程访问，此部分与交换机配置类似，请参见 2.2.1 小节。

在第 2 章所学的交换机检验排错命令的基础上，路由器有一个专用的查看路由表功能，该功能对路由排错非常重要。该命令的使用方法如下：

```
Router(config)#show ip route               //查看路由表
```

3.5 静态路由的原理与排错

3.5.1 静态路由的原理

路由器的主要功能是选择合适的路径，将数据包转发到目的网络。这一功能是通过查询储存在路由器 RAM 中的路由表信息完成的。路由表包含目的网络地址以及到达目的网络需要的下一跳信息，帮助路由器选择最佳转发路径。

路由表信息可以分为以下 3 类：

（1）直连路由。直连路由表示目的网络与路由器的某一接口直接连接。

（2）静态路由。静态路由即到达目的网络的路径，是预先指定的、静态的。该信息需要网络管理员手动添加与修改，一旦网络情况（如网络拓扑）发生变化，网络管理员应重新检查这些信息是否需要调整。

（3）动态路由。动态路由即到达目的网络的路径，是根据网络情况动态选择的。路由器能在网络管理员配置并启用路由协议之后动态学习路由信息，因此，其更适合大型、复杂的网络环境。

没有进行路由器配置之前，路由表是空表，如下所示：

```
Router#sh ip route
  Codes:C-connected, S-static, I-IGRP, R-RIP, M-mobile, B-BGP
D-EIGRP, EX-EIGRP external, O-OSPF, IA-OSPFinter area
N1-OSPF NSSA external type 1, N2-OSPF NSSA externaltype 2
E1-OSPF external type 1, E2-OSPF external type 2, E-EGP
  i-IS-IS, L1-IS-IS level-1, L2-IS-IS level-2, ia-IS-IS inter area
    *-candidate default, U-per-user static route, o-ODR
    P-periodic downloaded static route
Gateway of last resort is not set
//空路由表
```

直连路由在配置并启用路由器直连接口之后会自动加入路由表。路由表中以 C 开头的路由条目即直连路由。

3.5.2 单条静态路由的配置检验与排错

静态路由一般在到达目的网络之前只有一个固定的下一跳路由使用（也就是说，当连接到末节网络路由器时应使用静态路由）。末节网络是只能通过单条路由访问的网络。此时，配置静态路由比运行路由协议配置动态路由效率更高。

以图 3-10 的拓扑图为例，静态路由配置与检验方法如下。注意：可通过在所选的路由器上增加 WIC-1T 等模块，增加更多串口。

1. 配置静态路由

（1）首先配置路由器接口所连接的网络信息。对 Router1 来说，要建立从直连的 192.168.0.0/24 网络到 192.168.1.0/24 网络的静态路由，出口是本路由器的串口 Se0/3/0，

```
              192.168.10.0/24
                 Se0/3/0 .2
     Se0/3/0 .1      Router2  Fa0/0 .1
     Router1  Fa0/0 .1     192.168.1.0/24
                                  .245
             192.168.0.0/24
                 .245                PC-PT
                                      PC2
              PC-PT
               PC1
```

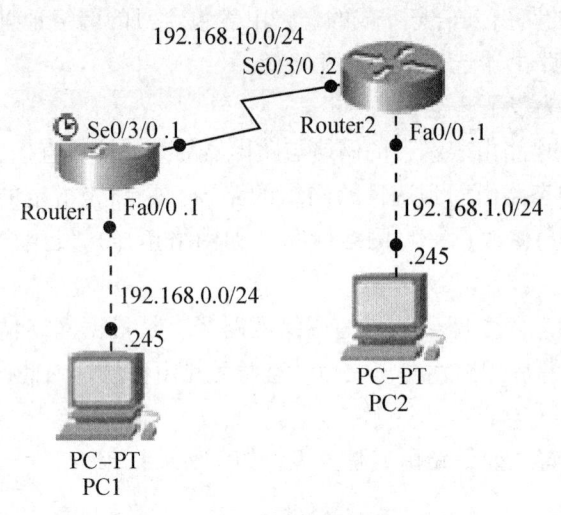

图 3-10 静态路由配置示例

下一跳应该是 Router2。本例以 Router1 为说明对象，Router2 的情况与之类似。

（2）配置路由器接口后（为 Router1 添加直连路由，配置并打开 Router1 的串行接口），要为 Router1 添加静态路由。该命令为 ip route *network - address subnet - mask ip - address | exit - interface*，如下所示：

```
Router1(config)#ip route 192.168.1.0 255.255.255.0 192.168.10.2
    //配置到 192.168.1.0/24 网络的路由下一跳 IP 为 192.168.10.2
```

此外，还可以通过加入本地出口接口的方式配置静态路由。采用这种方式，路由器在查表时更快，只查询一次即可。如果采用加入下一跳 IP 地址的方式，则需要查询两次路由表。

```
Router1(config)#ip route 192.168.1.0 255.255.255.0 s0/3/0
    //配置到 192.168.1.0/24 网络的路由出口接口为 s0/3/0
```

（3）继续配置 Router2 上的直连和静态路由。

2. 删除静态路由

删除静态路由只要在使用过的命令中加入 no 即可：

```
Router1(config)#no ip route 192.168.1.0 255.255.255.0 s0/3/0
    //删除静态路由
```

3. 检验静态路由

检验静态路由可以直接使用 sh ip route 命令，路由表中以 S 开头的路由条目即静态路由。具体方法如下：

```
Router1#sh ip route
   Codes:C - connected, S - static, I - IGRP, R - RIP, M - mobile, B - BGP
D - EIGRP, EX - EIGRP external, O - OSPF, IA - OSPF inter area
N1 - OSPF NSSA external type 1, N2 - OSPF NSSA external type 2
E1 - OSPF external type 1, E2 - OSPF external type 2, E - EGP
i - IS - IS, L1 - IS - IS level - 1, L2 - IS - IS level - 2, ia - IS - IS inter area
   * - candidate default, U - per - user static route, o - ODR
   P - periodic downloaded static route
   Gateway of last resort is not set
C 192.168.0.0/24 is directly connected, FastEthernet0/0    //直连路由
S 192.168.1.0/24 is directly connected, Serial0/3/0        //静态路由
C 192.168.10.0/24 is directly connected, Serial0/3/0       //直连路由
```

如果通过加入下一跳 IP 地址的方式添加静态路由，则路由表会有一条条目显示：

```
192.168.1.0/24[1/0] via 192.168.10.2   //添加的静态路由在路由表中的显示
```

其中，方括号数值［1/0］中的"1"代表"管理距离"（Administrative Distance，AD）；度量值为 0，即静态路由。管理距离表示路由的可信度高低，管理距离的数值越小，路由越可靠。如果存在多条路径到达目的网络，则路由器首先选择管理距离最小的路径。直连路由的管理距离为 0，静态路由的默认管理距离为 1。

常用协议对应的路由默认管理距离见表 3-4。

表 3-4 常用协议对应的路由默认管理距离

路 由 协 议	默认管理距离
直连路由	0
静态路由	1
增强内部网关路由协议（Enhanced Interior Gateway Routing Protocol，EIGRP）汇总路由	5
边界网关协议（Border Gateway Protocol，BGP）	20
内部 EIGRP	90
内部网关路由协议（Interior Gateway Routing Protocol，IGRP）	100
开放最短路径优先（Open Shortest Path First，OSPF）协议	110
中间系统间（Intermediate System to Intermediate System，IS – IS）协议	115
路由信息协议（Routing Information Protocol，RIP）	120
外部网关协议（Exterior Gateway Protocol，EGP）	140

续表

路 由 协 议	默认管理距离
外部 EIGRP	170
内部 BGP	200
未知协议	255

通常管理距离是 0～255 的一个整数，值越高则可靠性越低。管理距离为 255 表示路由信息来源不可靠，所有相关路由被忽略。

度量值是指路由协议计算出的到达目的网络的路由开销值。当有多条路径到达同一目的网络时，路由器根据路由协议计算的度量值来确定最佳路径。度量值越小，路径越佳。路由表中的路由条目都是根据计算结果得出的最佳路径。

除使用 show ip route 命令外，还可以使用 show running-config 命令查看路由表，如下所示（仅摘录静态路由相关信息）：

```
Router1#sh run
  Building configuration...
    interface Serial0/3/0
ip address 192.168.10.1 255.255.255.0
    clock rate 56000
  !
ip classless
ip route 192.168.1.0 255.255.255.0 Serial0/3/0
```
//sh run 查看到的静态路由配置信息

4. 静态路由排错

静态路由排错一般遵循以下顺序：

（1）确定物理链路是否可用。
（2）输入 show ip int brief 命令，检查接口信息是否正确。
（3）输入 show interface 命令，检查接口状态信息是否正确。
（4）输入 show ip route 命令，检查路由信息是否正确。
（5）使用 ping 命令测试连通性。

3.5.3 静态路由的汇总

在静态路由较多的情况下，为了缩小路由表的大小、提高路由查找效率，通常采取将多条静态路由汇总成少数几条汇总路由的方法。具体方法是使用一个网络地址代表多个子网。

例如，172.16.0.0/24，172.16.1.0/24，…，172.16.255.0/24 一共 256 个子网，可以汇总成一个网络 172.16.0.0/16。

对多条静态路由进行汇总需要满足以下两个前提条件：
（1）目的网络能被汇总成一个网络地址。
（2）多条静态路由使用相同的出口接口或下一跳 IP 地址。

汇总得到的路由称为汇总路由。配置汇总路由的方法与配置静态路由的方法类似。需要注意的是，在配置汇总路由之前，应该删除与之等价的多条静态路由。

3.5.4 默认静态路由的配置、检验与排错

当路由器在路由表中找不到路径到达目的网络时，将会使用默认路由。默认路由可能是手工配置的静态路由，也可能是路由协议自动生成的。

配置默认静态路由的方法类似于静态路由，只是网络地址和子网掩码均为 0.0.0.0，命令如下：

Router（config）#ip route 0.0.0.0 0.0.0.0 *exit – interfacel ip – address*

默认静态路由的配置与检验方法如下：

```
Router1(config)#ip route 0.0.0.0 0.0.0.0 s0/3/0        //配置默认静态路由
Router1(config)#end
Router1#
    % SYS-5-CONFIG_I:Configured from console by console
Router1#sh ip route
    Codes:C - connected, S - static, I - IGRP, R - RIP, M - mobile,
B - BGP
    D - EIGRP, EX - EIGRP external, O - OSPF, IA - OSPF inter area
N1 - OSPF NSSA external type 1, N2 - OSPF NSSA external type 2
E1 - OSPF external type 1, E2 - OSPF external type 2, E - EGP
    i - IS - IS, L1 - IS - IS level - 1, L2 - IS - IS level - 2, ia - IS - IS
inter area
    * - candidate default, U - per - user static route, o - ODR
    P - periodic downloaded static route
    Gateway of last resort is 0.0.0.0 to network 0.0.0.0
    S* 0.0.0.0/0 is directly connected, Serial0/3/0      //加入路由表中的默
                                                            认路由
```

3.6 动态路由协议组网案例

3.6.1 任务说明

1. 任务概述

（1）情境说明。一个大型公司在北京和上海各有一个分部，分部之间通过互联网上的路由器连接，如图 3-11 所示。请问：如何设置，才能保证不同分部之间互联互通？

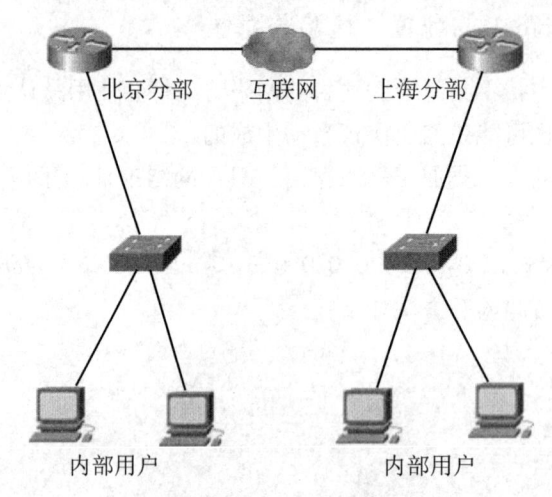

图 3-11 公司分部通信

（2）具体说明。本任务以大型公司不同分部之间的跨域通信为背景，模拟一个简单的动态路由组网案例。如图 3-12 所示，用户 PC1 和 PC2、PC3 和 PC4 分别通过 2 个交换机 S1 和 S2、4 个路由器 R1~R4 相连。其中，PC1、PC2、S1、R1 模拟北京分部局域网，PC3、PC4、S2、R4 模拟上海分部局域网，2 个局域网之间的 R2、R3 模拟互联网 ISP 网络设备。设路由器上全部运行 RIPv2 动态路由协议，各个 IP 子网地址和掩码等信息如图 3-12 所示。在本任务中，我们将学习如何使用动态 RIPv2 协议进行路由组网互联，并且配置和验证相关路由信息。

注意！本任务的学习目标如下：
（1）配置动态路由协议 RIPv2。
（2）配置自动汇总功能。
（3）掌握 RIPv2 与 RIPv1 的区别。
（4）测试并验证任务目标。

本任务的任务步骤可以简化如下：

（1）需求分析。本任务与 3.2 节任务的不同之处主要在于路由器节点增多，如果采用静态路由配置方法，则 4 个路由器之间共需手动配置 12 条静态路由，非常烦琐，并且不利于自适应将来的拓扑变化，所以必须使用动态路由协议满足不同 IP 子网能够互联互通的需求。

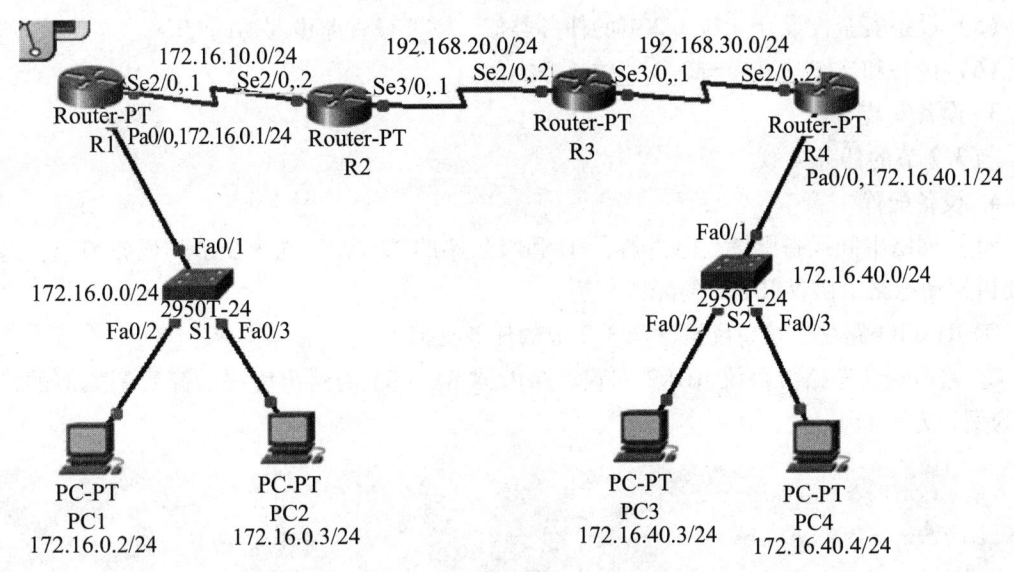

图 3-12 动态路由组网案例

（2）设备安装。按照需求分析结果安装路由器、交换机和 PC。

（3）设备配置。对 PC 连接的路由器设备进行网络配置，包括基本命名配置、接口配置和路由配置，对 PC 进行网络配置。

（4）分析测试。对设备情况进行分析测试，两个本地网络的 PC 用户应能够联通。

（5）故障排查。如果无法达到需求分析和测试要求，则应进行故障查找和排除。

2. 需求分析

（1）任务整体规划。

① 本任务主要考虑在网络规模增加的情况下，网络如何自动化运行，因此，需要使用能自适应网络拓扑变化的动态路由协议进行配置。

② 本任务因为包含 VLSM 可变长子网，RIPv1 协议无法支持，所以应使用 RIPv2 协议。

③ 在本任务中，路由器连接 PC 的接口无须向 PC 发送 RIP 信息，因此，应该设置成被动接口，以减少不必要的网络流量。

④ 本任务中的 IP 子网不连续，RIP 会自动将这些子网在网络边界汇总成 C 类和 B 类主网，这会导致路由信息丢失，因此，需要关闭自动汇总。

本任务可分为两部分：

① 网络中间设备配置部分。此部分即网络管理员进行路由配置。

② 网络终端设备配置部分。内部 PC 用户配置的信息，即相关 IP 地址、掩码、网关地址等信息。

（2）逻辑拓扑图设计。逻辑拓扑图已经给出，如图 3-12 所示。

（3）具体协议选型。仍然选择 TCP/IP 协议制定 IP 编址方案。

（4）IP 编址方案。图 3-12 中已经标明具体的 IP 编址方案。

（5）设备安全性设计。与 3.2 节的任务类似，需要设置路由器访问口令。

（6）设备和连线选型。与 3.2 节的任务类似。

3. 设备安装

与 3.2 节的任务类似。

4. 设备配置

（1）网络中间设备配置。路由器、PC 和服务器的基本配置与 3.2 节的任务类似，这里主要讲授动态路由协议 RIPv2 的配置方法。

① R1～R4 路由器接口配置。与 3.2 节的任务类似。

② 路由器动态路由协议 RIPv2 配置。路由器 R1～R4 的路由协议的配置是类似的，以 R1 为例，方法如下：

```
R1(config)# router rip                      //配置 RIP 动态协议
R1(config-router)# version 2                //选择 RIPv2 协议
R1(config-router)# network 172.16.0.0
                                            //向网络其他路由器通告自己直连
                                              的网络是主网 172.16.0.0
```

需要注意的是，R2 直连的是两个不同的网络，所以要用两次 network 命令通告，具体如下：

```
R2(config)# router rip                      //配置 RIP 动态协议
R2(config-router)# version 2                //选择 RIPv2 协议
R2(config-router)# network 172.16.0.0       //向网络其他路由器通告自己直连
                                              的网络是 172.16.0.0
R2(config-router)# network 192.168.20.0
                                            //向网络其他路由器通告自己直连
                                              的网络是 192.168.20.0
```

③ 设置被动接口。PC1～PC4 不是路由器，因此，与 R1 和 R4 的接口无须接收 RIP 的信息，需设置成被动接口，以 R1 为例，如下所示：

```
R1(config-router)#passive-interface f0/0
                                            //设置连接 LAN 的路由器接口为被
                                              动接口
```

④ 关闭自动汇总。R2 和 R4 之间是 C 类主网 192.168.20.0/24 和 192.168.30.0/24，分割了 R2 左侧的 B 类主网 172.16.0.0/24 和 172.16.10.0/24，以及 R4 右侧的 B 类主网 172.16.40.0/24。因此，R2 和 R4 被称为主网边界路由器。

自动汇总，即路由协议自动在边界路由器上，将网络路由信息总结为通向有类地址网络的路由信息。RIP 默认在主网边界会自动汇总，这会导致 R3 路由器无法决定是通过 R2 还是 R4 去 B 类主网 172.16.0.0/16，因此必须关闭所有路由器上的自动汇总功能。以 R1 为例，配置方法如下：

```
R1(config-router)#no auto-summary    //关闭自动汇总功能
```

其他路由器 R2～R4 也应该使用上述命令分别关闭自动汇总功能。

（2）终端设备配置。与 3.2 节的任务类似，设置各个 PC 的 IP 地址、子网掩码和网关地址。

5. 分析测试

配置成功之后，本地局域网的 PC1 应能 ping 通其他 PC。以 PC1 与 PC4 为例，分析测试如下：

```
PC1>ping 172.16.40.4                    //测试 PC1 与 PC4 是否能够联通

   Pinging 172.16.40.4 with 32 bytes of data:

   Reply from 202.110.34.10:bytes=32 time=94 ms TTL=128
   Reply from 202.110.34.10:bytes=32 time=93 ms TTL=128
   Reply from 202.110.34.10:bytes=32 time=60 ms TTL=128
   Reply from 202.110.34.10:bytes=32 time=60 ms TTL=128

   Ping statistics for 172.16.40.4:
   Packets:Sent=4, Received=4, Lost=0(0% loss),
                                           //PC1 与 PC4 能够相互联通
   Approximate round trip times in milli-seconds:
   Minimum=60 ms, Maximum=94 ms, Average=76 ms
```

6. 故障排查

如果 PC1 无法 ping 通 PC4，则除物理连线的问题以外，还可以按照第 2 章所述的 show ip int brief、show ip route、sh run，以及与 RIP 相关的查看命令（相关命令包括 sh ip protocols、sh ip rip database 等）依次检查路由器 R1～R4 的路由表、配置和协议信息等排查原因，还可以使用 debug iprip 命令查看路由协议信息。

例如，查看 R1 的路由协议、RIP 数据库和 debug 情况，结果如下：

```
R1#sh ip protocols                    //查看当前使用的 ip 路由协议具体配
                                        置信息

  Routing Protocol is"rip"
//当前使用的路由协议是 RIP
  Sending updates every 30 seconds, next due in 2 seconds
  Invalid after 180 seconds, hold down 180, flushed after 240
  Outgoing update filter list for all interfaces is not set
  Incoming update filter list for all interfaces is not set
  Redistributing:rip
  Default version control:send version 2, receive 2
//默认收、发信息都使用 RIPv2 版本
        Interface            Send   Recv   Triggered RIP   Key-chain
        FastEthernet0/0       2      2
        Serial2/0             2      2
  Automatic network summarization is not in effect
//自动汇总功能已经关闭
  Maximum path:4
//本网络最多跳 4 跳就能到达边界
  Routing for Networks:
           172.16.0.0
//R1 宣告的直连网络是 172.16.0.0
  Passive Interface(s):
           FastEthernet0/0
//设置 R1 连接 LAN 的接口快速以太网口 f0/0 为被动接口
  Routing Information Sources:
           Gateway         Distance        Last Update
           172.16.10.2      120            00:00:14
  Distance:(default is 120)
//RIP 的管理距离为 120
```

需要注意的是,从图 3-12 可以看出,R1 实际上有两个直连网络 172.16.0.0/24 和 172.16.10.0/24 需要宣告,但是,实际上只需要宣告一次 172.16.0.0 就能包括上述两个网络。RIPv2 在收到 network 命令所宣告的网络号时,会同时发布该网络对应的子网掩码,这样远程的其他路由器就知道 R1 实际上是有两个直连子网的。

```
R1#sh ip rip database              //查看 RIP 协议数据库中的路由信息
   172.16.0.0/24       auto - summary
   172.16.0.0/24       directly connected, FastEthernet0/0
                                   //172.16.0.0/24 是直连网络
   172.16.10.0/24      auto - summary
   172.16.10.0/24      directly connected, Serial2/0
                                   //172.16.10.0/24 是直连网络
   172.16.40.0/24      auto - summary
   172.16.40.0/24
   [3] via 172.16.10.2, 00:00:24, Serial2/0
                                   //172.16.40.0/24 是 RIPv2 协议学习
                                     到的子网,是通过 R2 的 Se2/0 接口
                                     (172.16.10.2)学习到的
   192.168.20.0/24     auto - summary
   192.168.20.0/24
   [1] via 172.16.10.2, 00:00:24, Serial2/0
                                   //192.168.20.0/24 是 RIPv2 协议学习
                                     到的子网,是通过 R2 的 Se2/0 接口
                                     (172.16.10.2)学习到的
   192.168.30.0/24     auto - summary
   192.168.30.0/24
   [2] via 172.16.10.2, 00:00:24, Serial2/0
                                   //192.168.40.0/24 是 RIPv2 协议学习
                                     到的子网,是通过 R2 的 Se2/0 接口
                                     (172.16.10.2)学习到的
   R1#debug ip rip                 //查看 RIPv2 的所有调试信息,此命令
                                     非常占资源,因此仅在必要的情况下
                                     使用
   RIP protocol debugging is on    //该消息表示 RIP 协议的 debug 命令已
                                     经打开
       R1 # RIP: sending  v2 update to 224.0.0.9 via Serial2/0
(172.16.10.1)
//将 RIPv2 协议的路由更新通过 s2/0 接口(172.16.10.1)宣告出去
   RIP:build update entries        //建立 RIP 协议的路由更新信息
```

```
                    172.16.0.0/24 via 0.0.0.0, metric 1, tag 0
                                        //通告给邻居:到网络172.16.0.0/24
                                        只需要一跳即可到达
            RIP:received v2 update from 172.16.10.2 on Serial2/0
                                        //从 s2/0 接口(172.16.10.2)接收
                                        到来自RIP邻居的RIPv2路由协议
                                        更新信息
                    172.16.40.0/24 via 0.0.0.0 in 3 hops
                                        //到网络172.16.40.0/24只需要三
                                        跳即可到达
                    192.168.20.0/24 via 0.0.0.0 in 1 hops
                                        //到网络192.168.20.0/24只需要一
                                        跳即可到达
                    192.168.30.0/24 via 0.0.0.0 in 2 hops
                                        //到网络192.168.30.0/24只需要两
                                        跳即可到达
            RIP:sending  v2 update to 224.0.0.9 via Serial2/0(172.16.10.1)
                                        //将RIPv2协议的路由更新通过s2/
                                        0接口(172.16.10.1)宣告出去
```

3.6.2　任务总结

本任务模拟了一个小型路由组网案例。通过本案例，我们发现，动态路由的正确配置取决于对网络规模、子网划分和流量分析等情况的综合考虑。

下面我们将深入学习完成该任务需要重点理解的3个方面内容：
（1）动态路由协议的使用范围。
（2）动态路由对 VLSM 等的支持。
（3）动态路由协议是否支持无类行为。

3.7　动态路由协议

3.7.1　动态路由协议的原理

大型网络通常采用动态路由协议以减少运行成本，提高对网络信息动态更新的适应性。一般来说，网络会同时使用动态路由协议和静态路由协议。

动态路由协议的工作原理十分简单：网络上的每个路由器都使用动态路由协议发送自身

已知的本地网络路由信息，同时接收来自其他使用相同动态路由协议路由器的路由信息，通过分析计算确定自身到达网络各子网的最佳路径后，添加路由条目到路由表中；当收到来自其他网络设备的数据包后，根据路由表信息进行数据包转发。

当前常用的动态路由协议有：RIPv1 和升级版本 RIPv2，IGRP 和升级版本 EIGRP，OSPFv2，IS – IS 以及 BGP。

3.7.2 动态路由协议的分类与比较

动态路由通常采用协议方式实现，有如下两种分类方法。

1. 根据具体实现的算法分类

根据具体实现的算法，动态路由协议可以分为距离矢量（Distance – Vector）路由协议、链路状态（Link – State）路由协议与路径向量（Path – Vector）路由协议。

（1）距离矢量路由协议。距离矢量路由协议采用 Bellman – Ford 算法，基于路径的距离长度和方向信息选择最佳路由。工作方式如下：定期将路由信息发送给邻居，同时也接收来自邻居的路由信息（比邻居路由器的路由表记录增加一个距离矢量单位）。距离矢量路由协议不维护整个网络拓扑信息，只根据某一方向的距离矢量信息维护这条路线上的最佳路径信息。

（2）链路状态路由协议。链路状态路由协议采用链路状态算法，即最短路径优先（Shortest Path First，SPF）算法（也称 Dijkstras 算法）。该算法通过维护整个网络拓扑信息的方式计算网络中的最佳路由。

（3）路径向量路由协议。路径向量路由协议是链路状态路由协议的变形，其基于路径选择最佳路由。

2. 根据网络范围的大小分类

根据网络范围的大小，动态路由协议可以分为内部网关协议（Interior Gateway Protocol，IGP）与外部网关协议（Exterior Gateway Protocol，EGP）。

由于当前的互联网规模巨大，所以时刻更新所有路由器的路由表难度很大。为了解决大型网络路由问题，互联网采用"分而治之"的原则，将网络分为多个自治系统（Autonomous System，AS）。每个 AS 由同一个管理结构管辖。

在 AS 内部的路由称为域内路由，使用的路由协议即内部网关协议；在 AS 之间进行的路由称为域间路由，使用的路由协议即外部网关协议。

在常见的路由协议中，RIP、IGRP 属于距离矢量路由协议，OSPFv2 和 IS – IS 属于链路状态路由协议。EIGRP 是思科公司专用的距离矢量路由协议 IGRP 的改进版，但其实际上兼有距离矢量路由协议和链路状态路由协议的特点。路由协议的分类见表 3 – 5。

表 3 – 5 路由协议的分类

分类	IGP				EGP
	距离矢量路由协议		链路状态路由协议		路径向量路由协议
有类路由协议	RIP	IGRP	—	—	—
无类路由协议	RIPv2	EIGRP	OSPFv2	IS – IS	BGPv4

3.7.3 距离矢量路由协议——RIP

距离矢量路由协议的典型代表即 RIP。RIP 虽然没有后来的一些路由协议的功能强大，但因为它操作简单，故多用于小型网络互联设计中。RIP 分为两个版本，分别为 RIPv1 和 RIPv2。

1. RIPv1 的工作方式

RIPv1 使用跳数作为路径选择的唯一依据，其工作方式如下：

（1）学习本地路由信息。路由器在接口配置完成之后，首先学习本地接口路由信息，把直连网络地址、本地接口以及跳数（距离度量值）放入路由表。

（2）广播路由表。配置 RIP 之后，在默认情况下，路由器每 30 秒定时广播一次本地路由表，并且在接收启用了 RIP 的邻居本轮发来的路由信息，将距离度量值加 1 之后，更新本地路由表。如果跳数超过 15，目标网络将被视为不可达。

（3）继续进行下一轮路由更新。路由器继续广播新路由表；收到邻居路由信息响应时，路由器将得到的新路由条目添加到路由表中。如果到达目的网络的路由已经存在，则判断新条目的跳数度量值是否比现有条目跳数少。如果是，则用新条目替换现有条目。

（4）实现网络收敛。经过几轮更新之后，网络中的所有路由器都得到了相对稳定不变的路由信息，即网络达到收敛状态。

采用 RIP 的路由器每隔 30 秒定时广播一次本地路由信息；如果一条路由条目 180 秒内没有得到确认，则设置该路由条目为无效状态；如果超过 240 秒没有得到确认，则该路由条目将被路由器从路由表中删除。这些时间间隔由 RIP 定义的更新计时器、无效计时器和清除计时器控制，可以由网络管理员根据网络实际情况进行调整。

2. RIPv1 的特点

（1）是一种距离矢量路由协议。
（2）使用跳数作为路由选择标准，最大跳数为 15 跳。
（3）默认每 30 秒发送一次更新广播。
（4）管理距离为 120。
（5）使用 UDP 端口进行路由更新。

3. RIPv1 的配置与检验

RIP 的配置比较简单，步骤如下：

（1）按照拓扑图设置路由器接口与 PC 网络地址和子网掩码等信息。
（2）打开 RIP 路由进程。在所有路由器上都启用 RIP 作为路由协议，如下所示：

```
Router(config)#router rip
```

（3）在所有路由器上选择版本，默认是 RIPv1。
（4）在所有路由器上通告本地直连网络，例如：

```
Router(config-router)#network 192.168.0.0
```

（5）不再向不需要接收 RIP 更新消息的接口发送更新。这种接口称为被动接口。被动接口连接的网络没有需要接收更新消息的网络中间设备，仅有终端设备。例如：

```
Router(config)#router rip
Router(config-router)#passive-interface fa0/0
```

（6）查看启用 RIP 之后的路由表和 RIP 的数据与调试信息。使用 sh ip route、sh ip rip database、debug ip rip 等协议相关信息。

需要注意的是，debug ip rip 一旦开启，就不会自动关闭，关闭时需要输入下列命令：

```
Router(config)#undebug all                //不再查看所有调试信息
```

注意，RIPv1 和 RIPv2 配置方式类似，如果需要配置 RIPv2，只需在上述第（3）步增加修改版本命令即可，如下所示：

```
Router(config-router)#version 2
```

4．RIPv2 与 RIPv1 的区别

RIPv2 与 RIPv1 最主要的区别在于 RIPv2 能提供无类路由，具体协议区别如下：

（1）RIPv1 发送路由更新，不携带子网掩码；RIPv2 携带每个路由条目的子网掩码。

（2）RIPv1 广播发送路由更新，广播地址为 255.255.255.255；RIPv2 组播发送路由更新，组播地址为 224.0.0.9。

（3）RIPv2 路由选择更新具有认证功能，RIPv1 没有该功能。

（4）RIPv2 每个路由更新条目都携带下一跳地址，RIPv1 直接将通告路由信息的路由器当作下一跳，因为 RIPv1 协议中没有下一跳地址字段。

（5）RIPv2 的更新包中包含外部路由标记，RIPv1 没有该功能。

（6）RIPv1 是有类路由协议，而 RIPv2 是无类路由协议。

（7）RIPv1 不支持不连续的子网，而 RIPv2 支持。

3.7.4　链路状态路由协议——OSPF 协议

1．OSPF 协议的原理及工作步骤

与距离矢量路由协议只获取网络部分拓扑信息不同，链路状态路由协议在获取网络全部拓扑信息后，通过分析拓扑图确定通向目标网络的最短路径。链路状态路由协议采用 SPF 算法（最短路径优先算法），计算所有路由器从本地出发到网络拓扑中每个目的地的开销。OSPF 协议就是一种典型的链路状态路由协议。

采用 OSPF 协议的网络拓扑中的所有路由器都要通过下述步骤完成路由信息计算，最终实现网络收敛，即得到确定的全网路由信息：

（1）每台路由器都先通过检查正常工作的本地接口查看本地直连网络。

（2）每台路由器都负责向直连网络中的相邻路由器发送 Hello 消息。

（3）每台路由器都创建一个链路状态数据包（Link – State Packet，LSP），LSP 包含了与路由器直连的本地网络链路开销和邻居链路开销信息。OSPF 协议的 LSP 称为链路状态通告（Link – State Advertisement，LSA）。

（4）每台路由器都按照以下方式进行 LSP 泛洪：

① 路由器将自己的 LSP 泛洪到所有邻居路由器。

② 接收所有邻居发给自己的 LSP，并将其储存到本地数据库中。

③ 将搜集到的 LSP 再次泛洪给邻居。

泛洪持续到网络中的所有路由器都收到了所有的 LSP 为止。

（5）每台路由器都使用本地数据库，根据 SPF 算法计算出自己通向网络中任意目的网络的最佳路径。

2．OSPF 协议的优点

与距离矢量路由协议相比，以 OSPF 协议为例，链路状态路由协议有如下几个优点：

（1）每台路由器都具有网络拓扑整体信息，能独立确定通向目的网络的最佳路径。

（2）收敛速度快。LSP 泛洪过程不需要路由器进行任何计算，因此收敛速度更快。

（3）不需要定时广播更新信息，仅在拓扑发生改变时，才通过 LSP 泛洪发送更新信息。EIGRP 也有这个优点，不需要定时广播更新。

（4）能解决网络内部不同区域之间的路由问题。

当然，与距离矢量路由协议相比，链路状态路由协议对路由器内存、CPU、网络带宽的要求也更高。

3．OSPF 协议的配置与检验

OSPF 协议的配置与 RIPv2 差不多，只有如下 3 个区别：

（1）与 RIP 直接启动不同，OSPF 协议的启动需使用本地进程编号，如在路由器上用下面的命令：

```
Router(config)#router ospf 1
```

其中，1 表示在本路由器上启动的 OSPF 协议进程编号。一台路由器上可以同时开启多个进程，相互之间的路由信息不受影响，但对路由器性能的影响会比较大。

（2）RIP 在宣告直连网络时直接宣告主网网络号，RIPv2 版本可以关闭自动汇总。然而，OSPF 协议宣告直连网络时，必须同时声明一个 OSPF 协议作用区域（Area）编号，不同编号的 OSPF 协议路由信息不通，这进一步增加了 OSPF 协议的可扩展性。

（3）RIPv2 支持无类路由，而 OSPF 协议直接默认支持无类路由。当 OSPF 协议宣告直连网络时，必须同时宣告网络号和通配符掩码，通配符掩码通常是掩码取反。例如，要宣告

172.16.0.0/29 网络，使用下述命令：

```
Router(config)#network 172.16.0.0 0.0.0.7 area 0
```

其中，0.0.0.7 是通配符掩码，0 是 OSPF 协议区域编号。

4. OSPF 协议的泛洪问题

与传统距离矢量路由协议相比，OSPF 协议更适用于大型网络，收敛更快，可扩展性更高。OSPF 协议的管理距离为 110，比 RIP 的优先级要高。但是，OSPF 协议也有一个多路访问网络泛洪问题需要解决。

如前面链路状态路由协议的工作过程所述，为了获得网络上所有路由器的路由信息，采用 OSPF 协议的所有路由器在泛洪期间将向相邻的路由器发布许多 LSA。如果多台路由器处于共享介质的多路访问网络（如双绞线以太网）中，这些路由器具有两两相邻关系，将导致网络中充斥大量不必要的 LSA 泛洪流量。

如图 3-13 所示，5 台路由器通过 1 台交换机连接到多路访问以太网上。5 台路由器将一共形成 $5 \times (5-1) = 20$（对）相邻关系。每对相邻关系至少需要相互发送一次自己的 LSA，因此需发送 20 次 LSA，见表 3-6。随着路由器数目 n 的增加，相邻关系和 LSA 泛洪流量 $[n \times (n-1)]$ 将以 n 的平方倍数增长，这就极大地降低了网络性能。

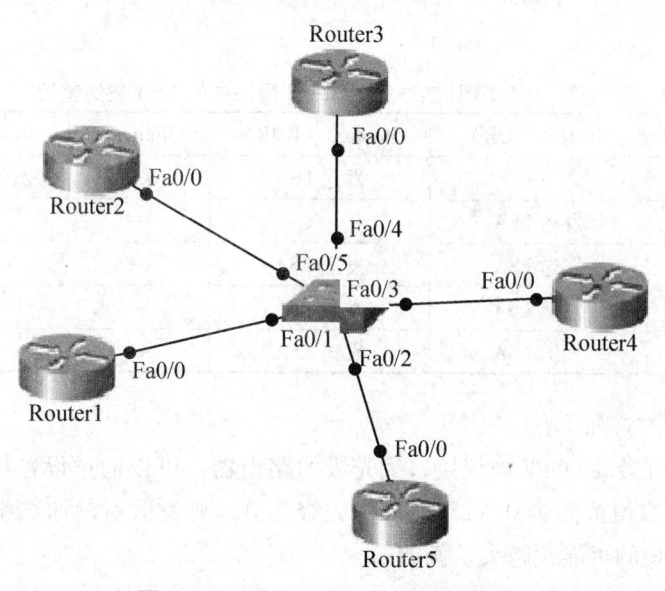

图 3-13 采用 OSPF 的多路访问网络

表 3-6 图 3-13 中的路由器相邻关系和发送 LSA 情况

路由器	Router1	Router2	Router3	Router4	Router5
Router1	—	相邻，发送 LSA	相邻，发送 LSA	相邻，发送 LSA	相邻，发送 LSA
Router2	相邻，发送 LSA	—	相邻，发送 LSA	相邻，发送 LSA	相邻，发送 LSA

续表

路由器	Router1	Router2	Router3	Router4	Router5
Router3	相邻，发送LSA	相邻，发送LSA	—	相邻，发送LSA	相邻，发送LSA
Router4	相邻，发送LSA	相邻，发送LSA	相邻，发送LSA	—	相邻，发送LSA
Router5	相邻，发送LSA	相邻，发送LSA	相邻，发送LSA	相邻，发送LSA	—

5. 指定路由器/备用指定路由器选举

为了减少多路访问网络中的 LSA 泛洪流量，OSPF 协议提出使用指定路由器（Designated Router，DR）和备用指定路由器（Backup Designated Router，BDR）。这一解决方法称为 DR/BDR 选举。其他路由器记为 DROther。

具体方法如下：

（1）选举出一个 DR，负责收集和分发 LSA；选举出一个 BDR，以防 DR 发生故障。

（2）DROther 与网络中的 DR 和 BDR 建立邻居关系，将自己的 LSA 发给 DR 和 BDR。

（3）DR 将收到的来自 DROther 的 LSA 转发给其他所有路由器。

从以上步骤可知，随着路由器数目 n 的增加，相邻关系和 LSA 泛洪流量（$3 \times n - 4$）将以 n 的倍数而不是 n 的平方倍数增长，这样就减少了不必要的流量。

例如，假设图 3-13 中 Router1 为 DR，Router2 为 BDR，网络中发送的 LSA 数量将大幅减少为 11，见表 3-7。

表 3-7　DR/BDR 选举后图 3-13 网络中的 LSA 发送情况

路由器	Router1（DR）	Router2（BDR）	Router3	Router4	Router5
Router1（DR）	—	发送LSA	发送LSA	发送LSA	发送LSA
Router2（BDR）	发送LSA	—	—	—	—
Router3	发送LSA	发送LSA	—	—	—
Router4	发送LSA	发送LSA	—	—	—
Router5	发送LSA	发送LSA	—	—	—

DR/BDR 选举方式如下：

（1）DR 是具有最高 OSPF 协议接口优先级的路由器，可以通过设置接口优先级操纵选举结果，优先级的取值范围为 0~255。若优先级为 0，则表示不参加选举；优先级数值越大，则被选择为 DR 的可能性越大。例如：

```
Router(config-router)# ip ospf priority 255    //设置接口 OSPF 协议优先级
```

（2）BDR 是具有第二高 OSPF 协议接口优先级的路由器。

（3）如果 OSPF 协议接口优先级相等，则依路由器 ID 从高到低选择 DR 和 BDR。

路由器 ID 用于唯一标识 OSPF 协议路由区域内的路由器。思科路由器根据以下条件得到路由器 ID：

(1) 使用通过 router – id 命令配置的 IP 地址。例如，

```
Router(config - router)# router - id 255.255.255.0    //设置路由器 ID 标识
```

(2) 如果未配置 router – id，则选择其所有 loopback 接口中的最高 IP 地址。

(3) 如果未配置 loopback 接口，则选择其所有物理接口中的最高活动 IP 地址。

3.8　现已学习的路由技术比较

现已学习的路由技术比较见表 3 – 8。

表 3 – 8　现已学习的路由技术比较

路由技术特点	路由技术			
	静态路由	RIPv1	RIPv2	OSPF
算法	—	Bell – man 算法	Bell – man 算法	Dijkstra 算法
度量	—	跳数	跳数	开销
是否支持无类路由、VLSM、CIDR	—	不支持	支持	支持
收敛速度	—	慢	慢	快
是否自动汇总	—	是，不能关闭	是，能关闭	默认关闭
管理距离	1	120	120	110
协议号	—	—	—	89
端口号	—	UDP520	UDP520	TCP179
更新频率	—	30 秒，定时更新	30 秒，定时更新	触发更新
适合网络规模	小，需联合动态路由协议	小	小	大
是否支持负载均衡	—	基于跳数，支持最多 6 条等价线路	基于跳数，支持最多 6 条等价线路	支持
可扩展性	差	差，最多 15 跳	差，最多 15 跳	好，可以基于区域扩展
资源消耗	少	较少	较少	多
故障排查	容易	容易	容易	较难

3.9　简单组网实训

3.9.1　实训目的

掌握用路由器、交换机、PC 客户端和服务器搭建简单网络的方法；掌握网络拓扑图的

设计方法；掌握配置路由器、客户端 PC 和服务器的网络接口的方法；掌握网络连通性的测试方法。

3.9.2 实训内容

1. 简单组网

要求按照 3.9.4 小节的实训步骤画出网络拓扑图，并根据拓扑图组网。

2. 诊断并排查网络问题

要求使用 ping 等测试命令判断网络状态。

3.9.3 实训要求

实训前，认真复习 1.4 节、3.1～3.4 节的内容。通过实训，熟悉简单的组网技术，并书写实训报告。

3.9.4 实训步骤

本实训所需设备包括 2 台路由器 R1、R2，2 台交换机 S1、S2，4 台 PC PC1～PC4。

（1）使用串口连接 R1、R2，使用双绞线连接路由器与交换机、交换机与 PC，使用 Console 口配置路由器。

（2）配置路由器所有使用的接口。

（3）配置 PC 的 IP 地址、掩码和网关，将 PC1 和 PC2 放入 192.168.0.0 网段，将 PC3 和 PC4 放入 192.168.1.0 网段。

（4）测试 4 台 PC 的连通性，思考为什么会有这样的结果。

（5）如果实验过程有问题，则从物理层开始逐级向上排查。

3.10 静态路由实训

3.10.1 实训目的

理解静态路由、默认路由和汇总路由的概念；掌握静态路由和默认路由的配置方法。

3.10.2 实训内容

按照图 3-14 所示的网络拓扑图进行静态网络配置。

3.10.3 实训要求

实训前，认真复习 1.4 节、3.5 节的内容。通过实训，熟悉静态路由，并书写实训报告。

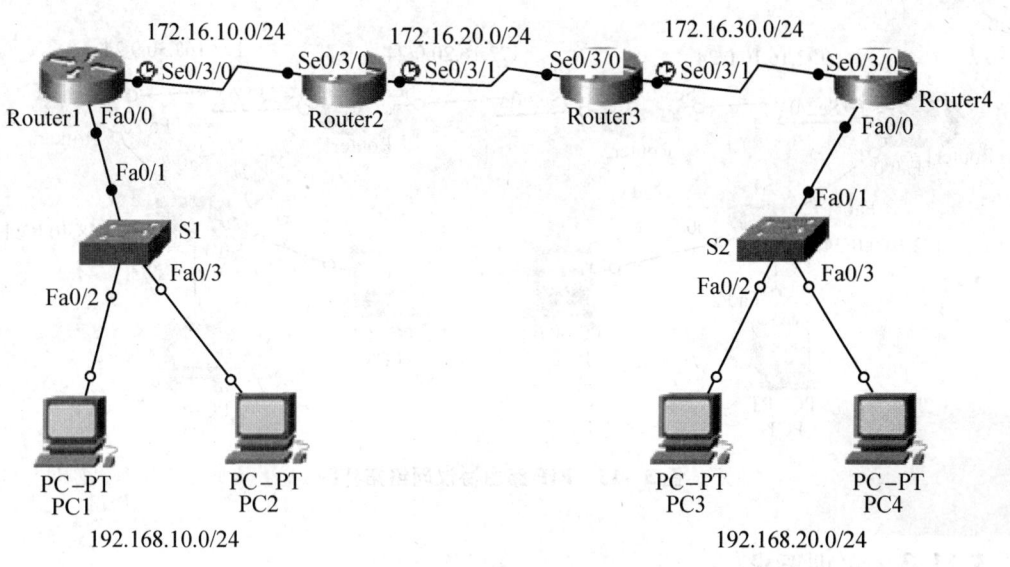

图 3-14 静态路由网络拓扑图

3.10.4 实训步骤

（1）按照拓扑图的要求连接网络。
（2）按照拓扑图的要求配置路由器的以太网接口和串口。
（3）按照拓扑图的要求配置 PC。
（4）查看每个路由器的路由表。
（5）使用 PC 测试与每台路由器之间的连通性，使用 tracert 命令查看路由情况。
（6）为每台路由器配置静态路由，成功之后，使用 sh ip route 命令查看路由表是否符合配置静态路由之后的情况。
（7）测试 PC 之间的连通性，并分析结果。
（8）删除 R1、R4 上的静态路由，分别配置默认静态路由，再次查看路由表。
（9）测试 PC 之间的连通性，对比上次的连通性测试，并分析结果。

3.11 RIP 路由协议实训

3.11.1 实训目的

理解动态路由的概念与分类；理解 RIP 的原理；掌握 RIP 的基本配置方法；掌握 RIP 的配置检验方法；了解 RIPv1 与 RIPv2 的区别；了解自动汇总路由的概念。

3.11.2 实训内容

按照如图 3-15 所示的网络拓扑图进行 RIPv1 和 RIPv2 的配置。

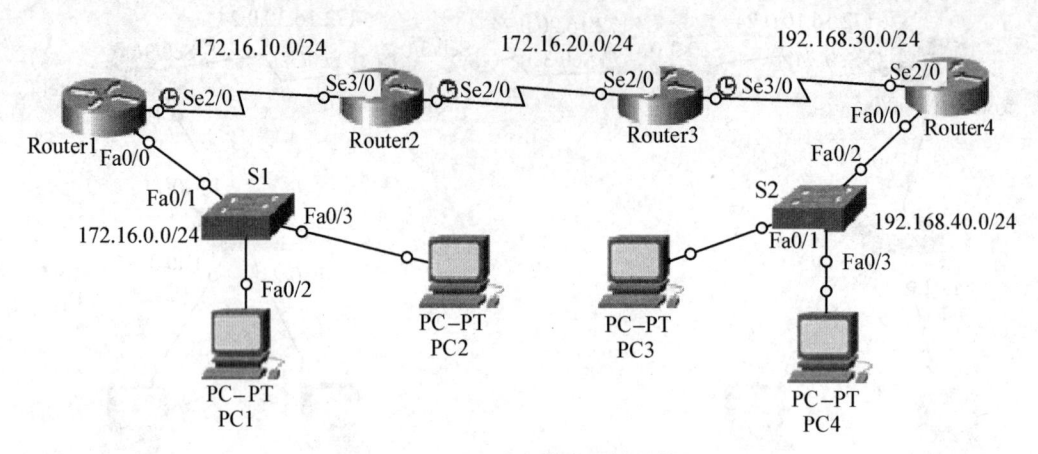

图 3-15 RIP 路由协议网络拓扑图

3.11.3 实训要求

实训前，认真复习 3.6 节、3.7 节的内容。通过实训，熟悉 RIP 路由，并书写实训报告。

3.11.4 实训步骤

1. 建立实验网络

按照如图 3-15 所示的网络拓扑图，建立交换机、路由器和 PC 组成的网络。

2. RIPv1 的配置

启动 RIPv1 路由进程，宣告直连网络，设置连接局域网的路由器接口为被动接口。

3. RIPv1 的调试

查看路由表、RIP 数据库信息和 RIPv1 相关调试信息，测试 PC 之间的连通性。

4. RIPv2 的配置

启动 RIPv2 路由进程，打开 v2 版本功能，宣告直连网络，设置连接局域网的路由器接口为被动接口，关闭自动汇总功能。思考有无汇总对 RIPv1 和 RIPv2 的影响。

5. RIPv2 的调试

查看路由表、RIP 数据库信息和 RIPv2 相关调试信息，测试 PC 之间的连通性。

6. 错误排查

如果发现无法得到预期的结果，则从物理层向上逐级排查错误。

3.12 本章所用命令总结

本章所用路由技术命令见表 3-9。

表 3-9 本章所用路由技术命令

常用命令语法	作　用	首次出现的小节
interface *interface-id*	进入配置接口界面，接口包括串口、以太网口、回环接口	3.2.1
ip address *ip-address subnet-netmask*	配置接口 IP 地址及子网掩码地址	3.2.1
clock rate *clockrate*	设置时钟频率	3.2.1
no shutdown	打开接口	3.2.1
ip route *network-address subnet-mask ip-address | exit-interface*	设置静态路由，可以使用指明下一跳地址和本地出口接口两种方式设置	3.2.1
ip route 0.0.0.0 0.0.0.0 *interface-id | ip-address*	设置默认路由，可以使用指明下一跳地址和本地出口接口两种方式设置	3.2.1
show ip route	查看路由表	3.2.1
encapsulation HDLC	封装数据链路层通信协议 HDLC	3.4.2
router rip	进入配置 RIP 界面	3.6.1
version *version-number*	配置 RIP 的版本号为 v1 或 v2	3.6.1
network *network-id*	宣告直连网络	3.6.1
passive-interface *interface-id*	关闭被动接口	3.6.1
no auto-summary	关闭自动汇总功能	3.6.1
show ip protocols	查看当前使用的 IP 路由协议的具体配置信息	3.6.1
show ip rip database	查看 RIP 数据库中的路由信息	3.6.1
debug ip rip	查看 RIPv2 的所有调试信息	3.6.1
undug all	不再查看所有调试信息	3.7.3
router ospf *process-id*	进入配置 OSPF 协议界面，设置进程号	3.7.4
network *network-id wildcard-mask* area *area-id*	宣告直连的网络，包括网络地址、通配符掩码、区域编号	3.7.4
ip ospf priority *priority-level*	设置接口 OSPF 的优先级	3.7.4
router-id *ip-address*	设置路由器的 ID 标识	3.7.4

本章小结

路由技术是组网的关键技术，包括路由器的使用配置，静态路由、默认路由、汇总路由的配置。由于静态路由无法支持网络拓扑动态更新，于是动态路由协议出现了。动态路由协议主要分为距离矢量路由协议、链路状态路由协议和路径向量路由协议。距离矢量路由协议以 RIP 为代表，链路状态路由协议以 OSPF 协议为代表，两者都支持现有网络的基本路由要求和无类路由，但前者具有收敛慢、适应网络规模小的缺陷，因此 OSPF 协议是目前大规模路由组网中最为常见的技术。但 OSPF 协议自身也有资源消耗大、泛洪信息多的问题，需要在多路选举网络上进行 DR 和 BDR 选举，避免对网络性能产生消极影响。OSPF 协议是应用比较广泛的大型路由协议，在最后一章案例分析中还会进一步分析学习。本章围绕目前小中型网络路由技术，从具体案例出发，详细介绍了本地局域网如何与远程网络点对点互联、大型远程网如何使用路由技术进行组网，并列举了相关故障的排查方法。

习　题

一、不定项选择题

1. 路由器（　　　），才能正常运行距离矢量路由协议。
   A. 周期性发送更新信息　　　　　　B. 发送整个路由表给所有的路由器
   C. 依靠邻居发送的更新来更新路由表　D. 在数据库中维护整个网络拓扑
2. 有 8 个局域网，每个局域网都包含 5～26 台主机，则子网掩码是（　　　）才合适。
   A. 0.0.0.240　　　　　　　　　　　B. 255.255.255.252
   C. 255.255.255.0　　　　　　　　　D. 255.255.255.224
3. 路由器刚刚完成启动自检阶段，准备查找加载 IOS 镜像，此时会做的操作是（　　　）。
   A. 检查配置寄存器　　　　　　　　B. 试图从 TFTP 服务器启动
   C. 在 Flash 中加载镜像文件　　　　 D. 检查 NVRAM 中的配置文件

二、填空题

1. 动态路由协议启用后，_____参数将决定该路由协议是否优先使用。
2. 网络管理员准备使用 10.10.0.0 网络地址来配置 113 对点对点连接，那么子网掩码应该是_____。
3. OSPF 协议的管理距离是_____。

三、简答题

1. 简述本章学习的路由技术的区别。
2. 为什么要用汇总路由？使用汇总路由有什么前提？
3. RIPv1 与 RIPv2 的区别是什么？

第 4 章　无线局域网组网技术

> **学习内容要点**

1. WLAN 的标准体系。
2. WLAN 的架构。
3. WLAN 的组件。
4. WLAN 的接入工作过程。
5. WLAN 面临的安全威胁和使用的安全协议。

> **知识学习目标**

1. 掌握 WLAN 的标准体系。
2. 掌握 WLAN 的架构与组件功能。
3. 理解 WLAN 的工作过程。
4. 理解 WLAN 面临的安全威胁和应对措施。

> **工程能力目标**

掌握使用安全协议接入 WLAN 的方法。

> **本 章 导 言**

通过第 1~3 章的学习，我们对网络，尤其是有线网络中常见的路由交换技术有了较深入的理解。无线网络与有线网络的架构类似，但也有显著的不同之处，主要是 WLAN 使用的无线媒介导致网络面临更多的安全威胁。

本章按照标准体系、架构组成、具体工作流程、安全威胁及其应对方法的顺序逐步介绍 WLAN 的发展和应用方法，并给出一个家庭无线上网案例，以加深读者对 WLAN 组网和 WLAN 安全技术的理解和应用。

4.1　无线局域网概述

随着微博、微信等社交软件的兴起和智能手机、PDA 等的普及，现代人通常"时刻在线"，无线通信也因此成为目前发展最快的网络技术之一。公共场所、办公地点、家庭无处不受无线技术的影响。无线局域网（Wireless LAN，WLAN）的移动接入功能为人们节省了布线成本，提供了方便、快捷的网络接入服务，与之相关的技术近年来得到了长足发展。

IEEE 802 工作组于 1997 年为 WLAN 提供了体系结构标准，即 802.11 标准。其与 LAN 标准一脉相承，最主要的区别在于，WLAN 使用射频信号进行通信，受到政府的管制，并且容易被窃听和干扰。1999 年，无线保真（Wireless Fidelity，Wi-Fi）联盟在工业界成立，以解决 802.11 标准相关产品的生产和设备兼容性问题。符合 802.11 标准的设备很多都同时申请了 Wi-Fi 联盟认证，因此，也有人把 Wi-Fi 当作 802.11 标准的同义术语。

802.11 各种相关标准及其功能说明见表 4-1。

表 4-1 802.11 各种相关标准及其功能说明

标　准	功　能　说　明
IEEE 802.11	原始标准（速率达到 2 Mbps，使用 2.4 GHz）
IEEE 802.11a	物理层修订（速率达到 54 Mbps，增加 5 GHz）
IEEE 802.11b	物理层修订（速率达到 11 Mbps，使用 2.4 GHz）
IEEE 802.11c	符合 802.1d 的媒体接入控制层桥接
IEEE 802.11d	根据各国无线电规定做出调整
IEEE 802.11e	支持服务质量等级（Quality of Service，QoS）
IEEE 802.11g	物理层增强（速率达到 54 Mbps，使用 2.4 GHz）
IEEE 802.11h	室内（Indoor）和室外（Outdoor）信道采用 5 GHz 频段
IEEE 802.11i	无线网络安全
IEEE 802.11m	维护标准
IEEE 802.11n	基础速率提升到 72.2 Mbps，用双倍带宽 40 MHz，速率可提升到 150 Mbps
IEEE 802.11p	用于车用电子无线通信
IEEE 802.11r	快速 BSS 切换
IEEE 802.11u	用于热点和用户的第三方授权
IEEE 802.11v	无线网管理
IEEE 802.11w	管理帧安全
IEEE 802.11z	直接连接设置（Direct Link Setup，DLS）扩展
IEEE 802.11ac	802.11n 的下一代标准，具有更高的传输速率，使用多基站时，无线速率提高到至少 1 Gbps，单信道速率提高到至少 500 Mbps
IEEE 802.11ad	高吞吐量设置
IEEE 802.11ae	管理安全

当前各种 WLAN 标准的数据传输速率主要受调制技术的影响。调制技术主要是直序列

扩频（Direct Sequence Spread Spectrum，DSSS）技术及正交频分复用（Orthogonal Frequency Division Multiplexing，OFDM）技术。目前，使用 OFDM 技术标准的数据传输速率较高，但 DSSS 技术比 OFDM 技术简单，成本更低。

IEEE 802.11 主要标准介绍如下：

1. IEEE 802.11a

IEEE 802.11a 是 IEEE 802.11 原始标准的一个修订标准，工作频率为 5 GHz，使用 52 个正交频分多路复用副载波，最大原始数据传输速率为 54 Mbps，达到了现实网络中等吞吐量（20 Mbps）的要求。但在 5 GHz 频率下，传输距离和信号的覆盖不及 IEEE 801.11b。由于无线电波的频率越高，越容易被障碍物（如墙壁）吸收，因此，在障碍物较多时，IEEE 802.11a 很容易性能不佳。此外，射频频段由国际电信联盟无线电部门负责分配，指定 900 MHz、2.4 GHz 和 5 GHz 频段作为免授权频段。虽然该频段面向全球免授权，但仍要受到各国当地法规的约束。例如，包括俄罗斯在内的部分国家禁止使用 5 GHz 频段，从而导致 IEEE 802.11a 的应用受到限制。

2. IEEE 802.11b 和 IEEE 802.11g

IEEE 802.11b 使用 DSSS 技术，后继标准是 IEEE 802.11g。IEEE 802.11g 于 2003 年 7 月发布，载波频率为 2.4 GHz（与 IEEE 802.11b 相同），共 14 个频段，原始传输速率为 54 Mbps，净传输速率约为 24.7 Mbps（与 IEEE 802.11a 相同）。IEEE 802.11g 主要通过使用 OFDM 技术来实现更高的数据传输速率。

与 5 GHz 频段的设备相比，2.4 GHz 频段的设备的覆盖范围更广。此频段发射的信号也不像 IEEE 802.11a 那样容易受到阻碍。然而，许多电器也使用 2.4 GHz 频段，导致 IEEE 802.11b 和 IEEE 802.11g 设备容易相互干扰。

3. IEEE 802.11i

IEEE 802.11i 是 2004 年 7 月，为了弥补 IEEE 802.11 有线等效保密（Wired Equivalent Privacy，WEP）机制的安全漏洞而被提出的安全标准。该标准定义了基于高级加密标准（Advanced Encryption Standard，AES）的加密协议，同时 Wi-Fi 厂商也提出了 Wi-Fi 保护访问（Wi-Fi Protected Access，WPA）协议，包含前向兼容临时密钥完整性协议（Temporal Key Integrity Protocol，TKIP）。目前，支持 IEEE 802.11i 的通信设备都被称为支持 2 代 Wi-Fi 保护访问（Wi-Fi Protected Access 2，WPA2）的设备。

4. IEEE 802.11n 和 IEEE 802.11ac

IEEE 802.11n 旨在在不增加功率或射频频段分配的前提下，提高 WLAN 的数据传输速率，并扩大覆盖范围。IEEE 802.11n 在终端使用多个无线电发射装置和天线，每个装置都以相同的频率广播，从而建立多个信号流。其希望使用多路输入/多路输出（Multi-Input and Multi-Output，MIMO）技术，将高速数据流分割为多个低速数据流，并通过现有的无线电发射装置和天线同时广播这些低速数据流。这样，使用两个数据流时的理论最大数据传输速率可达 248 Mbps。

4.2 无线局域网的架构

4.2.1 WLAN 的总体架构

IEEE 802.11 标准在对 IEEE 802.3 以太网 LAN 基础架构进行了扩展的同时,仍然包括物理层和数据链路层两层架构,还规定了两类服务:基本服务集(Basic Service Set,BSS)和扩展服务集(Extended Service Set,ESS),并定义了一系列相关概念。

BSS 由固定或移动的无线站点及可选的中央基站构成,如图 4-1 所示。中央基站即无线接入点(Access Point,AP)。在没有 AP 的情况下,无线网络也可以运行,称为对等网络(Ad-hoc),如图 4-1(a)所示。在对等网络模式下运行的客户端会配置自身的无线参数。有 AP 的 BSS 被称为基础架构网络,可以为客户端提供更多的服务,并扩大无线的覆盖范围,如图 4-1(b)所示。BSS 的覆盖区域称为基本服务区(Basic Service Area,BSA)。

图 4-1 BSS

(a) 对等网络;(b) 基础架构网络

ESS 由两个或更多个具有 AP 的 BSS 构成,如图 4-2 所示。在 ESS 中,各个 BSS 之间通过 BSS 标识符(BSSID)区分,BSSID 是为 BSS 提供服务的 AP 的 MAC 地址。ESS 的覆盖区域称为扩展服务区(Extended Service Area,ESA)。

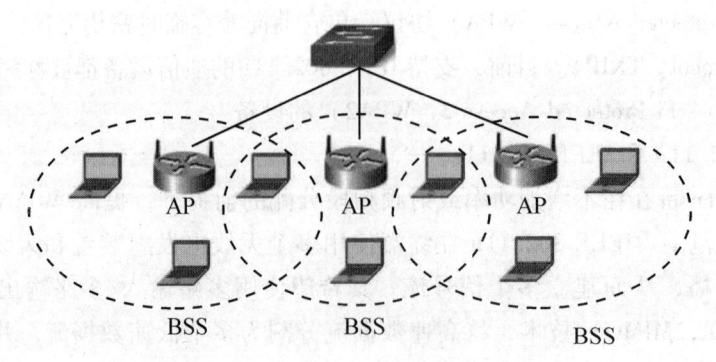

图 4-2 ESS

4.2.2　WLAN 的组件及工作过程

1. WLAN 的组件

（1）无线网卡。无线网卡被用户用来接收、发送射频信号。无线网卡形式多样，可插在 PC 上的基于 USB 接口的无线网卡如图 4-3 所示。

（2）AP。AP 将无线客户端（或工作站）连接到有线 LAN，如图 4-2 所示。客户端设备通常不能直接相互通信，而是通过 AP 进行通信。实际上，AP 是将 TCP/IP 数据包从 IEEE 802.11 帧封装格式转换为 IEEE 802.3 以太网帧格式。

在基础架构网络中，客户端必须与某个 AP 相关联才能获取网络服务。关联是指客户端加入 IEEE 802.11 网络的过程，这与接入有线 LAN 的过程相似。

AP 是一个二层设备，其功能与 IEEE 802.3 以太网的集线器类似。与 IEEE 802.3 以太网相同，想要使用共享的射频介质的设备需要竞争。然而，由于让无线网卡同时发送和接收信号的成本很高，因此，无线电发射装置不执行冲突检测机制，而是使用避免冲突机制。

（3）无线路由器。无线路由器可以充当 AP、以太网交换机和路由器的角色。同时，它还具有执行接入、连接有线设备、连接其他网络基础架构的功能，如图 4-4 所示。

图 4-3　基于 USB 接口的无线网卡　　　　图 4-4　无线路由器

2. WLAN 的工作过程

IEEE 802.11 的关键是发现并连接到 WLAN，该过程主要涉及如下操作：

（1）AP 定期广播信标帧。这是为了让 WLAN 客户端了解指定区域中有哪些网络和接入点可用，从而能够选择使用无线服务。

（2）客户端探测网络。客户端通过在多个信道上发送探测请求搜索网络。探测请求能指定服务集标记（Service Set Identifier，SSID）和比特率。典型的 WLAN 客户端都配置了预期的 SSID，因此，WLAN 客户端发送的探测请求包含该 WLAN 网络的 SSID。

如果 WLAN 客户端只是尝试查找可用的 WLAN 网络，则可以发送不带 SSID 的探测请求，所有配置为可响应此类查询的接入点均对该请求做出响应。禁用 SSID 广播功能的 WLAN 则不会响应此请求。

(3) 身份验证。IEEE 802.11 最初开发时提供了以下两种身份验证机制：

① 开放式身份认证。开放式身份认证基本上不做任何验证，客户端可以直接接入。

② 共享密钥身份验证。进行共享密钥身份验证时，在客户端和 AP 之间有一个共享 WEP 密钥。客户端先向 AP 发送身份验证请求，收到请求后，AP 将询问文本发送给客户端，随后客户端使用其共享密钥加密消息，将密文返回给接入点。之后，接入点使用其密钥解密密文，如果解密得到的文本与询问文本相匹配，则客户端和接入点使用的是同一个密钥，并且接入点认可客户端的身份；如果文本不匹配，则不会认可客户端的身份。

但是，一般不建议使用共享数据，因为攻击者有可能通过嗅探未加密的询问文本以及加密后的回复消息，并将两者加以比较，破解密钥。

(4) 关联。在接入点和 WLAN 客户端之间确定安全和比特率选项，并在 WLAN 客户端和接入点之间建立数据链路。此时，客户端获取 BSSID（AP 的 MAC 地址），AP 将称为关联标识符（Association Identifier，AID）的逻辑端口映射到 WLAN 客户端，AID 对应交换机的某个端口。关联过程允许基础架构交换机跟踪发往 WLAN 客户端的帧，以便能够转发这些帧。WLAN 客户端与某个接入点关联之后，两个设备之间即可来回传送流量了。

4.3 无线局域网的安全

无线网络的安全比有线网络的安全更难保障，因为只要是在 AP 覆盖范围内，持有相关凭证的任何人都可以访问 WLAN。虽然大多数无线设备都已经预先对 WLAN 进行了设置，但有些安全标准并不完善，如之前的 WEP 密钥缺陷就可能导致客户遭到攻击。有些黑客还会利用无线嗅探工具探寻网络安全缺陷，通过伪造 AP 捕获和伪装数据包，达到访问 WLAN 内部服务和文件的目的。

另外，IEEE 802.11b 和 IEEE 802.11g 使用免授权的 2.4 GHz 频段可能会被日常无线产品（包括无绳电话和微波炉）干扰。攻击者可以利用这些常见的设备制造噪声，向 BSS 滥发信息，导致客户端使用的冲突避免功能瘫痪，最终导致通信中断。

最初的 IEEE 802.11 标准还引入了开放式和共享式 WEP 密钥身份验证方式。共享式 WEP 密钥已被证实存在缺陷，现在大部分 WLAN 必须遵循 IEEE 802.11i 标准。WPA2 的 AES 加密已是首选方法。

4.4 IEEE 802.11 家庭无线上网案例

4.4.1 任务说明

(1) 情境说明。家里已经安装了宽带网络，但每个家庭成员都希望在家能用笔记本电脑和智能手机同时上网。为此，他们购买了一台无线路由器，请问如何设置，才能满足大家的需求？

（2）具体说明。原有的宽带是直接连到计算机上的，现在可以改为连接到无线路由器上，然后家里所有的笔记本电脑和智能手机都直接与无线路由器相连接。家庭无线接入网络拓扑图如图4-5所示。在本任务中，读者将学习如何配置无线路由器，建立家用WLAN，并使得家庭无线设备能通过无线路由器连接到互联网上。

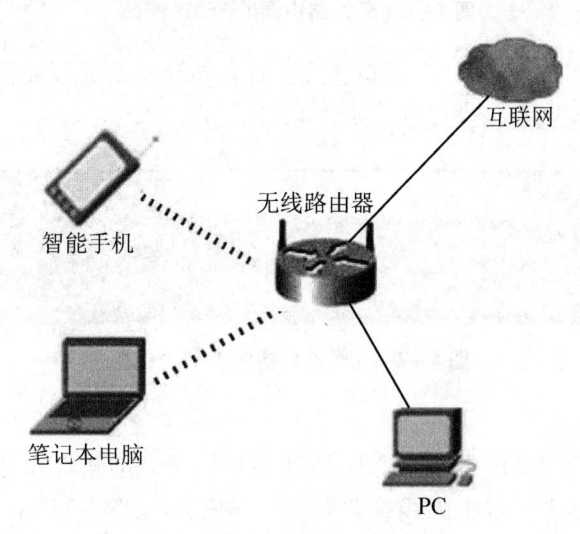

图4-5 家庭无线接入网络拓扑图

注意！本任务的学习目标如下：
(1) 进行WLAN组网。
(2) 进行无线路由器配置。
(3) 进行无线网络接入。
(4) 测试并验证WLAN的连通性。

4.4.2 任务步骤

由于本任务比较简单，简述如下：
1. 需求分析

家庭无线设备数目较多，并且无线设备通常都有移动性需求，因此，建立家庭WLAN是满足本任务需求的最好选择。

2. 设备安装

按照如图4-5所示的网络拓扑图对无线路由器和PC进行连线，为无线路由器插上电源。

需要注意的是，原宽带上网的网线和无线路由器连接时，应该连接到无线路由器的WAN接口，即图4-6中方框圈出的接口。

另外，这里的PC和路由器之间互联是为下一步配置无线路由器的上网参数做准备，因

图4-6 无线路由器的WAN接口

此,必须保证PC和路由器通过LAN接口直连。计算机连接到无线路由器的1~4号任何一个LAN接口都行,本例选择4号接口,如图4-7所示。

图4-7 无线路由器的LAN接口

3. 设备配置

(1) 配置PC。设置PC的本地连接IP地址和DNS为自动获取方式。

(2) 对无线路由器进行基本无线参数设置。本任务以TP-LINK无线路由器的设置为例。在浏览器地址栏中输入192.168.1.1,然后按回车键。输入购买无线路由器时厂商提供的路由器的用户名和密码(通常分别为admin和admin),如图4-8所示。

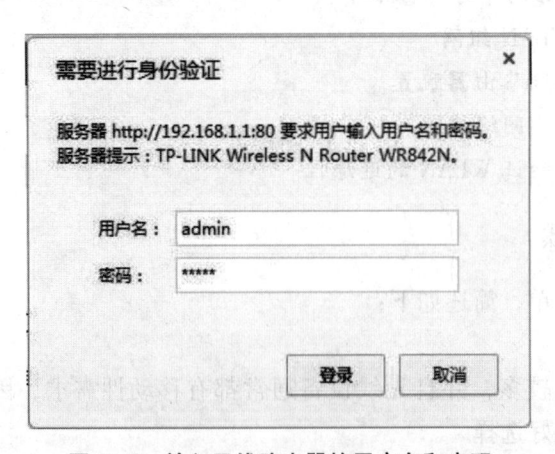

图4-8 输入无线路由器的用户名和密码

进入路由器设置界面,使用"设置向导",单击"下一步"按钮,如图4-9所示。

选择原有的家庭上网方式,可以选择"让路由器自动选择上网方式(推荐)"选项,并等待检测成功,分别如图4-10和图4-11所示。

设置无线上网参数,设置网络名称(SSID)为homeWLAN,设置WPA2密码为home!@#,如图4-12所示。

第 4 章 无线局域网组网技术

图 4-9 使用无线路由器"设置向导"

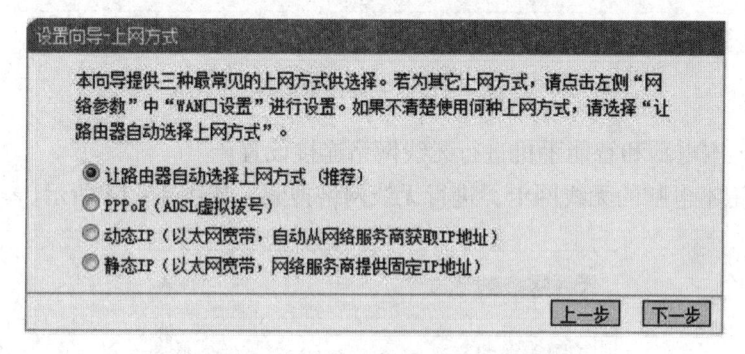

图 4-10 自动选择原有的上网方式

图 4-11 等待检测成功

图 4-12 设置无线上网参数

135

单击"完成"按钮,关闭设置向导,如图 4-13 所示。

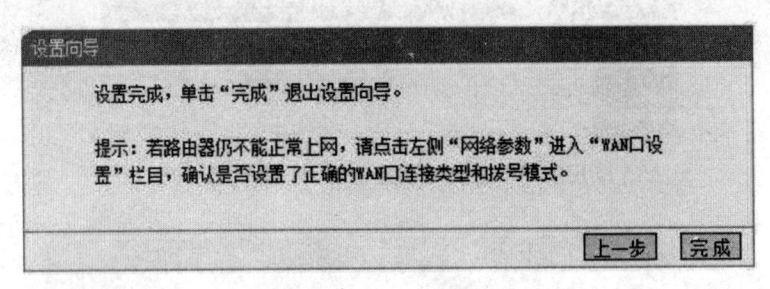

图 4-13 完成设置向导

(3) 对笔记本电脑和智能手机进行无线网络连接设置。
① 打开笔记本电脑的无线网卡,进行无线网络搜索,如图 4-14 所示。

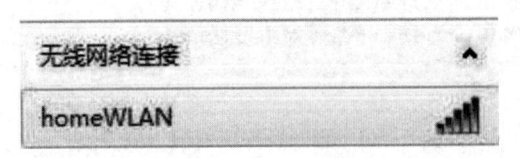

图 4-14 搜索 WLAN

② 选择该网络,单击"连接"按钮,网络会询问刚才设置的网络安全密钥,输入 "home!@#",单击"确定"按钮即可,如图 4-15 所示。

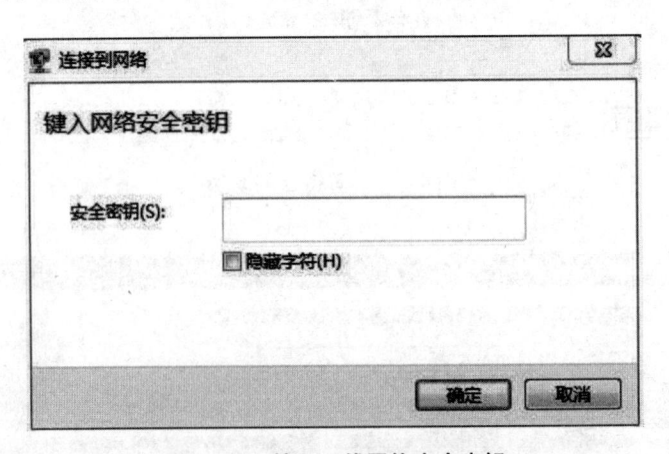

图 4-15 输入无线网络安全密钥

③ 笔记本电脑自动连接上 homeWLAN 后,将其设置为"家庭网络",如图 4-16 所示。
④ 笔记本电脑完全连接上 homeWLAN 后,可以看到,homeWLAN 使用 IEEE 802.11n 标准,采用的安全加密机制是 WPA2-PSK,如图 4-17 所示。
⑤ 智能手机连接 homeWLAN 的方式与笔记本电脑类似,在智能手机中找到查找 WLAN 的选项,选择 homeWLAN,输入密码即可连接上。

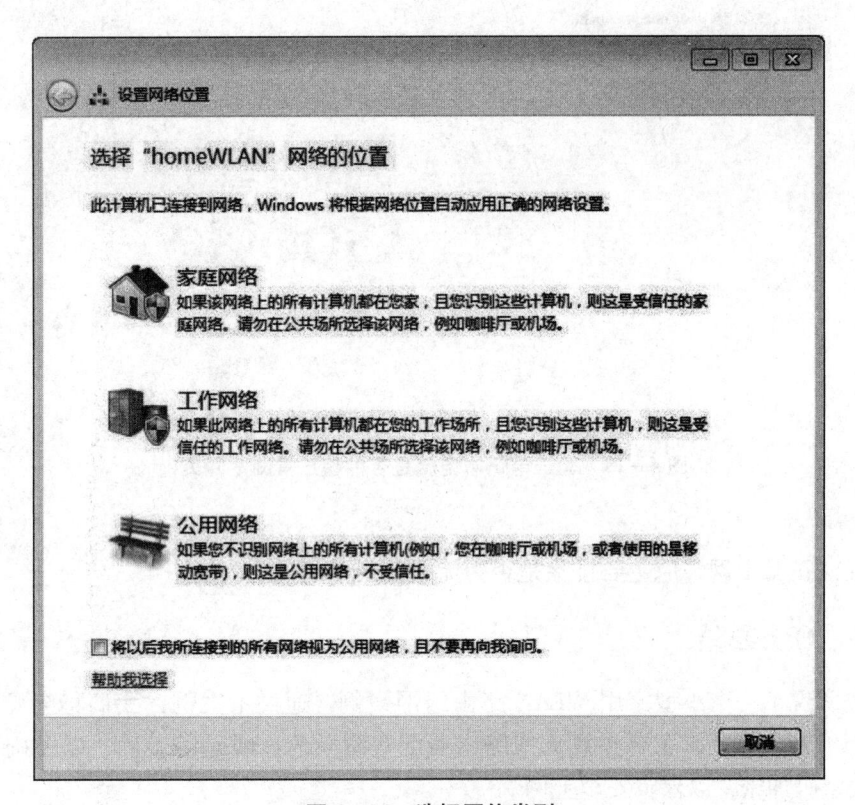

图 4-16 选择网络类型

图 4-17 笔记本电脑连接上无线网络

4. 分析测试

此时,笔记本电脑和智能手机应该都能正常上网了,打开笔记本电脑的浏览器进行验证即可,如图 4-18 所示。

图 4-18　验证笔记本电脑是否能够正常浏览网页

5. 故障排查

如果无法正常上网，应主要排除是否为无线路由器的设置问题。

4.4.3　任务总结

本任务实现了一个小型家用 WLAN 路由组网案例。通过本案例，我们将会发现，家庭无线上网配置较为简单，主要注意无线路由器配置阶段的连线是否正确，以及确保选择了 WPA2 无线密码加密，以保障安全上网。

4.5　无线局域网接入技术与 5G 无线接入技术

无线局域网能够向用户提供无须布线的快捷接入本地局域网络的功能，并且能让用户在无线局域网信号覆盖范围内自由移动。进一步说，如果局域网与互联网也是连通的，用户还能通过无线局域网方便地接入互联网，享受互联网服务。

第五代移动通信技术（5th Generation Mobile Networks/5th Generation Wireless Systems，5th-Generation，简称为5G）是最新一代移动通信网络技术，在其前身4G、3G、2G和1G 移动通信网络的基础上进行了全面革新。回顾其发展历史，最初的1G移动通信仅支持用户的语音模拟信号传输；从2G开始，移动通信网络实现语音数据数字化传输；从3G开始，移动通信网络与互联网实现了对接，不仅支持语音数字信号传输，还全面支持互联网数据的传输，且传输速率上限不断突破；当前正在快速部署和落地的5G技术则在4G技术的基础上进行了大幅创新，能够给用户提供超高速数据传输、超低延迟时间、低功耗、更安全的连接，被广泛瞩目的应用场景包括：超高清视频超大流量移动宽带服务（如视频点播），万物互联物联网服务（如智慧城市），低延迟、高可靠性连接服务（如无人驾驶）。

综上所述，无线局域网接入技术与5G无线接入技术既有差异又有共同之处。首先，无线局域网接入技术与5G无线接入技术使用的底层网络技术并不相同，前者使用计算机网络技术，后者则使用移动通信网络技术；其次，无线局域网与互联网是无缝连接的，均采用 TCP/IP 五层网络模型，而移动通信网络则需要与互联网进行必要的对接转换；最后，用户使用无线局域网获得的移动接入范围通常取决于接入点的信号覆盖范围，而用户使用 5G 接入则可通过切换信号基站的方式获得几乎无地理位置限制（只要在任意基站覆盖范围内即可）的移动接入范围。不过，无线局域网接入技术和 5G 无线接入技术的目的是一致的，都是基于移动技术便捷地获取端到端通信服务和互联网服务。随着三网融合（计算机网络、通信网络、广播电视网络）的不断深入，这些网络上的高层应用业务（如音频视频服务）将完全融合，移动互联网技术将获得更大发展。

本章小结

移动接入技术是近年来发展最快的网络技术之一。计算机网络中的无线局域网（WLAN）技术的主要标准是 IEEE 802.11，其内含的子标准仍在不断更新中。WLAN 的标准覆盖了物理层和数据链路层两层架构，提供了基本服务集（BSS）和扩展服务集（ESS）。WLAN 的基本架构组件是无线网卡、无线接入点和无线路由器。在用户接入 WLAN 的过程中，为了保障安全，通常要进行身份验证，然后才能建立数据连接。然而，由于无线信号存在无法保密的问题，所以它仍然容易遭到未经授权的访问和拒绝服务攻击。为此，IEEE 802.11i 标准规定了专用加密方法，我们在日常使用时应注意使用 WPA2 密码加密。另外，随着移动互联网的到来，三网融合的不断深入，基于通信网络的 5G 技术也将获得广泛应用。

习 题

一、不定项选择题

1. 笔记本电脑连接不上 WLAN，以下说法可能正确的是（　　）。
   A. SSID 不匹配
   B. 安全密钥不匹配
   C. 存在射频信号干扰
   D. 笔记本电脑的驱动需要升级，以支持新的无线协议
2. 在以下无线技术中，（　　）属于开放式访问。
   A. SSID　　　　　　　　　　B. WEP
   C. WPA　　　　　　　　　　D. IEEE 802.11i/WPA2

二、填空题

1. 在 WLAN 中，_____充当有限局域网中交换机、路由器和接入点的角色。
2. _____标准规定了 AES 加密、IEEE 802.1x 身份认证和动态密钥管理功能。

三、简答题

1. WLAN 由哪些组件构成？它们分别有什么作用？
2. WLAN 面临的安全威胁有哪些？

第 5 章 网络安全基础技术

> **学习内容要点**

1. ISO 定义的安全服务和安全机制。
2. 网络安全架构。
3. 网络设备安全访问方法。
4. 二层交换设备安全技术。
5. 基本的访问控制列表使用方法。
6. 防火墙的功能和分类。
7. 防火墙的过滤技术。

> **知识学习目标**

1. 掌握 ISO 网络安全模型。
2. 理解网络安全是一个整体,以及网络安全架构对网络安全的意义。
3. 掌握网络设备、局域网和网络接入安全的基本方法和技术。

> **工程能力目标**

1. 掌握网络设备口令的安全配置方法。
2. 掌握交换机端口的安全设置方法。
3. 标准和扩展访问控制列表的使用方法。
4. 掌握防火墙的应用方法。

> **本 章 导 言**

随着计算机网络发展的不断深入,电子政务、电子商务、电子医疗等网络应用已经大为普及,病毒、木马、蠕虫等恶意软件的不断泛滥造成的危害也越来越明显,网络安全问题日益突出。之前学习的计算机网络路由与交换技术是网络应用的基础支撑技术,而在网络工程的各个阶段都应该考虑网络安全技术。学习本章内容,读者将能掌握网络安全的基本原则、各种安全技术原理和使用方法,包括网络设备安全、协议安全、本地网络安全、网络接入安全等技术,并通过案例实践,迅速掌握最常用的安全远程登录、基于访问控制列表的防火墙技术。

5.1　网络安全概述

国际标准化组织于 1989 年发布了著名的 ISO/IEC 7498 标准，定义了 OSI 七层网络模型，其中，第 2 部分（ISO 7498-2）定义了开放互联系统的安全架构。该标准的主要贡献是首次明确定义了到目前为止仍在使用的网络安全相关术语的内容，主要包括安全服务和安全机制。目前的网络安全标准研究工作主要由进行信息安全技术研究的 ISO/IEC JTC1/SC27/WG2[①] 国际化组织完成。

ISO 7498-2 将网络安全作为一个具有生命周期的动态目标，定义了达到网络安全目标的 3 个阶段，即定义安全模型、定义提供服务的安全机制和定义全程安全管理。

1. 定义安全模型

安全模型包括安全策略、安全威胁和安全服务。

（1）安全策略。安全策略定义什么是安全，可以分为基于身份的安全策略和基于规则的安全策略。前者对资源的访问和使用取决于用户和资源的身份；后者对资源的访问取决于施加于所有用户的全局规则，如为每类资源添加安全标签类型，根据标签类型定义是否允许或者拒绝用户访问就属于一种基于规则的安全策略。

（2）安全威胁。安全威胁，即对用户资产的机密性、完整性和可用性的威胁，可分为 4 种：信息泄露、完整性破坏、拒绝服务和非法使用。

（3）安全服务。安全服务，即用于防止安全威胁、提供数据处理和传输安全性的方法，可分为如下 5 种：

① 认证服务。认证服务用于确保某个实体身份的可靠性，分为两种。第一种是认证实体自身身份，确保其真实性，称为实体认证。实体的身份一旦获得确认，就可以结合安全策略决定实体是否有权进行访问。例如，路由器设备上的口令认证就是实体认证中的常见方式。第二种是认证某个信息是否来自某个特定的实体，称为数据源认证。例如，用户使用基于密码学的数字签名技术对数据进行签名后，该数据日后能被验证是否为这个用户签发的。

② 访问控制。访问控制用于防止对资源进行未经授权的访问。也就是说，只有经过授权的实体，才能访问受保护的资源。

③ 数据机密性服务。数据机密性服务用于保证只有经过授权的实体才能理解受保护的信息。例如，使用基于密码学的加密技术对用户数据加密之后，攻击者即使窃取了加密的数据，也会因为无法解密，而无法推测出原始数据内容。

④ 数据完整性服务。数据完整性服务用于防止对数据进行未经授权的修改和破坏。完整性服务能使消息的接收者发现消息是否被修改、是否被攻击者用假消息换掉。

---

① ISO/IEC JTC1/SC27/WG2，即国际标准化组织（ISO）和国际电工委员会（IEC）成立的第一联合技术委员会（Joint Technical Committee1，JTC1）下属的第 27 分委员会（Sub-Committee27，SC27）的第 2 工作组（Working Group2，WG2）。

⑤ 不可否认服务。不可否认服务用于防止对信源和信宿的否认。对信源的否认，即某实体欺骗性否认曾经发送过某些信息；对信宿的否认，即某实体欺骗性否认曾经接收过某些信息。

2. 定义提供服务的安全机制

安全机制，即用来实施安全服务的机制。安全机制既可以是特定的，也可以是通用的。

（1）特定安全机制。特定安全机制有以下 8 种：

① 加密机制。加密机制用于保护数据的机密性，依赖现代密码学理论中的对称加密算法和公开密钥加密算法。一般来说，加/解密算法是公开的，加密的安全性主要依赖密钥的安全性和强度。加密算法也可以用于保护数据的完整性。

② 数字签名机制。数字签名机制用于保护数据的完整性及不可否认性，依赖现代密码学理论中的数字签名算法。数字签名在网络应用中的作用非常重要。

③ 访问控制机制。访问控制机制一般结合实体认证实施对用户资源的保护。要访问某个资源的实体，必须先成功通过认证，然后由访问控制机制对该实体的访问请求进行处理，查看该实体是否具有访问所请求资源的权限，并做出相应的控制处理。

④ 数据完整性机制。数据完整性机制用于保护数据免受未经授权的篡改，其依赖现代密码学理论中的单向散列算法和数字签名算法。经过单向散列算法对原始数据进行计算，将得到确定长度大小（如 20 字节）的消息摘要（Message Digest，MD），这能保证即使原始数据仅仅被篡改了一个标点符号，消息摘要也会发生明显的变化。使用数字签名算法也能达到这个目的。

⑤ 认证机制。认证机制用于提供对实体身份的鉴别，可以使用加密、数字签名和完整性机制。

⑥ 流量填充机制。流量填充机制用于防止对网络流量进行分析的攻击。有时攻击者通过通信双方数据流量的变化来发现有用的信息或线索，该机制用于提供流量的机密性。

⑦ 路由控制机制。路由控制机制用于防止敏感数据使用不安全的网络路径。例如，可以规定必须使用安全网络中的路径进行数据传输。

⑧ 公证机制。公证机制使用通信各方都信任的第三方保证数据的完整性、数据源及目的地正确。

（2）通用安全机制。通用安全机制有以下 5 种：

① 功能可信机制。功能可信机制保证所有提供或访问安全机制的功能可信，一般需要专用软件和硬件共同保证。

② 安全标记机制。安全标签用于为资源（如储存的数据、网络带宽等）标记安全级别，它可以与用户关联。

③ 事件检测机制。事件检测机制用于检测违反安全策略的企图以及合法的安全相关活动，可以触发事件警报、日志记录和自动恢复。

④ 安全审计机制。安全审计机制用于记录安全相关事件日志，为将来进行安全事故分

析和调查留下资料。

⑤ 安全恢复机制。安全恢复机制用于发生安全事故之后的处理，可能包括立刻终止操作、暂时收回实体权限等处理方法。

表 5-1 列举了典型的安全服务与安全机制的对应关系。

表 5-1 典型的安全服务与安全机制的对应关系

安全服务	安全机制							
	加密	数字签名	访问控制	数据完整性	认证	流量填充	路由控制	公证
实体认证	✓	✓			✓			
数据源认证	✓	✓						
访问控制			✓					
网络连接机密性	✓						✓	
选择字段机密性	✓							
流量机密性	✓					✓	✓	
网络连接完整性	✓			✓				
选择字段完整性	✓			✓				
信源、信宿不可否认		✓		✓				✓

3. 定义全程安全管理

安全管理是通过监视和控制安全服务和安全机制来实现安全策略的整个过程。

综上所述，网络安全是一个综合目标，需要在网络的各个部分综合采用符合安全模型的安全策略和相关安全服务，实施对应的安全机制，进行全过程的安全管理，提供整体安全防御。本章以一个典型的公司网络安全设计结构为例，介绍当前的关键网络安全技术。

如图 5-1 所示，公司网络通过外部防火墙和路由器连接到外部开放的互联网上，公司内部网络分为对公司外部用户提供服务的外部服务区和仅对内部员工开放的内部服务区。外部服务区通常被称为非军事区（De-militarized Zone，DMZ），也称为中立区、隔离区，集中放置对外提供服务的服务器，如向外部用户提供访问公司网站服务的 Web 服务器等；内部服务区只对公司内部用户可见，并提供服务，如向公司内部提供内部财务管理功能、企业业务处理和内部邮件服务、内部 DNS 服务功能等。

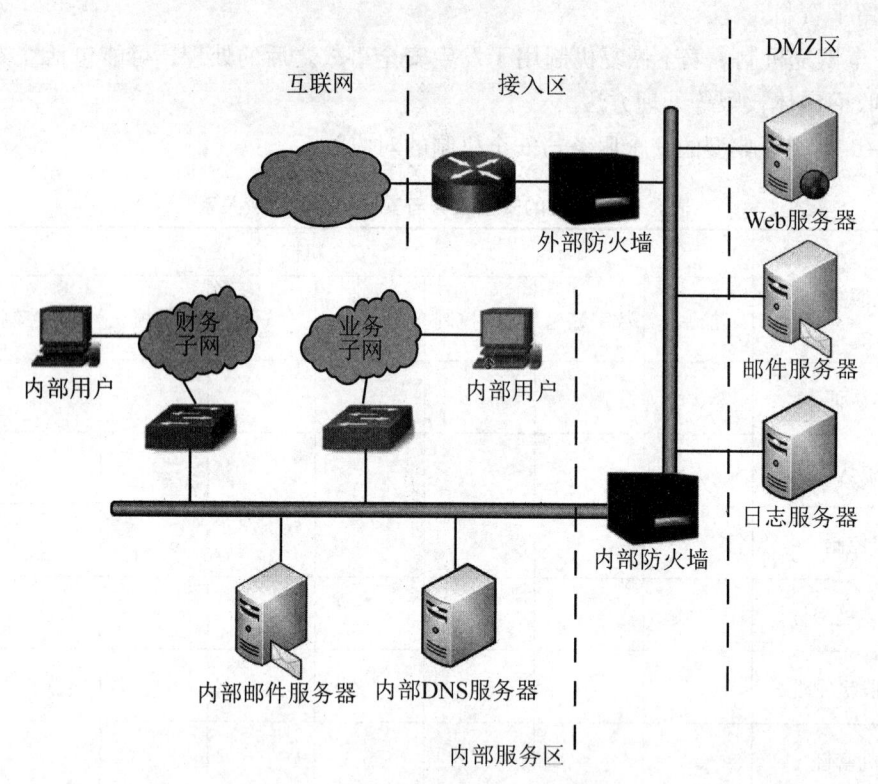

图 5–1 典型的公司网络安全设计结构

本章将按照上述网络安全设计结构的划分逻辑，分别介绍单个网络设备安全技术、内部局域网安全技术和网络接入安全技术。

5.2 路由器远程安全访问配置案例

5.2.1 任务说明

1. 任务概述

（1）情境说明。某单位网络管理员拟采用远程登录网络中心路由器的方式进行设备管理维护，由于网络中心是该单位重要的网络基础设施，所以对网络中心设备的访问必须安全。如何给出一个安全远程管理网络设备的方案？

（2）具体说明。如图 5–2 所示，将网络中心需要保护的设备简化为一台路由器（记为 R0），R0 与单位其他路由器（记为 R1）、用户 PC（记为 PC1）是联通的，网络中心有机器直接连接设备 Console 口。假设 PC1、R0、R1 的连接都已经设置好。

在本任务中，我们将学习如何设置安全的远程访问设备、如何配置路由器达到该目标。

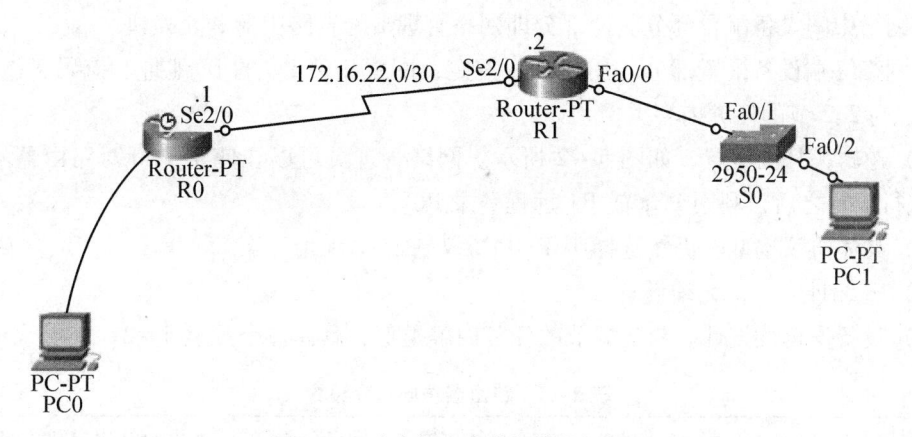

图 5-2 路由器安全访问模拟拓扑图

注意！本任务的学习目标如下：
（1）配置本地域名。
（2）配置 SSH。
（3）配置认证授权统计（Authentication，Authorization and Accounting，AAA）服务的本地授权访问。
（4）测试并验证任务目标。

本任务是网络安全防护的一个子任务——设备安全，任务步骤如下：
（1）需求分析。本任务的要点在于使用更安全的 SSH 连接代替不安全的 Telnet 连接。
（2）设备安装。按照需求分析的结果安装网络设备。
（3）设备配置。对路由器 R0 进行 SSH 相关设置，包括本地 enable 口令、SSH 配置和 AAA 配置。
（4）分析测试。对设备进行分析测试，任务完成后应该不能远程使用 telnet 命令连接该设备，只能使用 SSH 成功登录。
（5）故障排查。如果无法达到需求分析和测试要求，则应进行故障查找和排除。

2. 需求分析
（1）任务整体规划。本任务要求安全地远程访问后台的重要路由器。
① 保证访问协议安全，Telnet 虽然能够提供有身份认证口令的访问，但由于其自身协议有安全隐患，所有用户名、口令都是明文传输的，容易被嗅探和窃取，所以必须采用对传输内容进行加密的安全访问协议，即 SSH 协议。
② 由于一般的身份认证不区分访问路由器的用户，不利于今后的审计，因此，可以使用 AAA 认证模式，产生路由器的本地用户信息数据库，使用本地用户名进行远程访问。

本任务根据安全远程访问设备的需求，模拟了一个包含两台点对点连接的路由器网络，实现对网络中心路由器 R0 的安全访问，如图 5-2 所示。

本任务分为两部分：

① 网络中间设备配置部分。此部分即网络管理员配置路由器和交换机。

② 网络终端设备配置部分。用户按照规定，配置相关 PC 的 IP 地址、掩码、网关地址等信息，与 2.2 节的任务内容类似。

（2）逻辑拓扑图设置，如图 5-2 所示。网络管理员可以在使用 PC0 对路由器 R0、R1 和 S0 进行配置之后，利用 PC1 或 R1 远程登录 R0。

（3）具体协议选型。仍然选择 TCP/IP 协议制定 IP 编址方案。

（4）IP 编址方案，无须设置。

（5）设备安全性设计。与 2.2 节的任务内容类似，具体口令见表 5-2。

表 5-2 路由器访问口令设置

设 备 名 称	控制台访问口令	特权模式访问口令	远程 SSH 用户和访问口令
R0	r0console	r0enable	用户名：netuser 密码：12345

（6）设备和连线选型。与 2.2 节的内容类似。

3. 设备安装

与 2.2 节的任务内容类似。

4. 设备配置

（1）网络中间设备配置。设备基本配置与 3.2 节的任务内容类似，这里主要讲授 SSH 和 AAA 的配置方法。

在 R0 上建立 AAA 授权本地模型时，配置方法如下：

```
R0(config)#clock  timezone GMT 8            //设置时区
R0(config)#ip domain-name test.com          //设置域名
R0(config)#crypto key generate  rsa         //生成密钥
The name for the keys will be:R0.test.com   //生成的密钥名
Choose the size of the key modulus in the range of 360 to 2048 for your
General Purpose Keys. Choosing a key modulus greater than 512 may take a
few minutes.
How many bits in the modulus [512]:1024     //选择不对称密钥的模数，
                                              一般选择 1024 或 2048
% Generating 1024 bit RSA keys, keys will be non-exportable...[OK]
R0(config)#aaa new-model
R0(config)#username netuser password 12345
R0(config)#line vty 0  4                    //进入远程登录配置界面
*??1 8:5:9.721:% SSH-5-ENABLED:SSH 1.99 has been enabled
```

```
R0(config-line)#transport input ssh      //设置只允许使用 SSH 登录
R0(config-line)#login local              //使用本地用户数据库进行身份
                                           验证
R0(config-line)#end
R0#
% SYS-5-CONFIG_I:Configured from console by console
```

（2）终端设备配置。终端 PC 的网络信息配置与 2.2 节的任务内容类似。

5. 分析测试

配置成功后，R1 将能使用 SSH 协议访问路由器 R0，如下所示：

```
R1#ssh-l netuser 172.16.22.1             //使用 SSH 远程登录路由器 R0
Open
Password:
R0>en
Password:
R0#                                       //登录 R0 成功
```

假如 R1 尝试使用 telnet 命令访问 R0，将被拒绝，如下所示：

```
R1#telnet                                 //使用 telnet 命令登录 R0
R1#telnet 172.16.22.1
Trying 172.16.22.1 ... Open
[Connection to 172.16.22.1 closed by foreign host]
                                          //telnet 登录企图被阻止
R1#
```

当然，还可以从 PC1 用 SSH 访问 R0，使用 SecureCRT 软件即可。另外，安全远程访问控制并不影响本地的 Console 口控制。

6. 故障排查

如果使用 SSH 协议无法连通 R0，或仍然可以使用 telnet 命令进入 R0，则应该是输入命令有误，相关机制未能工作。

5.2.2　任务总结

本任务模拟了一个安全远程访问设备的案例。通过本案例，我们会发现，设备的安全访问防护是立体防线，需要综合考虑，同时设置本地设备口令、AAA 认证口令和 SSH 安全远程访问口令。除了安全口令以外，还有一些其他的安全手段，在本章后续的小节中我们将对其继续进行深入了解。

5.3 设备安全

5.3.1 本地访问认证

路由器和交换机都是核心网络设备，因此，必须进行安全认证，防止未经授权的访问。

最安全的设备安全保护措施莫过于上锁的机柜，可以完全防止任何人员实际接触网络设备，但设置访问认证口令仍是防范未经授权的人员访问网络设备的主要手段，必须从本地为每台设备配置口令，以限制访问。

设备安全的第一道防线正是基本口令安全措施。如前所述，IOS 使用分层模式提高设备的安全性。作为此安全措施的一部分，IOS 可以通过不同的口令提供不同的设备访问权限。提供控制的本地口令有如下几个：

1. 控制台口令

控制台口令用于限制人员通过控制台连接访问设备，如下所示：

```
Router(config)#line console 0                //设置控制台访问口令
Router(config-line)#password password
Router(config-line)#login
```

2. 特权口令

特权口令用于限制人员访问特权执行模式，如下所示：

```
Router(config)#enable password password    //设置特权模式访问口令
```

3. 特权加密口令

特权加密口令与特权口令不同，在用于限制人员访问特权执行模式的同时，还能以加密特权口令的方式保护该口令。配置特权加密口令的命令如下所示：

```
Router(config)#enable secret password      //加密保存特权模式访问口令
```

使用该命令后，如果管理员使用 show running-config 命令查看中间设备配置信息，经过 enable secret 命令设置后的口令会以受保护的密文，而不是明文的形式显示。

另外，网络中间设备的口令较多，有些厂商还提供了根据登录用户的权限级别不同，采用不同的身份验证口令的办法防止非法登录和配置设备。虽然使用多个不同的口令登录并不方便，但能起到一定的防范未经授权的人员访问网络基础设施的作用。

为了保护设备口令，还应该使用不容易猜到的强口令。选择口令时考虑的关键因素有以下几个：

(1) 口令长度应大于 8 个字符。
(2) 在口令中组合使用小写字母、大写字母和数字序列。
(3) 避免所有设备使用同一个口令。
(4) 避免使用常用词语，因为这些词语容易被猜到，如 password 或 administrator。

需要注意的是，在大多数实验中，会使用诸如 12345 或 class 等简单口令。这些口令为弱口令，而且容易被猜到，在实际生产环境中应避免使用。我们只在课堂环境中为便利起见才使用这些口令。

还有一个很有用的命令，可以在显示配置文件时防止将口令显示为明文。此命令是 service password‑encryption，可在用户配置口令后使口令加密显示。service password‑encryption 命令对所有未加密的口令进行弱加密，其用途在于防止未经授权的人员查看配置文件中的口令。

如果在尚未执行 service password‑encryption 命令时执行 show running‑config 或 show startup‑config 命令，则可以在配置输出中看到未加密的口令。具体如下所示：

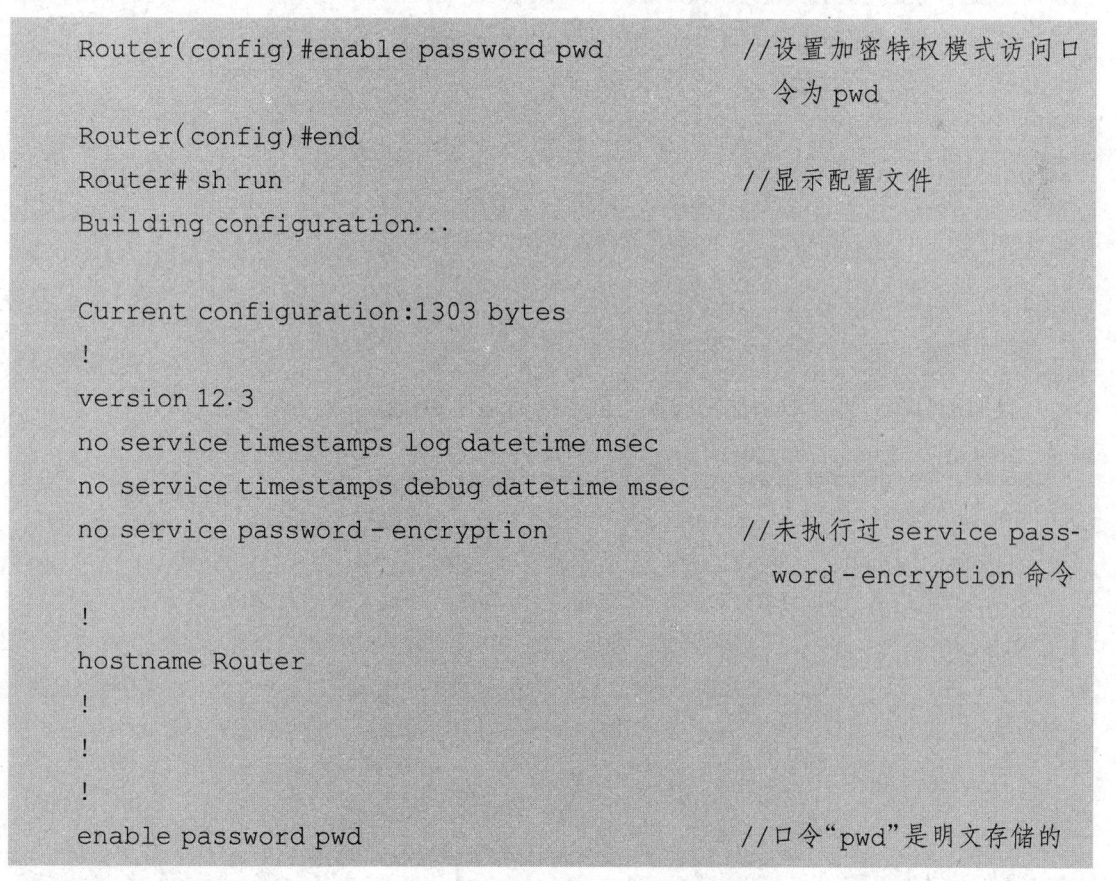

```
Router(config)#enable password pwd        //设置加密特权模式访问口
                                            令为 pwd
Router(config)#end
Router# sh run                             //显示配置文件
Building configuration...

Current configuration:1303 bytes
!
version 12.3
no service timestamps log datetime msec
no service timestamps debug datetime msec
no service password-encryption             //未执行过 service pass-
                                            word-encryption 命令
!
hostname Router
!
!
!
enable password pwd                        //口令"pwd"是明文存储的
```

然后可以执行 service password‑encryption 命令，如下所示：

```
Router(config)# service password-encryption
                                            //对所有未加密的口令进行弱
                                              加密
Router(config)#exit
```

执行完毕，口令即被加密，如下所示：

```
Router# sh run                              //显示配置文件
Building configuration...

Current configuration:1077 bytes
!
version 12.4
no service timestamps log datetime msec
no service timestamps debug datetime msec
service password-encryption
!
hostname Router
!
!
!
enable password 7 08315B4A                  //口令被加密了
```

一旦加密口令，即使取消加密服务，也不会消除加密效果，如下所示：

```
Router(config)# no service password-encryption
                                            //取消加密服务
Router(config)#exit
Router# sh run                              //显示配置文件
Router#sh run
Building configuration...

Current configuration:1080 bytes
!
version 12.4
```

```
no service timestamps log datetime msec
no service timestamps debug datetime msec
no service password-encryption          //加密服务已经被取消了
!
hostname Router
!
!
!
enable password 7 08315B4A              //口令仍然被加密了
```

5.3.2 远程访问认证

1. Telnet 访问设置

Telnet 具有一定的安全漏洞，经常为黑客所用。因此，必须强制使用常规的 Telnet 安全措施。使用 Telnet 协议登录是指为网络设备设置了管理 IP 地址后，可以借助"超级终端"使用 telnet 命令，以 IP 地址的方式远程访问和管理设备。在默认情况下，Telnet 协议没有设置密码。因此，为了网络设备的安全管理，必须为其设置密码。

(1) 进入全局配置模式。

```
Router#configure terminal
```

(2) 进入 Line 配置模式。在一台交换机和路由器上，最多可以实现 16 个 Telnet 进程，这样方便多个用户同时查看和管理。"0 15"表明配置所有可能的 16 个进程。

```
Router(config)#line vty 0 15
```

(3) 指定 Telnet 密码。Telnet 密码的设置要求与 Enable 相同。

```
Router(config-line)#password password
Router(config-line)#login                //设置 Telnet 登录生效
```

返回特权模式，如下所示：

```
Router(config-line)#end
```

(4) 保存修改后的配置。

```
Router#copy running-config startup-config
```

2. SSH 访问

采用 SSH 访问可以增加发送数据的安全性，因为 SSH 对传输数据是加密处理的。采用如下命令，可以生成 SSH 加密密钥，并强制要求只能使用 SSH 登录，不可以使用 Telnet 协议。

```
Router(config)#username user password 12345     //在本地设置身份认证
                                                  账户信息,设置了本
                                                  地用户名为 user,口
                                                  令为 12345。
Router(config)#ip domain-name test.com
Router(config)#crypto key generate rsa
Router(config)#line vty 0 4
Router(config-line)#transport input ssh         //拒绝使用 Telnet 协
                                                  议登录
Router(config-line)#exit
```

3. 认证账号设置

如果想区分远程登录的用户，则可以启用本地的账户密码身份认证信息。

```
Router(config)#username localuser password local123
//设置身份认证账户信息,设置用户名为"localuser",口令为"local123"
Router(config)#line vty 0 4
Router(config-line)#login local
//必须采用本路由器上设置的信息登录
Router(config-line)#end
```

成功之后，Telnet 路由器必须使用这里设置的身份账号和口令。

4. AAA 安全服务

AAA 安全服务不但可以做身份认证和授权，还可以用于统计，是一系列安全服务的集合。通常使用 RADIUS、TACACS+ 或 Kerberos 服务器保存 AAA 数据。

（1）身份认证服务。该服务能进行用户身份、登录和口令对话验证，提供挑战和响应、消息接发、加密功能。

认证命令使用方法如下：

aaa authentication {enable | login} {default | list-name} {method 1 [method 2…]}

该命令要求用户登录时进行 AAA 身份验证。参数的含义如下：

① enable，使用预先设置的认证列表进行认证。

② login，要求用户登录时进行 AAA 身份验证。

③ default，表示设置将自动用于所有的线路和接口。
④ list – name，指定列表用于指定接口和线路，优先权大于 default 列表。
⑤ method，指定 AAA 安全服务的认证方式，如可以选择 enable、group、line、local 和 none 等。上述 5 种方式分别表示使用特权口令认证、服务认证、线路认证、本地认证和不认证方式，一次最多选择 4 种方式。

使用 TACACS + 服务实现 AAA 登录验证的例子如下：

```
Router(config)#aaa new – model              //初始化 AAA 访问控制模型
Router(config)#aaa authentication login default group tacacs +
//配置 login 认证方式为 TACACS + 服务认证
Router(config)#tacacs – server host 1.1.1.1
//配置 TACACS + 服务器地址
Router(config)#line vty 0 4
Router(config – line)#login authentication default
```

（2）授权服务。该服务能提供一种控制远程接入的方法，提供用户访问权限。授权命令使用方法如下：

aaa authorization {auth – proxy | network | exec | commands *level*} {default | list – name} {method 1 [method 2…]}

参数的含义如下：

① auth – proxy。用户访问网络之前，通过 Web 浏览器向 TACACS + 或 RADIUS 服务器证明身份。通过身份认证后，向路由器或者交换机发送访问控制列表（Access Control List，ACL）条目或者配置文件信息。

② network。网络授权应用于网络接入类型 PPP、SLIP 和 ARAP 等。

③ exec。使用预先设置的授权列表进行授权。

④ commands *level*。通过指定执行命令的权限级别进行授权（用户进入交换机路由器后可以执行 show privilege 查看与用户 EXEC 终端会话相关联权限级别，即 *level*，其取值范围为 0~15）。

⑤ 其他参数。default、list – name 和 method 与认证服务中类似，此处不再说明。

使用 AAA 及 TACACS + 服务共同进行 Telnet 身份认证举例如下：

```
Router(config)#aaa new – model              //初始化 AAA 访问控制模型
Router(config)#aaa authorization commands 0 default group tacacs +
Router(config)#line vty 0 4
Router(config – line)# authorization commands 0 default
```

（3）计费服务。该服务提供了一种搜集和发送安全服务器信息，包括用户身份、访问时段、执行命令、数据和流量等信息，以便于记账、审计和报告的方法。

授权命令使用方法如下：

aaa accounting ｛network | exec | commands *level*｝｛default | list – name｝｛method 1 ［method 2…］｝

参数的含义与上述认证和授权命令类似，在此不再说明。此处仅举例说明该命令的使用场景：

```
Router(config)#aaa accounting exec default start - stop group tacacs +
                                    //使 TACACS + 服务记录相应操
                                      作或事件的起始和终结时间
Router(config)#aaa accounting commands 1 default start - stop group
tacacs + commands
                                    //使 TACACS + 服务记录级别为
                                      1 的命令集合使用的起始和终
                                      结时间
```

综上所述，AAA 的优点如下：

（1）通常需要一台或一组服务器（安全服务器，如思科安全服务器 ACS）储存用户名和密码，不用在每台路由器上都进行配置和更新。

（2）支持 TACACS +、RADIUS 和 Kerberos 标准安全协议。

（3）允许配置多个备用系统，如先访问安全服务器，如果报错，再查看本地数据库。

（4）用户名和密码不以明文形式出现。接入服务器通常和主机用一种安全协议，主机使用安全协议与安全服务器通信。

5.3.3 其他安全设置

其他安全服务还包括配置警告信息，关闭不用的服务和协议，如 HTTP 后台服务、udp/tcp small server PAS 和 CDP 等，以防止被攻击者利用或信息泄露，确保 SNMP 安全等。

5.4 内部局域网安全

内部局域网安全主要是二层安全，即交换机端口安全。没有提供端口安全的交换机很可能让攻击者乘虚而入，即只要连接到系统上未使用的已启用端口，就能执行信息搜集或攻击。攻击者可能搜集到含有用户名、密码或网络上的系统配置信息的流量。

在部署交换机之前，应该先保护所有的交换机端口或接口，即限制端口上所允许的有效 MAC 地址的数量。如果为安全端口分配了安全 MAC 地址，那么当数据包的源地址不是已定义地址组中的地址时，端口就不会转发这些数据包。

如果将安全 MAC 地址的数量限制为一个，并为该端口只分配一个安全 MAC 地址，那么连接该端口的工作站将确保获得端口的全部带宽，并且只有地址为该特定安全 MAC 地址的工作站才能成功连接到该交换机端口。

如果端口已配置为安全端口，并且安全 MAC 地址的数量已达到最大值，那么当尝试访问该端口的工作站的 MAC 地址不同于任何已确定的安全 MAC 地址时，就会发生安全违规。

安全 MAC 地址的类型如下：

（1）静态安全 MAC 地址。静态安全 MAC 地址使用 switchport port – security mac – address mac – address 配置命令手动配置。以此方法配置的 MAC 地址储存在地址表中，并添加到交换机的运行配置中。

（2）动态安全 MAC 地址。动态安全 MAC 地址是动态学习的，并且仅储存在地址表中。以此方式配置的 MAC 地址在交换机重新启动时将被移除。

（3）粘滞安全 MAC 地址。可以将端口配置为动态学习 MAC 地址，然后将这些 MAC 地址保存到运行配置中。粘滞安全 MAC 地址有以下特点：

① 当使用 switchport port – security mac – address sticky 接口配置命令在接口上启用粘滞学习时，接口将所有动态安全 MAC 地址（包括那些在启用粘滞获取之前动态获得的 MAC 地址）转换为粘滞安全 MAC 地址，并将所有粘滞安全 MAC 地址添加到运行配置。

② 如果使用 no switchport port – security mac – address sticky 接口配置命令禁用粘滞学习，则粘滞安全 MAC 地址仍作为地址表的一部分，但会从运行配置中移除。

③ 如果使用 switchport port – security mac – address sticky mac – address 接口配置命令配置粘滞安全 MAC 地址，这些地址将被添加到地址表和运行配置中。如果禁用端口安全，则粘滞安全 MAC 地址仍保留在运行配置中。

④ 如果将粘滞安全 MAC 地址保存在配置文件中，则当交换机重新启动或者接口关闭时，接口不需要重新学习这些地址。如果不保存，则粘滞安全 MAC 地址将丢失。

⑤ 如果禁用粘滞学习并输入 switchport port – security mac – address sticky mac – address 接口配置命令，则会出现错误消息，并且粘滞安全 MAC 地址不会添加到运行配置。

安全违规有可能是下列情况之一：

（1）地址表中添加了最大数量的安全 MAC 地址，有工作站试图访问接口，而该工作站的 MAC 地址未出现在该地址表中。

（2）在一个安全接口上学习或配置的地址出现在同一个 VLAN 中的另一个安全接口上。

根据出现违规时要采取的操作，可以将接口配置为以下 3 种违规模式之一进行安全处理：

（1）保护。当安全 MAC 地址的数量达到端口允许的限制时，带有未知源地址的数据包将被丢弃，直至移除足够数量的安全 MAC 地址或增加允许的最大地址数为止。用户不会收到出现安全违规的通知。

（2）限制。当安全 MAC 地址的数量达到端口允许的限制时，带有未知源地址的数据包将被丢弃，直至移除足够数量的安全 MAC 地址或增加允许的最大地址数为止。与保护模式不同，用户将从几个途径收到安全违规通知，如提示发现触发 SNMP 陷阱的行为、记录 syslog 消息到日志，以及增加违规计数器的计数。

（3）关闭。在此模式下，端口安全违规将造成接口立即变为发现错误后禁用状态，并关闭交换机物理端口的指示灯。该模式也会做出限制模式中的操作，如提示发现触发 SNMP 陷阱的行为、记录 syslog 消息到日志，以及增加违规计数器的计数。当安全端口处于发现错误后禁用状态时，如果用户先输入 shutdown，再输入 no shutdown 接口配置命令，可使其脱离此状态。关闭模式一般为交换机的默认模式。

5.5 访问控制列表配置案例

5.5.1 任务说明

1. 任务概述

（1）情境说明。本任务模拟基于路由器的简单防火墙应用场景。如图 5-3 所示，有 Router1~Router4 共 4 台路由器，每台路由器都可以看作一个小型防火墙。注意，在设置 ACL 之前需要自行设置路由，保证路由器之间都能连通。

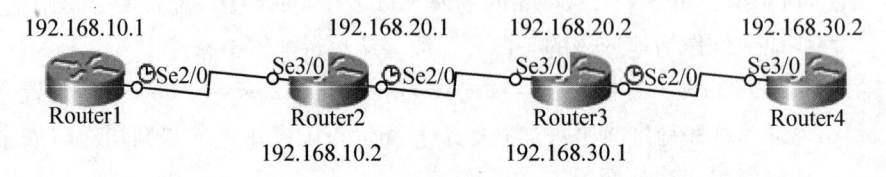

图 5-3　路由器安全访问模拟拓扑图

要求满足以下过滤要求：

① 在路由器 Router2 上配置标准 ACL，拒绝 Router1 访问 Router2，允许 Router3 访问 Router2。

② 在接口上应用 ACL。

③ 验证以上 ACL 是否有效。

④ 删除 Router2 上的标准 ACL。

⑤ 使用 show 命令查看 ACL 接口下的控制情况。

（2）具体说明。在本任务中，我们将学习如何设置路由器自带的 ACL，进行流量安全控制。

注意！本任务的学习目标如下：
（1）根据要求使用 ACL 配置不同的访问控制策略。
（2）测试并验证任务目标。

本任务是网络安全防护的一个子任务——子网安全，任务步骤如下：

（1）需求分析。本任务的要点在于使用 ACL，在网络上进行流量分析与安全控制。

(2) 设备安装。按照需求分析的结果安装网络设备。

(3) 设备配置。对路由器 Router1 ~ Router4 进行相关接口和路由设置。

(4) 分析测试。对设备进行流量分析与测试。

(5) 故障排查。如果无法达到需求分析和测试要求,则应进行故障查找和排除。

2. 需求分析

(1) 任务整体规划。本任务要求使用 ACL,在网络上进行流量分析与安全控制。任务分为网络设备配置、路由器路由配置和 ACL 配置。

(2) 逻辑拓扑图设置,如图 5-3 所示。网络管理员可以在使用 PC0 对路由器 Router2 和 S0 进行配置之后,利用 PC1 或 Router1 远程登录 R0。

(3)~(6) 与 3.2 节的任务类似。

3. 设备安装

与 3.2 节的任务类似。

4. 设备配置

(1) 网络中间设备配置。设备的基本配置与 3.2 节的任务类似,这里主要讨论 ACL 的设置。

① 在路由器 Router2 上配置标准 ACL,拒绝 Router1 访问 Router2,允许 Router3 访问 Router2。配置方法如下:

```
Router2(config)#access - list 1 deny 192.168.10.0 0.0.0.255
//配置标准 ACL,拒绝 192.168.10.0/24
Router2(config)#access - list 2 permit 192.168.20.0 0.0.0.255
//配置标准 ACL,允许 192.168.20.0/24
```

② 在接口上应用 ACL。配置方法如下:

```
Router2(config)#interface s2/0
Router2(config - if)#ip access - group 1 in        //将 ACL 1 应用到接口
Router2(config)#interface s3/0
Router2(config - if)#ip access - group 2 in        //将 ACL 2 应用到接口
```

③ 删除 Router2 上的标准 ACL。配置方法如下:

```
Router(config)#no access - list 2
Router(config)#int s2/0
Router(config - if)#no ip access - group 2
Router(config)#
```

(2) 终端设备配置。终端 PC 的网络信息配置与 3.2 节的任务相同。

5. 分析测试

根据要求，测试各台路由器之间的连通性，包括 Router1 与 Router2、Router3 与 Router2、Router4 与 Router2。

Router1 与 Router2 的连通性测试结果如下：

```
Router1 >ping 192.168.10.2
Pinging 192.168.10.2 with 32 bytes of data:
Request Time out.
Request Time out.
Request Time out.
Request Time out.
Ping statistics for 192.168.10.2:
Packets:Sent =4, Received =0, Lost =100(0% loss)//Router1 无法 ping
                                                            通 Router2
```

Router3 与 Router2 的连通性测试结果如下：

```
Router3 >ping 192.168.2.1
Pinging 192.168.2.1 with 32 bytes of data:
Reply from 192.168.2.1:bytes =32 time =94 ms TTL =128
Reply from 192.168.2.1:bytes =32 time =93 ms TTL =128
Reply from 192.168.2.1:bytes =32 time =60 ms TTL =128
Reply from 192.168.2.1:bytes =32 time =60 ms TTL =128
Ping statistics for 192.168.2.1:
Packets:Sent =4, Received =4, Lost =0(0% loss),   //Router3 能 ping
                                                            通 Router2
Approximate round trip times in milli - seconds:
Minimum =60 ms, Maximum =94 ms, Average =76 ms
```

Router4 与 Router2 的连通性测试结果如下：

```
Router4 >ping 192.168.1.2
Pinging 192.168.1.2 with 32 bytes of data:
Request Time out.
Request Time out.
Request Time out.
Request Time out.
```

```
Ping statistics for 192.168.1.2:
    Packets:Sent =4, Received =0, Lost =100(0% loss)   //Router4 不能 ping
                                                          通 Router2
```

测试结果如下：Router1 ping 不通 Router2，Router3 可以 ping 通 Router2，Router4 ping 不通 Router2。这是因为 Router2 上的 Se2/0 和 Se3/0 应用了 ACL1，拒绝 192.168.10.0、192.168.30.0 网络的分组，允许 192.168.20.0 网络的分组（其中，192.168.30.0 是被 ACL 的缺省语句"deny all"拒绝的），所以设置的 ACL 有效。

6. 故障排查

如果得不到要求的结果，则应该是 Router2 的 ACL 命令配置有误，未能工作。

5.5.2　任务总结

本任务模拟了一个基于 ACL 的集成路由器防火墙配置案例。通过本案例，我们会发现，ACL 的优点是灵活，缺点是无法动态保护应用安全，在接下来的 5.6 节、5.7 节中我们将继续深入了解以防火墙为代表的网络接入安全技术。

5.6　网络接入安全

5.6.1　防火墙技术概述

1. 防火墙的定义

防火墙是接入访问控制策略的强制执行点，隔离受保护和不受保护的网络。防火墙的具体实现形式有很多，既可能是独立硬件，如思科、华为技术有限公司等的硬件防火墙产品，也可能是软件，如美国微软公司、美国 Check Point 公司、北京瑞星科技股份有限公司等的软件。

一般来说，防火墙是在内部网络和外部网络之间、专用网络与公共网络之间的界面上构造的安全保护屏障。而防火墙最为常见的用途就是在互联网和内部网络之间建立起一道安全防线，保护内部网络免受非法用户的侵入，这是通过基于规则检查所有流入/流出该网络边界的通信数据包实现的，因此，它实际上是一种安全隔离技术。

2. 防火墙的功能

防火墙的基本功能是管理和控制访问被保护网络的流量。除此之外，它还能额外提供认证接入、虚拟专用网络（Virtual Private Network，VPN）、应用代理、安全审计报告等功能。

（1）流量控制。这是防火墙必须执行的最为首要和基础的任务，即管理和控制网络流量。一般通过监控网络报文的方式达到该目标。

对报文的监控包括检查 IP 数据包的源 IP 地址和目的 IP 地址、端口、协议、报头头部信息（如序列号是否匹配、校验和是否正确、数据标记和负载是否有误等）。

此外，防火墙还可能检测 TCP/IP 流量的连接状态。当两个主机进行 TCP/IP 协议通信时，会建立一个会话，包含会话状态，可能包括双方会话要进行到哪一步、正准备接收和发送什么类型的数据，防火墙根据这些信息决定是否过滤流量。

专用防火墙一般都具有报文监控和流量状态检测两种功能。

（2）认证接入。防火墙还可能承担一部分用户身份认证的任务。例如，要求第一次访问内部网络的用户提供用户名和口令（这被称作 . X 认证）。用户名和口令也可以被证书、共享密钥代替。该功能是为了防止与内部网络完全没有关系的人访问，这一步往往发生在用户真正进行访问之前。

（3）虚拟专用网络。防火墙可利用公用互联网实现安全的远程访问功能。例如，利用加密技术在两个远程分公司网络之间安全传输公司内部数据，要求用户必须在传输数据之前预先建立加密口令。

（4）应用代理。防火墙可以被用来进行应用代理。在这种情况下，防火墙可以完全伪装成被保护的主机，接受所有报文，然后重新建立新的报文，传给被保护的主机。这样，内部被保护的主机实际上并没有和外界接触，因此，安全风险也就大大降低。

（5）安全审计报告。虽然防火墙越来越强大，但也不能阻止所有的安全威胁。因此，防火墙还应该具备进行安全事件审计的功能，可以将安全相关事件记录到日志上，以便将来查询，确定事件发生的原因。

3. 防火墙的分类

防火墙有很多种分类。根据实现形式不同，防火墙可以分为如下 4 种：

（1）由路由器集成的防火墙。对很多倾向于使用一体化解决方案、力求简单化管理的中小企业用户来说，这种集成在路由器内部的防火墙非常受欢迎。但是，高端路由器设备上一般不会集成防火墙，因为这很可能影响大型网络的主干路由器的数据转发核心工作。在这样的网络中，应当使用专用的防火墙设备，如一些硬件路由器。

这种防火墙一般是基于 ACL 进行包过滤机制的防火墙，工作在网络层。但是，ACL 也有缺点，主要基于 IP 地址和端口号，一旦放行，端口就永远打开了，并且不支持动态的应用程序过滤。

工作在网络层的由路由器集成的防火墙如图 5-4 所示。

（2）专用的硬件防火墙。专用的硬件防火墙具备由路由器集成的防火墙的所有功能，其设计目的是在满足安全需求的前提下提供更好的性能，以较好的性能价格比提供较强的安全防范机制，如思科的 ASA 系列产品。

硬件防火墙进行流量管理和控制的决策因素一般是网络区域的安全级别。通常使用 DMZ 网络访问控制策略进行防火墙的配置和管理。DMZ 是为了解决安装防火墙后外部网络不能访问内部网络服务器的问题而设立的一个非安全系统与安全系统之间的缓冲区，这个缓冲区位于企业内部网络和外部网络之间的小网络区域内。在这个小网络区域内，可以放置一些必须公开的服务器设施，如企业 Web 服务器、FTP 服务器和论坛等。DMZ 能更加有效地

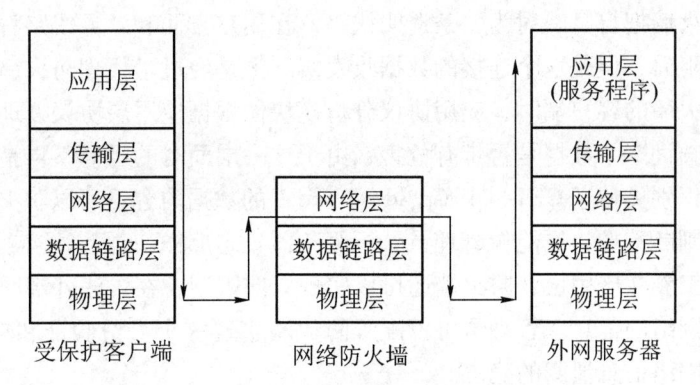

图 5-4　工作在网络层的由路由器集成的防火墙

保护内部网络，因为比起一般的防火墙方案，对攻击者来说，DMZ 是多出来的一道关卡。

典型的 DMZ 网络访问控制策略如下：

① 内网可以访问外网。

② 内网可以访问 DMZ。

③ 外网不能访问内网。

④ 外网可以访问 DMZ。

⑤ DMZ 不能访问内网。

⑥ DMZ 不能访问外网。

（3）由代理服务器组成的防火墙，简称"代理防火墙"。代理服务器（Proxy Server），也称为应用网关，可以基于实际应用数据进行过滤，应用可以是 DNS 域名系统、POP/SMTP 邮件、FTP、HTTP 等服务。代理服务器在应用层进行报文中继，因此，可以实现基于应用层数据的过滤和高层用户认证。例如，微软的 ISA Server 2012 即代理服务器。

代理服务器至少有两个功能：

① 应用层过滤功能，在主机之间扮演中间媒介。

② 代理服务器功能，通过缓存数据提高访问效率。

完整的代理设备包含一个服务端和客户端。其中，服务端接收来自用户的请求，调用代理服务器的客户端，使用此客户端模拟用户连接目标服务器的请求，代理服务器的客户端再把目标服务器返回的数据通过服务端转发给用户，完成一次代理工作过程。这种防火墙实际上就是一台小型的带有数据检测过滤功能的透明代理（Transparent Proxy）服务器，但它并不是单纯地在一个代理设备中嵌入包过滤技术，而是一种被称为"应用协议分析"（Application Protocol Analysis）的技术。

应用协议分析技术工作在 OSI 七层网络模型的最高层——应用层上，在这一层里，能接触到的所有数据都是最终形式。也就是说，防火墙"看到"的数据和我们看到的是一样的，而不是一个个带着地址端口协议等原始内容的数据包，因而可以实现更高级的数据检测过程。

整个代理防火墙把自身映射为一条透明线路,在用户方面和外界线路看来,它们之间的连接并没有任何阻碍,但是这个连接的数据收发实际上是经过了代理防火墙转向的。当外界数据进入代理防火墙的客户端时,应用协议分析模块便根据应用层协议处理这个数据,通过预置的处理规则查询这个数据是否带有危害,由于这一层面对的已经不再是组合有限的报文协议,甚至可以识别类似于 GET/sql.asp?id = 1 and 1 的数据内容,所以防火墙不仅能根据数据层提供的信息判断数据,更能像管理员分析服务器日志那样"看"内容辨危害。

此外,由于工作在应用层,防火墙还可以实现双向限制,在过滤外部网络有害数据的同时,也监控内部网络的信息。管理员可以配置防火墙实现一个身份验证和连接时限的功能,进一步防止内部网络信息泄露的隐患。

由于代理防火墙采取的是代理机制进行工作,所以内部网络、外部网络之间的通信都需要先经过代理服务器审核,通过后,再由代理服务器连接,根本没有给分隔在内部网络、外部网络两边的计算机直接会话的机会,从而避免入侵者使用"数据驱动"攻击方式(这是一种能通过包过滤技术防火墙规则的数据报文,但是当它进入计算机处理后,会变成能够修改系统设置和用户数据的恶意代码)渗透内部网络。可以说,应用代理是比包过滤技术更完善的防火墙技术。

代理防火墙的结构特征也正是其最大的缺点。由于代理防火墙是基于代理技术的,所以通过防火墙的每个连接都必须建立在为之创建的代理程序进程上,代理进程自身是要消耗资源的,更何况代理进程还要进行协议分析,因此,数据在通过代理防火墙时会不可避免地发生数据迟滞现象。代理防火墙以牺牲速率为代价换取了比包过滤防火墙更高的安全性能,在数据交换频繁的时刻,会成为整个网络的瓶颈,而且一旦防火墙的硬件配置无法支持高强度的数据流量,整个网络可能就会因此瘫痪。所以,代理防火墙的普及范围还不及包过滤防火墙。

工作在应用层的代理防火墙的结构如图 5-5 所示。

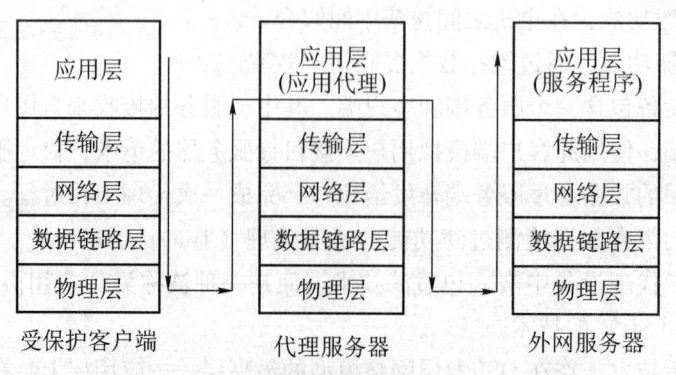

图 5-5　工作在应用层的代理防火墙的结构

(4) 专用软件防火墙。顾名思义,这种防火墙完全采用软件实现类似于硬件防火墙的功能,如美国微软公司、美国 Check Point 公司、北京瑞星科技股份有限公司等提供的防火墙。这种防火墙的优点是功能强大,易于扩展,性价比高;缺点是性能弱于硬件防火墙。

5.6.2 访问控制列表

许多普通路由器都具有利用 ACL 建立包过滤防火墙的功能,使用户能够通过访问控制列表控制流量,防止网络被未经授权的用户使用。

ACL 是一系列应用在地址或协议上的允许或拒绝语句组成的顺序列表,能对数据分组进行检查和过滤。过滤条件可以是分组源地址、目的地址、源端口号、目的端口号或应用等,对满足条件的分组可以执行转发或阻塞。

每个数据分组经过配置 ACL 的接口时,都会与 ACL 中的语句依次逐行进行比对,执行定义好的安全策略。如果发现某条 ACL 语句匹配,则会跳过列表中的其他语句,由匹配的语句决定是允许还是拒绝该数据包;如果语句不匹配,则使用 ACL 中的下一条语句比对,直到抵达列表末尾为止。最后,通常是一条拒绝不满足之前条件的所有数据分组的隐含语句。

ACL 有两种类型:标准 ACL 和扩展 ACL。两者的功能如下:

(1)标准 ACL。根据源 IP 地址允许或拒绝流量。

(2)扩展 ACL。根据多种属性,如协议类型、源地址、目的地址、源端口和目的端口等,进行更为精确的流量控制。

ACL 必须在全局配置模式下创建,每个 ACL 分配一个数字编号。标准 ACL 对应的编号范围为 1~99 和 1300~1399,扩展 ACL 对应的编号范围为 100~199 和 2000~2699。

1. ACL 的配置

(1)配置标准 ACL 的语法如下:

Router(config)#access – list access – list – number {deny | permit | remark} *source* [*source – wildcard*] [log]

标准 ACL 配置参数及其说明见表 5 – 3。

表 5 – 3 标准 ACL 配置参数及其说明

参 数	说 明
access – list – number	访问列表编号
deny	满足条件语句时拒绝分组通过
permit	满足条件语句时允许分组通过
remark	在 IP 访问列表中添加备注,增强列表的可读性(可选)
source	发送数据分组的源地址。关键字 any 代表 source 和 source – wildcard 分别为 0.0.0.0 和 255.255.255.255 的情况,关键字 host 代表一个 IP 主机地址
source – wildcard	通配符掩码(可选)。使用 32 位点分十进制格式。比特位为 1,表示不检查 source 对应位;为 0,表示需要精确匹配。如果不设置 source – wildcard,则表示使用默认掩码 0.0.0.0
log	在 IP 访问列表中添加备注,增强列表的可读性(可选)

标准 ACL 配置实例如下：

Router(config)#access-list 1 deny 172.16.1.0 0.0.0.255
　　//创建编号为 1 的标准 ACL,拒绝来自 172.16.1.0 网络的分组
　　//通配符掩码表示只对"172.16.1"进行匹配
Router(config)#access-list 1 permit any
　　//继续创建编号为 1 的标准 ACL,允许来自任意 IP 地址的分组

（2）配置扩展 ACL 的语法如下：

Router（config）#access-list access-list-number {deny | permit | remark} protocol *source* [*source-wildcard*] [*operator*] *destination* [*destination-wildcard*] [*operator*] [*port-number*] [*established*]

扩展 ACL 配置参数及其说明见表 5-4。

表 5-4　扩展 ACL 配置参数及其说明

参　　数	说　　明
access-list-number	访问列表编号
deny	满足条件语句时拒绝分组通过
permit	满足条件语句时允许分组通过
remark	在 IP 访问列表中添加备注，增强列表的可读性（可选）
protocol	Internet 协议名称或编号。常见的关键字有 icmp、ip、tcp 或 udp。要匹配所有 Internet 协议，可使用关键字 any
source	发送数据分组的源地址。关键字 any 代表 source 和 source-wildcard 分别为 0.0.0.0 和 255.255.255.255 的情况，关键字 host 代表一个 IP 主机地址
source-wildcard	源地址的通配符掩码
destination	数据分组发往的目的地址
destination-wildcard	目的地址的通配符掩码
operator	对比源或目的端口（可选）。可用的操作符包括 lt（小于）、gt（大于）、eq（等于）、neq（不等于）和 range（范围）
port-number	TCP 或 UDP 端口的十进制编号（可选）
established	仅用于 TCP，表示已建立的连接（可选）

扩展 ACL 配置示例如下：

Router(config)#access-list 100 permit tcp 172.16.1.0 0.0.0.255 host 202.37.115.2 eq www
　　//创建编号为 100 的扩展 ACL,允许来自网络 172.16.1.0 的全部主机分组访问目的主机 202.37.115.2 的 www 服务(80 端口)

//通配符掩码表示只对"172.16.1"进行匹配
Router(config)#access-list 100 permit tcp 172.16.1.0 0.0.0.255 host 192.168.10.2 eq www
//创建编号为 100 的扩展 ACL,允许来自网络 172.16.1.0 的全部主机分组访问目的主机 192.168.10.2 的 www 服务(80 端口)
Router(config)#access-list 100 permit tcp 172.16.1.0 0.0.0.255 host 202.37.115.2 eq telnet
//创建编号为 100 的扩展 ACL,允许来自网络 172.16.1.0 的全部主机 telnet 目的主机 202.37.115.2(23 端口)
Router(config)#access-list 100 deny icmp host 172.16.1.9 any 8
//创建编号为 100 的扩展 ACL,拒绝来自主机 172.16.1.9 的 icmp 协议 echo 响应消息

(3) 将 ACL 应用到接口。先进入接口配置模式，然后关联相应的 ACL 到接口。使用 in 或 out 表示过滤从接口进入的流量、从接口出去的流量。配置方法如下：

Router(config-if)#ip access-group access-list-number {in | out}

(4) 删除 ACL。该方法适用于标准 ACL 和扩展 ACL,以删除第 1 条 ACL 为例，配置方法如下：

Router(config)#no access-list 1

(5) 从接口上删除 ACL。先在接口上输入相关的 no ip access-group 命令，如使用（3）将 ACL 应用到接口的配置方法，只需在其配置命令前加上单词 no 即可；然后在全局配置模式下输入 no access-list 命令，即使用（4）删除 ACL 中的配置方法。

2. ACL 的验证

(1) 显示所有 ACL 内容。具体配置方法如下：

Router#sh ip access-lists   //查看现有 ACL 内容
Standard IP access list 1
deny 172.16.1.0 0.0.0.255
permit any
Extended IP access list 100
permit tcp 172.16.1.0 0.0.0.255 host 202.37.115.2 eq www
permit tcp 172.16.1.0 0.0.0.255 host 192.168.10.2 eq www
permit tcp 172.16.1.0 0.0.0.255 host 202.37.115.2 eq telnet
deny icmp host 172.16.1.9 any 8

（2）显示接口关联 ACL 状态。具体配置方法如下：

```
Router# sh ip interface                        //查看接口上是否有应用 ACL
Ethernet0 is up, line protocol is up(connected)
Internet address is 192.168.10.1/24
Broadcast address is 255.255.255.255
...
Outgoing access list is not set
//出口方向没有设置 ACL
Inbound access list is 1
0
Router#
```

5.6.3 防火墙的包过滤技术

包过滤是最早被使用的一种防火墙技术，它的第一代模型是"静态包过滤"（Static Packet Filtering），使用包过滤技术的防火墙通常工作在 OSI 七层网络模型的网络层上，后来发展更新的"动态包过滤"（Dynamic Packet Filtering）增加了传输层功能。简而言之，包过滤技术工作的地点是各种基于 TCP/IP 的数据报文进出的通道，它把这两层作为数据监控的对象，对每个数据包的头部、协议、地址、端口、类型等信息进行分析，并与预先设定好的防火墙过滤规则（Filtering Rule）进行核对，一旦发现某个包的某个或多个部分与过滤规则匹配，并且条件为"阻止"，就会丢弃这个包。

ACL 正常工作的一切依据都在于过滤规则的实施，其只能工作于网络层和传输层，不能判断高级协议里的数据是否有害。

5.6.4 防火墙的状态包过滤技术

这是继包过滤技术和应用代理技术后发展的一种防火墙技术。这种防火墙技术通过一种被称为"状态监视"（Stateful Inspection）的模块，在不影响网络安全正常工作的前提下，采用抽取相关数据的方法，对网络通信的各个层次实行监测，并根据各种过滤规则做出安全决策。

状态监视技术在保留了对每个数据包的头部、协议、地址、端口、类型等信息进行分析的基础上，进一步发展了"会话过滤"（Session Filtering）功能。在每个连接建立时，防火墙会为这个连接构造一个会话状态，里面包含了这个连接数据包的所有信息，以后这个连接都基于这个状态信息进行，这种检测的高明之处在于能对每个数据包的内容进行监视，一旦建立了一个会话状态，此后的数据传输就都要以此会话状态作为依据。例如，一个连接的数据包源端口是 8000，那么在以后的数据传输过程中，防火墙都会审核这个包的源端口是否为 8000，否则这个数据包就会被拦截，而且会话状态的保留是有时间限制的，在超时的范围内，如果没有再进行数据传输，这个会话状态也会被丢弃。状态监视可以对数据包内容进行分析，从而摆脱了传统防火墙仅局限于几个包头部信息的检测弱点，而且这种防火墙不必开放过多的端口，这样就进一步杜绝了开放端口过多带来的安全隐患。

由于状态监视技术相当于结合了包过滤技术和应用代理技术，因此，它是最先进的。但是，由于实现技术复杂，在实际应用中，状态监视技术还不能做到真正完全有效的数据安全检测，而且在一般的计算机硬件系统上很难设计出基于此技术的完善防御措施。

5.6.5 防火墙的动态包过滤技术

对包过滤技术进行改进后的技术称为"动态包过滤"（类似于"基于状态的包过滤防火墙"技术，即 Stateful - based Packet Filtering）。动态包过滤在保持原有静态包过滤技术和过滤规则的基础上，会对已经成功与计算机连接的报文传输进行跟踪，并且判断该连接发送的数据包是否会对系统构成威胁。一旦其判断机制被触发，防火墙就会自动产生新的临时过滤规则或者把已经存在的过滤规则进行修改，从而阻止该有害数据的继续传输。但是，动态包过滤需要消耗额外的资源和时间来提取数据包内容进行判断处理，所以与静态包过滤相比，运行效率会降低。

5.7 访问控制实训

5.7.1 实训目的

理解 ACL 的概念；掌握 ACL 的基本配置方法；了解使用 ACL 进行数据包过滤、保护内部网络的方法。

5.7.2 实训内容

建立交换机、路由器和 PC 组成的网络，设计标准 ACL 和扩展 ACL。

5.7.3 实训要求

实训前，认真复习 5.5 节、5.6 节的内容。通过实训，熟悉 ACL 技术，并书写实训报告。

5.7.4 实训步骤

建立 4 台路由器串联网络。如图 5 - 3 所示，有 Router1 ~ Router4 共 4 台路由器，每台路由器都可以看作一个小型防火墙。请设计标准 ACL 和扩展 ACL，满足下列要求：

（1）设计标准 ACL，并应用标准 ACL 到网络接口。
（2）设计扩展 ACL，实施对末端路由器网络直连的内网 PC 的访问控制。

5.8 本章所用命令总结

本章所用网络安全基础技术命令见表 5-5。

表 5-5 本章所用网络安全基础技术命令

常用命令语法	作　　用	首次出现的小节
clock timezone GMT *number*	设置时区	5.2.1
crypto key generate rsa	设置公私密钥对	5.2.1
transport input ssh	建立 SSH 连接	5.2.1
ssh - l *username ip - address*	使用 SSH 连接远程端点	5.2.1
username *user* password *pwd*	设置本地账户口令	5.2.1
aaa authentication {enable｜login} {default｜list - name} {method 1 [method 2…]}	AAA 认证服务	5.3.2
aaa new - model	设置特权模式访问口令	5.3.2
tacacs - server host *ip - address*	配置 TACACS + 服务器地址	5.3.2
login authentication default	设置需要认证用户	5.3.2
aaa authorization {auth - proxy｜network｜exec｜commands *level*} {default｜list - name} {method 1 [method 2…]}	AAA 授权服务	5.3.2
aaa accounting {network｜exec｜commands *level*} {default｜list - name} {method 1 [method 2…]}	AAA 计费服务	5.3.2
switchport port - security mac - address *mac - address*	配置静态安全 MAC 地址	5.4
show ip access - lists	查看配置的 ACL 信息	5.6.2
access - list *access - list - number* {deny｜permit｜remark} *source* [*source - wildcard*] [log]	配置标准 ACL	5.6.3
access - list *access - list - number* {deny｜permit｜remark} protocol *source* [*source - wildcard*] [operator] *destination* [*destination - wildcard*] [operator] [*port - number*] [established]	配置扩展 ACL	5.6.3

本章小结

按照 ISO 7498 - 2 标准，网络安全是一项系统工程，具有动态目标，因此，安全模型、安全机制和安全管理都将覆盖整个网络生命周期，只有为系统选择合适的安全服务和安全机制才能提高安全性。网络可以划分为互联网（外网）、接入区、DMZ、内部区（内网）几部分，应该对重点部分加以安全保障，包括网络设备自身安全，局域网内部安全，内网、外网接入安全。为了保障网络设备安全，应该保证本地和远程的认证口令安全，使用认证、授权统计安全服务以及采取其他应有的安全措施。为了保障内部局域网安全，应对二层交换机端口安全进行保护。为了保障内网、外网接入安全，应该采用防火墙技术。

习 题

一、不定项选择题

1. 下列语句中，（　　）是标准ACL。

    A. access–list 50 deny 192.168.1.1 0.0.0.255

    B. access–list 110 deny ip any any

    C. access–list 2500 deny tcp any host 192.168.1.1 eq 22

    D. access–list 101 deny tcp any host 192.168.1.1

2. 在路由器上进行ACL故障排查时，（　　）命令能用来确定ACL是否影响了哪些接口。

    A. show ip access–list　　　　　　B. show access–list

    C. list ip interface　　　　　　　　D. show ip interface

3. 下列命令中，（　　）能加密所有明文口令。

    A. Router（config）#password–encryption

    B. Router（config）#service password–encryption

    C. Router#service password–encryption

    D. Router#password–encryption

4. 下列统计命令中，（　　）能用来记录用户在路由器上的终端会话的起始和终结时间。

    A. aaa accounting network start–stop tacacs+

    B. aaa accounting system start–stop tacacs+

    C. aaa accounting exec start–stop tacacs+

    D. aaa accounting connection start–stop tacacs+

二、填空题

_____命令将阻止使用Telnet协议，只允许使用SSH远程登录路由器。

三、简答题

1. 简述ISO提出的安全机制和安全服务内容。

2. 防火墙有哪几种？它们分别有什么特点？

第6章 中型网络组网案例分析

学习内容要点

1. 网络工程的生命周期及每个阶段的工作内容。
2. 组网技术在网络工程中的地位。
3. 所学知识在综合案例中的应用。

知识学习目标

1. 理解网络工程的生命周期和工程方法。
2. 理解微观网络技术在宏观网络工程中的应用方法。
3. 进一步掌握网络编址方案。
4. 进一步掌握最常用的动态路由协议 OSPF 协议的应用方法。
5. 掌握私有地址的转换方法。
6. 进一步掌握故障排查和测试与调试的方法。

工程能力目标

1. 理解网络工程的基本工作方式。
2. 掌握网络技术的应用方式。
3. 掌握网络编址方案。
4. 掌握路由协议的配置和调试方法。

本章导言

经过第 1~5 章的学习，我们对整个网络架构，尤其是第 1~3 层，以及网络安全有了较为全面的认识，所学知识足以帮助我们开展有一定集成量的网络工程工作，为以后参加大型工程实践打下基础。本章的目的在于帮助读者从网络工程的角度对组网技术有更深入的理解。

6.1 网络工程概述

网络工程本质上是一项复杂的系统集成工程，需要集成网络和用户已有的软件、硬件。因此，在进行网络工程建设时，一定要设置明确的目标，平衡用户需求和投资规模，并注意兼容性。

总体来说，网络工程的生命周期可以分为如下 5 个阶段：

（1）规划阶段。在此阶段，要对项目有整体和具体技术方面的了解，对用户需求进行了解和分析，开始项目设计工作。

（2）设计阶段。在此阶段，要根据前一阶段的了解，进行方案的设计和论证工作，并请专家、用户把关，进行修改，通过论证之后才能够进行下一步工作。

（3）实施阶段。在此阶段，应具体进行项目实施、测试、排错等工作，高质量地完成工程项目。

（4）验收阶段。完成项目之后，要请专家和用户评价验收。

（5）运行维护阶段。在此阶段，等待用户的反馈意见，不断总结项目工作。

本书所学的组网技术在网络工程中偏技术管理，但也涉及规划、设计、实施 3 个阶段，在运行维护阶段也非常有用。本章以某种大规模网络组网技术方案为例，通过实验帮助大家进一步学习组网技术并加深对组网技术的理解。

6.2 需求分析

工程实验要求如下：有一个大中型组织，内部 7 个子网总共容纳万台主机。7 个子网分别对应所容纳的主机数量见表 6-1。

表 6-1　7 个子网分别对应所容纳的主机数量

主　机　名	接　　口	主机数量/台
R2	Fa0/1	1 000
R3	Fa0/1	400
R4	Fa0/1	120
R5	Fa0/1	6 000
R5	Fa0/0	800
R6	Fa0/1	2 000
R6	Fa0/0	500

该组织的网络拓扑图如图 6-1 所示。请提交一个网络技术方案，满足如下要求：

（1）要求为该组织的内网找到合适的私有网络地址。

（2）要求建立一个最节省 IP 地址的有效地址方案。

（3）要求每个设备都有能相互区分的名称。

（4）要求每台路由器都设置本地和远程访问口令。

（5）要求在路由器上使用 OSPF 单区域路由协议连通所有区域。

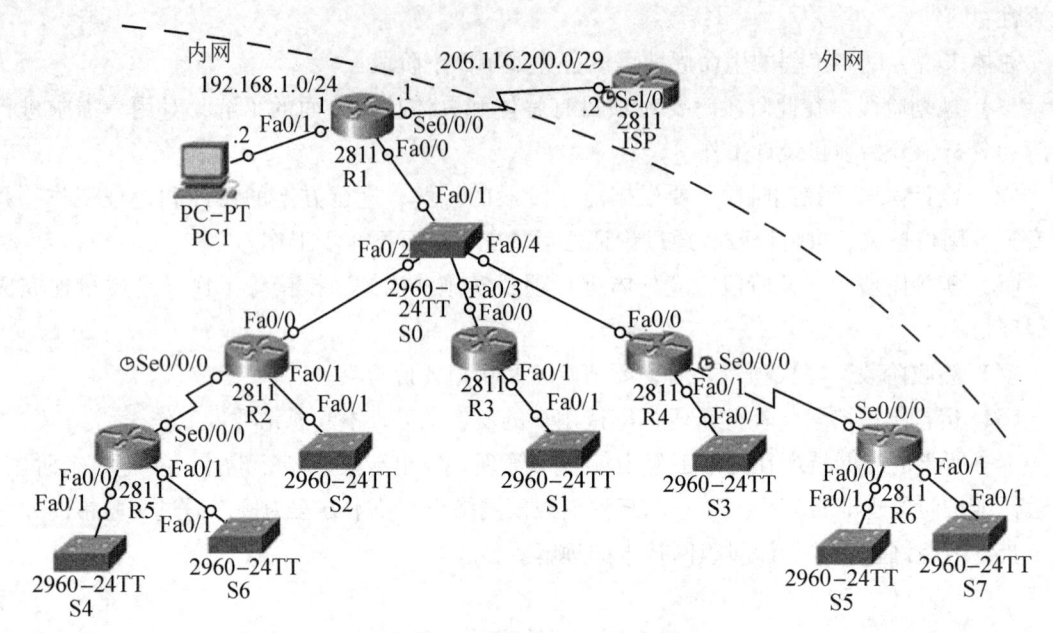

图 6-1 该组织的网络拓扑图

（6）要求有能干预 OSPF 选举的方法，能让某台路由器不参加选举或始终成为 DR 或 BDR。

（7）要求使用地址转换技术，使得路由器 R1 的 Fa0/1 端口连接的内网能访问外网，本例简化为要求 PC1 能 ping 通 ISP 路由器的 Se1/0 端口，并要求其他内网设备无法访问外网。

其中，表 6-2 列举了预先规划的 ISP、R1 和 PC1 的相关接口 IP 地址。

表 6-2　ISP、R1 和 PC1 的相关接口 IP 地址列表

主　机　名	接　　口	IP 地址
ISP	Se1/0	206.116.200.2/29
R1	Se0/0/0	206.116.200.1/29
	Fa0/1	192.168.1.1/24
PC1	网卡	192.168.1.2/24

根据容纳主机的总量需求，该组织至少需要 1 000 + 400 + 120 + 6 000 + 800 + 2 000 + 500 = 10 820（台）主机。又因为 $2^8 - 2 = 254 < 10\,820 < 2^{16} - 2 = 65\,534$，因此至少需要一个 B 类网址，故选择私有 B 类网址 172.16.0.0/16。

要建立一个最节省 IP 地址的方案，应该选择 VLSM 技术进行地址方案设计。

除了地址规划，其他需要考虑的组网需求如下：

（1）为日后管理设备方便起见，路由器、交换机应该有专门命名。

（2）为了安全远程管理路由器，应该设置远程访问口令，最好用认证服务保障本地用

（3）为了使内网主机能正常访问外网，需要使用 NAT 技术，将该主机的私有网络地址转换成外网能够识别的公网地址；对不需要访问外网的内网设备，可以不进行地址转换。

以上是对该组织需求的概要分析。

6.3 网络拓扑结构设计与协议选型

1. 网络拓扑结构设计

本案例的网络拓扑结构在需求分析时已经设计好，如图 6-1 所示，不需重新设计。设计原则是尽量根据客户内部固有的组织结构进行子网划分，并且在子网的基础上采用层次结构，逐步建立整个网络。这种做法将易于将来的网络维护、排错和安全管理。

2. 网络协议选型

本案例的网络协议选型仍然选择 TCP/IP。除了一些专有网络（如专用的工业网网络）可能使用专门开发的私有网络协议外，TCP/IP 协议已经成为网络互联时必须采用的协议标准。

6.4 地址编址设计

有效的编址方案通常具有以下 5 个特点：
（1）可扩展性。支持可能出现的新增设备。
（2）可靠性。能用于稳定处理网络报文。
（3）灵活性。支持未来技术的发展。
（4）动态性。支持网络的变化。
（5）可用性。随时提供通信。

本案例仍然选择 IPv4，因为 IPv4 是公认的成熟技术，已经使用了多年，具备可靠性和可用性。如果网络拓扑发生了动态变化，IPv4 能够很方便地提供技术支持。IPv4 本身可以平滑地过渡到 IPv6，因此，具备可扩展性和灵活性。现在大量使用的私有地址完全能够满足组织内部使用的需要，经过配置的内网、外网能够随时通信。

综上所述，根据前述子网容纳主机数量表，采用 VLSM 技术，设计得到的这些 IP 地址、子网掩码等信息见表 6-3。

表 6-3 子网地址方案

路由器名	接口	主机数量/台	IP 地址	子网掩码
R5	Fa0/1	6 000	172.16.0.1/19	255.255.224.0
R6	Fa0/1	2 000	172.16.32.1/21	255.255.248.0
R2	Fa0/1	1 000	172.16.40.1/22	255.255.252.0

续表

路由器名	接口	主机数量/台	IP 地址	子网掩码
R5	Fa0/0	800	172.16.44.1/22	255.255.252.0
R6	Fa0/0	500	172.16.48.1/23	255.255.254.0
R3	Fa0/1	400	172.16.50.1/23	255.255.254.0
R4	Fa0/1	120	172.16.52.1/25	255.255.128.0

根据表 6-3 子网地址方案的设计结果，可以给其他接口也设计好 IP 地址和子网掩码，见表 6-4。

表 6-4　其他接口编址方案

路由器名	接口	IP 地址	子网掩码
R5	Se0/0/0	172.16.0.1/19	255.255.255.252
R2	Se0/0/0	172.16.32.1/21	255.255.255.252
R4	Se0/0/0	172.16.40.1/22	255.255.255.252
R6	Se0/0/0	172.16.44.1/22	255.255.255.252

6.5　网络安全性设计

为了保证用户业务的安全，必须为网络上的重要路由器设置远程访问口令，最好使用 SSH + AAA 认证。具体配置请看 5.2 节案例。本案例为了简化配置，直接使用较为简单的口令加密服务。

6.6　选型布线

本案例不需要进行网络设备选型、网络设备互联连线选型和综合布线工作，但在工程中，应该根据经济、性能等因素一一选择。例如，在进行局域网中的物理介质选择时，应该至少考虑如下几个因素：

（1）线缆支持的最大传输距离。例如，线缆是需要覆盖一个房间，还是跨楼传输信号。
（2）成本。例如，预算能否负担光纤这种比较昂贵的类型。
（3）带宽要求。例如，选择的介质技术能否提供足够的带宽。
（4）安装难易程度。例如，能够自己安装，还是必须由厂商进行安装。

6.7 网络设备的安装调试与测试

1. 设置路由器名称

以 R5 为例,修改名称,如下所示:

```
Router>en
Router#conf t
  Enter configuration commands, one per line. End with CNTL/Z.
Router(config)#hos R5
R5(config)#
```

2. 设置口令

这里也以 R5 为例,设置控制台、特权、特权加密(防止非法用户将口令显示为明文),如下所示:

```
R5(config)#line con 0
R5(config-line)#password cisco
R5(config-line)#login
R5(config-line)#exit
R5(config)#enable password cisco
R5(config)#enable secret cisco
R5(config)#service password-encryption    //防止口令明文显示(使用简
                                            单算法加密)
```

3. 设置所有接口

以 R5 为例,设置方法如下所示:

```
R5(config)# interface FastEthernet0/0
R5(config-if)# ip address 172.16.44.1 255.255.255.0
R5(config-if)# no shut
R5(config-if)# interface FastEthernet0/1
R5(config-if)# ip address 172.16.0.1 255.255.224.0
R5(config-if)# no shut
R5(config-if)# interface Serial0/0/0      //R5 不是 DCE,因此不需要配
                                            置时钟
```

175

```
R5(config-if)# ip address 172.16.52.129 255.255.255.252
R5(config-if)# no shut
R5(config-if)# exit
```

4. 设置路由协议

以 R5 为例，设置方法如下所示：

```
R5(config)# router ospf 1                              //进入 OSPF 设置
R5(config-router)# passive-interface FastEthernet0/0
                                                       //设置不需要接收 OSPF 协议
                                                         更新的局域网接口（因为该
                                                         接口对应的都是主机，没有
                                                         路由器）
R5(config-router)# passive-interface FastEthernet0/1
R5(config-router)# network 172.16.44.0 0.0.3.255 area 0
                                                       //宣告 R5 的直连网络网址
R5(config-router)# network 172.16.0.0 0.0.31.255 area 0
R5(config-router)# network 172.16.52.128 0.0.0.3 area 0
```

需要注意的是，由于 R1 是内网、外网之间的边界路由器，为了保证内网、外网互联互通，需要对 R1 进行一些额外的设置。

（1）ISP 出于保密等原因不会与用户交换其内部网络的路由信息，因此，在内网、外网边界路由器 R1 上，应该增加一条连通 ISP 外网路由器的默认路由。

（2）为了保证内网设备都知道如何联通外网，需要所有的内网设备都添加该默认路由，这可以通过内网已经配置好的 OSPF 协议自动添加，无须管理员手动为每台内网设备添加。该技术被称为路由"重分布"技术。

R1 的上述额外配置如下所示：

```
R1(config)# ip route 0.0.0.0 0.0.0.0 s0/0/0    //设置静态路由
R1(config)#router ospf 1                       //进入 OSPF 协议设置界面
R1(config-router)#default-information originate
                                                //进行静态路由重分布
```

配置完成之后，R5 将能够自动发现重分布的静态路由，无须进行任何操作，如下所示：

```
R5#sh ip route
Codes:C-connected, S-static, I-IGRP, R-RIP, M-mobile, B-BGP
      D-EIGRP, EX-EIGRP external, O-OSPF, IA-OSPF inter area
      N1-OSPF NSSA external type 1, N2-OSPF NSSA external type 2
      E1-OSPF external type 1, E2-OSPF external type 2, E-EGP
      i-IS-IS, L1-IS-IS level-1, L2-IS-IS level-2, ia-IS-
IS inter area
      *-candidate default, U-per-user static route, o-ODR
      P-periodic downloaded static route
Gateway of last resort is 172.16.52.130 to network 0.0.0.0
                                                //自动发现的默认路由
   10.0.0.0/29 is subnetted, 1 subnets
O      10.10.10.0 [110/65] via 172.16.52.130, 08:27:37, Serial0/0/0
   172.16.0.0/16 is variably subnetted, 9 subnets, 6 masks
C      172.16.0.0/19 is directly connected, FastEthernet0/1
O      172.16.32.0/21 [110/130] via 172.16.52.130, 08:27:37, Serial0/0/0
O      172.16.40.0/22 [110/65] via 172.16.52.130, 08:27:37, Serial0/0/0
C      172.16.44.0/24 is directly connected, FastEthernet0/0
O      172.16.48.0/23 [110/130] via 172.16.52.130, 08:27:37, Serial0/0/0
O      172.16.50.0/23 [110/66] via 172.16.52.130, 08:27:37, Serial0/0/0
O      172.16.52.0/30 [110/66] via 172.16.52.130, 08:27:37, Serial0/0/0
C      172.16.52.128/30 is directly connected, Serial0/0/0
O      172.16.52.132/30 [110/129] via 172.16.52.130, 08:27:37, Seri-
al0/0/0
O      192.168.1.0/24 [110/66] via 172.16.52.130, 00:37:45, Serial0/0/0
O*  E2 0.0.0.0/0 [110/1] via 172.16.52.130, 02:07:42, Serial0/0/0
                                                //由OSPF协议自动添加的重
                                                  分布静态路由
R5#
```

5. 测试网络的连通性，验证网络信息

以 R5 为例，ping 最远的 R6 的以太网接口 Fa0/1（172.16.32.1），如下所示：

```
R5# ping 172.16.32.1
Type escape sequence to abort.
Sending 5, 100-byte ICMP Echos to 172.16.32.1, timeout is 2 seconds:
!!!!!                                                  //ping命令成功
Success rate is 100 percent(5/5), round-trip min/avg/max =4/11/18 ms
R5#
```

查看 R5 的路由表，验证 OSPF 是否学习到了所有的非直连路由，如下所示：

```
R5#sh ip route
Codes:C-connected, S-static, I-IGRP, R-RIP, M-mobile, B-BGP
      D-EIGRP, EX-EIGRP external, O-OSPF, IA-OSPF inter area
      N1-OSPF NSSA external type 1, N2-OSPF NSSA external type 2
      E1-OSPF external type 1, E2-OSPF external type 2, E-EGP
      i-IS-IS, L1-IS-IS level-1, L2-IS-IS level-2, ia-IS-IS inter area
      *-candidate default, U-per-user static route, o-ODR
      P-periodic downloaded static route

Gateway of last resort is 172.16.52.130 to network 0.0.0.0
                                                       //自动发现的默认路由
     10.0.0.0/29 is subnetted, 1 subnets
O       10.10.10.0 [110/65] via 172.16.52.130, 01:27:06, Serial0/0/0
                                                       //OSPF总共学习到了8个子
                                                         网信息
     172.16.0.0/16 is variably subnetted, 9 subnets, 6 masks
C       172.16.0.0/19 is directly connected, FastEthernet0/1
                                                       //3个直连路由分别是2个以
                                                         太网和1个点对点连接
O       172.16.32.0/21 [110/130] via 172.16.52.130, 01:19:50, Serial0/0/0
                                                       //OSPF总共学习到了8个子
                                                         网信息
O       172.16.40.0/22 [110/65] via 172.16.52.130, 01:53:47, Serial0/0/0
                                                       //OSPF总共学习到了8个子
                                                         网信息
```

```
C       172.16.44.0/24 is directly connected, FastEthernet0/0
                                                          //3个直连路由分别是2个以太
                                                          网和1个点对点连接
O       172.16.48.0/23 [110/130] via 172.16.52.130, 01:19:50, Serial0/0/0
                                                          //OSPF总共学习到了8个子网
                                                          信息
O       172.16.50.0/23 [110/66] via 172.16.52.130, 01:27:06, Serial0/0/0
                                                          //OSPF总共学习到了8个子网
                                                          信息
O       172.16.52.0/30 [110/66] via 172.16.52.130, 01:19:50, Serial0/0/0
                                                          //OSPF总共学习到了8个子网
                                                          信息
C       172.16.52.128/30 is directly connected, Serial0/0/0
                                                          //3个直连路由分别是2个以太
                                                          网和1个点对点连接
O       172.16.52.132/30 [110/129] via 172.16.52.130, 01:19:50, Serial0/0/0
                                                          //OSPF总共学习到了8个子网
                                                          信息
O       192.168.1.0/24 [110/66] via 172.16.52.130, 00:37:45, Serial0/0/0
                                                          //OSPF总共学习到了8个子网
                                                          信息
O* E2   0.0.0.0/0 [110/1] via 172.16.52.130, 02:07:42, Serial0/0/0
                                                          //由OSPF协议自动添加的重分
                                                          布静态路由
R5#
```

查看R2和R5的OSPF邻居表，验证点对点连接不需要进行选举，多路访问以太网连接则需要进行选举，如下所示：

```
R2#sh ip ospf neighbor

Neighbor ID    Pri    State         Dead Time    Address      Interface
10.10.10.1      1     FULL/DROTHER  00:00:31     10.10.10.1   FastEthernet0/0
```

```
        //与R1的以太网连接需要选举,邻居状态State为DROTHER
    172.16.50.1      1   FULL/DR          00:00:31     10.10.10.3
FastEthernet0/0
        //与R3的以太网连接需要选举,邻居状态State为DR
    172.16.52.133  1   FULL/DROTHER   00:00:35     10.10.10.4
FastEthernet0/0
        //与R4的以太网连接需要选举,邻居状态State为DROTHER
    172.16.52.129    0   FULL/    -         00:00:38     172.16.52.129  Serial0/0/0
        //与R5的点对点连接不需要选举,邻居状态State为-
R2#
R5#sh ip ospf neighbor
Neighbor ID   Pri State            Dead Time    Address        Interface
172.16.52.130    0   FULL/    -         00:00:35     172.16.52.130  Serial0/0/0
        //与R2的点对点连接不需要选举,因此,邻居状态State为-
R5#
```

查看R2的OSPF接口表（省略不必要的输出），验证自己的OSPF协议本地进程号（避免输入错误）、Router-ID（选举时有用）、每个接口连接的网络类型（对应网络消耗）、在OSPF协议中的状态、接口优先级（选举时有用）、本网络的DR/BDR是谁、如何维持邻居关系、邻居的个数等信息，如下所示：

```
R2#sh ip ospf interface
FastEthernet0/1 is up, line protocol is up
  Internet address is 172.16.40.1/22, Area 0
  Process ID 1, Router ID 172.16.52.130, Network Type BROADCAST, Cost:1
// OSPF协议本地进程号为1,R2的Router ID为172.16.52.130（最高活动IP地址）,
  接口连接的网络类型是广播网,广播网的消耗为1
  Transmit Delay is 1 sec, State WAITING, Priority 1
//当前在OSPF协议中的状态是等待,接口优先级=1
  No designated router on this network          //本网络没有DR和BDR
  No backup designated router on this network
  Timer intervals configured, Hello 10, Dead 40, Wait 40, Retransmit 5
//应该每隔10s发送Hello信息给邻居确认邻居关系(如果有邻居的话)
    No Hellos(Passive interface)
//(是被动接口,不发送Hello信息)
```

```
    //省略部分输出
    Neighbor Count is 0, Adjacent neighbor count is 0
//(所连接的网段没有邻居)
    //省略部分输出
    Serial0/0/0 is up, line protocol is up
      Internet address is 172.16.52.130/30, Area 0
      Process ID 1, Router ID 172.16.52.130, Network Type POINT - TO -
POINT, Cost:64
//接口连接的网络类型是点对点网络,消耗为 64
      Transmit Delay is 1 sec, State POINT - TO - POINT, Priority 0
//当前在 OSPF 协议中的状态是点对点,接口优先级=0 表示不需要选举
      No designated router on this network
      No backup designated router on this network
      Timer intervals configured, Hello 10, Dead 40, Wait 40, Retransmit 5
    //省略部分输出
    Neighbor Count is 1 , Adjacent neighbor count is 1
//点对点连接上有一个邻居 172.16.52.129(是 R5)
        Adjacent with neighbor 172.16.52.129
      Suppress hello for 0 neighbor(s)
    FastEthernet0/0 is up, line protocol is up
      Internet address is 10.10.10.2/29, Area 0
      Process ID 1, Router ID 172.16.52.130, Network Type BROADCAST, Cost:1
      Transmit Delay is 1 sec, State BDR, Priority 1
//当前在 OSPF 协议中的状态是 BDR,接口优先级=1(默认设置)
      Designated Router(ID)172.16.50.1, Interface address 10.10.10.3
//当前连接网络中的 DR 的 Router - ID 是 172.16.50.1,DR 与本路由器的接口 IP 地址
  是 10.10.10.3(R3)
      Backup Designated Router (ID) 172.16.52.130, Interface address
10.10.10.2
//当前连接网络中的 BDR 的 Router - ID 是 172.16.52.130,BDR 与本路由器的接口 IP
  地址是 10.10.10.2(自己,R2)
      Timer intervals configured, Hello 10, Dead 40, Wait 40, Retransmit 5
        Hello due in 00:00:01
//与邻居之间发送 Hello 消息保持联系
```

```
   //省略部分输出
   Neighbor Count is 3, Adjacent neighbor count is 3
//广播网络连接上有3个邻居,它们的Router-ID分别是:
     Adjacent with neighbor 10.10.10.1              //(R1)
     Adjacent with neighbor 172.16.50.1    (Designated Router)
                                                   //R3(DR)
     Adjacent with neighbor 172.16.52.133           //(R4)
   Suppress hello for 0 neighbor(s)
R2#
```

6. 调节 OSPF 参数

测试重新选举的检验结果是否和预期的一样。

(1) 设置接口优先级=0,使得 R1 不参加选举,如下所示:

```
R1(config)#int f0/0
R1(config-if)#ip ospf priority 0
R1(config-if)#
```

(2) 设置 R2 接口优先级=255(最高),保证 R2 总是 DR,如下所示:

```
R2(config)#int f0/0
R2(config-if)#ip ospf priority 255
R2(config-if)#
```

(3) 设置 R3 和 R4 接口优先级都为 20,但设置 R4 的 Router-ID 为 255.255.255.255,保证 R4 总是 BDR,如下所示:

```
R3(config)#int f0/0
R3(config-if)#ip ospf priority 20
R3(config-if)#
```

(4) 保存配置,重启路由器。如果不重新启动,仅仅重新关闭和打开广播网络上的接口,则 Router-ID 的修改是无法生效的。

需要注意的是,重启之前,所有设备都要保存配置信息到启动设置中,只有这样,配置信息才不会丢失。以 R2 为例,保存所有配置后重启,如下所示:

```
R2#copy running-config startup-config
   Destination filename [startup-config]?
```

```
    Building configuration...
  [OK]
R2#reload
```

重启之后，查看广播网络上的任意路由器 OSPF 邻居表，验证如下：由于优先级最高，所以 R2 总是 DR；R3 和 R4 接口的优先级相同，但由于 R4 Router-ID 最高，所以 R4 总是 BDR，R1 优先级设为 0，因此，不参加选举。

查看 R2 的 OSPF 接口表和邻居表，如下所示：

```
R2#sh ip ospf interface f0/0
FastEthernet0/0 is up, line protocol is up
  Internet address is 10.10.10.2/29, Area 0
  Process ID 1, Router ID 172.16.52.130, Network Type BROADCAST, Cost:1
  Transmit Delay is 1 sec, State DR, Priority 255
                                          //优先级最高,R2 是 DR
  Designated Router(ID)172.16.52.130, Interface address 10.10.10.2
   Backup  Designated  Router ( ID ) 255.255.255.255,  Interface
address 10.10.10.4
  Timer intervals configured, Hello 10, Dead 40, Wait 40, Retransmit 5
    Hello due in 00:00:01
  Index 2/2, flood queue length 0
  Next 0x0(0)/0x0(0)
  Last flood scan length is 1, maximum is 1
  Last flood scan time is 0 msec, maximum is 0 msec
  Neighbor Count is 3, Adjacent neighbor count is 3
    Adjacent with neighbor 10.10.10.1
    Adjacent with neighbor 255.255.255.255(Backup Designated Router)
    Adjacent with neighbor 172.16.50.1
  Suppress hello for 0 neighbor(s)
R2#
```

R2 的 OSPF 邻居表如下所示：

```
R2#sh ip ospf neighbor

Neighbor ID     Pri    State           Dead Time    Address      Interface
```

```
    10.10.10.1        0    FULL/DROTHER     00:00:39    10.10.10.1
FastEthernet0/0
    255.255.255.255 20    FULL/BDR          00:00:39    10.10.10.4
FastEthernet0/0       //R4 Router-ID 最高,是 BDR
    172.16.50.1       20   FULL/DROTHER     00:00:39    10.10.10.3
FastEthernet0/0       // R3 Router-ID 没 R4 高,是 DROTHER
    172.16.52.129      0   FULL/     -      00:00:35    172.16.52.129  Serial0/0/0
    R2#
```

查看 R1 的 OSPF 接口表,如下所示:

```
R1#sh ip ospf interface f0/0
FastEthernet0/0 is up, line protocol is up
  Internet address is 10.10.10.1/29, Area 0
  Process ID 1, Router ID 10.10.10.1, Network Type BROADCAST, Cost:1
  Transmit Delay is 1 sec, State DROTHER, Priority 0
//R1 优先级设为 0,不参加选举,状态是 DROTHER
  Designated Router(ID)172.16.52.130, Interface address 10.10.10.2
  Backup Designated Router ( ID ) 255.255.255.255, Interface address 10.10.10.4
  Timer intervals configured, Hello 10, Dead 40, Wait 40, Retransmit 5
    Hello due in 00:00:04
  Index 1/1, flood queue length 0
  Next 0x0(0)/0x0(0)
  Last flood scan length is 1, maximum is 1
  Last flood scan time is 0 msec, maximum is 0 msec
  Neighbor Count is 3, Adjacent neighbor count is 2
    Adjacent with neighbor 172.16.52.130(Designated Router)
    Adjacent with neighbor 255.255.255.255(Backup Designated Router)
  Suppress hello for 0 neighbor(s)
R1#
```

7. 配置 NAT 过载

配置 NAT 过载,进行内网、外网地址转换,测试内网 PC1 和其他内网设备能否 ping 通外网 ISP 的公网地址。

在 1.3.2 小节中提到 NAT 过载能够节省 IPv4 地址资源、增加内网安全性。在本案例中,结合 NAT 和端口地址能达到仅使用一个公有地址对应多个预先定义好范围的内网私有地址的效果，该技术也被称为端口地址翻译（Port Address Translation，PAT）。也就是说，使用 NAT 技术可以配置部分内网设备自由访问外网。

如果 ISP 仅给用户分配了少数几个公有 IP 地址，则 NAT 过载能把该公有地址分配给连接到 ISP 的边界路由器（R1）的外部接口。当内部数据包离开 R1 的外部接口（Se0/0/0）时，数据包的源地址将被转换为公有 IP 地址和随机分配的端口号。这里，我们使用一个公有 IP 地址 206.116.200.3，以 R1 设置为例。

（1）定义一个标准访问控制列表，允许待转换的私有地址通过 R1，如下所示：

```
R1(config)#access-list 1 permit 192.168.1.0 0.0.0.255
   //定义可以转换成外网公有地址的内网地址,即192.168.1.0
```

（2）进行 NAT 源地址转换，将上面定义的 ACL 应用到 R1 连接外网 ISP 的接口上，如下所示：

```
R1(config)# ip nat inside source list 1 interface Serial0/0/0 overload
   //定义使用"overload"过载方式进行NAT源地址转换,应用到R1的Se0/0/0接
   口上
```

（3）设置 R1 连接外网 ISP 接口 Se0/0/0 为 NAT 外部接口，如下所示：

```
R1(config)# int s0/0/0
R1(config-if)# ip nat outside
```

（4）设置 R1 连接内网的 Fa0/1 接口为 NAT 内部接口，如下所示：

```
R1(config)# int f0/1
R1(config-if)# ip nat inside
```

（5）打开 R1 的 debug 选项，测试从 PC1 发起对 ISP 的访问是否成功，如下所示：

```
R1(config)# debug ip nat
PC1 >ping 206.116.200.2              //从PC1发起对ISP的206.116.200.2
                                       公有地址的访问
   Pinging 206.116.200.2 with 32 bytes of data:

   Reply from 206.116.200.2:bytes=32 time=140 ms TTL=254
   Reply from 206.116.200.2:bytes=32 time=23 ms TTL=254
   Reply from 206.116.200.2:bytes=32 time=24 ms TTL=254
```

```
        Reply from 206.116.200.2:bytes=32 time=11 ms TTL=254
    //总共进行了4次ping测试
    Ping statistics for 206.116.200.2:
        Packets:Sent=4, Received=4, Lost=0(0% loss),
//4次ping测试全部成功,成功率为100%
    Approximate round trip times in milli-seconds:
    Minimum=11 ms, Maximum=140 ms, Average=49 ms
```

(6) 验证R1上的NAT过载配置是否成功地将私有IP地址转换成公有IP地址,如下所示:

```
    R1#
      NAT:s=192.168.1.2->206.116.200.1, d=206.116.200.2 [11]
    //第一次ping命令发起数据包中出现的源地址,即PC1私有IP地址192.168.1.2,
经过R1时被成功转换为公有地址206.116.200.1,[11]表示该IP数据的标识号
      NAT* :s=206.116.200.2, d=206.116.200.1->192.168.1.2 [166]
    //第一次ping命令返回的数据包中出现的目的地址,即公有地址206.116.200.1,
经过R1时被成功转换为PC1私有IP地址192.168.1.2,[166]表示该IP数据的标识号
      NAT:s=192.168.1.2->206.116.200.1, d=206.116.200.2 [12]
    //第二次ping命令触发的IP地址转换
      NAT* :s=206.116.200.2, d=206.116.200.1->192.168.1.2 [167]
    //第二次ping命令触发的IP地址转换
      NAT:s=192.168.1.2->206.116.200.1, d=206.116.200.2 [13]
    //第三次ping命令触发的IP地址转换
      NAT* :s=206.116.200.2, d=206.116.200.1->192.168.1.2 [168]
    //第三次ping命令触发的IP地址转换
      NAT:s=192.168.1.2->206.116.200.1, d=206.116.200.2 [14]
    //第四次ping命令触发的IP地址转换
      NAT* :s=206.116.200.2, d=206.116.200.1->192.168.1.2 [169]
    //第四次ping命令触发的IP地址转换
```

(7) 测试从其他内网设备发起对ISP的访问是否成功,如下所示:

```
    R2#ping 206.116.200.2            //从R2发起对ISP的206.116.200.2公
                                       有地址的访问
    Type escape sequence to abort.
```

```
        Sending 5, 100 - byte ICMP Echos to 206.116.200.2, timeout is 2
seconds:
     ...
     Success rate is 0 percent(0/5)    //由于没有为R2所使用的私有网络地址设置
                                    NAT,R2发起的ping ISP测试全部失败
```

(8) 查看 R1 上的 NAT 转换信息是否符合预期,如下所示:

```
R1#sh ip nat translations
 Pro    Inside global        Inside local         Outside local
Outside global
   icmp  206.116.200.1: 15    192.168.1.2: 15      206.116.200.2: 15
206.116.200.2:15
   icmp  206.116.200.1: 16    192.168.1.2: 16      206.116.200.2: 16
206.116.200.2:16
   icmp  206.116.200.1: 17    192.168.1.2: 17      206.116.200.2: 17
206.116.200.2:17
   icmp  206.116.200.1: 18    192.168.1.2: 18      206.116.200.2: 18
206.116.200.2:18
//icmp是ping命令使用的协议名称
//Inside global 即内部全局地址,亦即 PC1 的 ping 命令发起的数据包的私有 IP
源地址经过转换得到的公有 IP 地址,192.168.1.2:15 中的 15 表示 PC1 发起的该数据包
通过 15 号端口映射到外部(R1)的 15 号端口。每次 ping 命令使用的端口号都不一样,这
里是从 15 号到 18 号
//Inside local 即内部本地地址,亦即原有的私有 IP 源地址
//Outside local 即外部本地地址,亦即分配给边界路由器(R1)对外接口的本地 IP
地址,大多数情况下与外部全局地址相同
//Outside global 即外部全局地址,亦即分配给边界路由器(R1)的公有 IP 地址
```

6.8 本章所用命令总结

本章所用 OSPF 与 NAT 技术命令见表 6-5。

表 6-5 本章所用 OSPF 与 NAT 技术命令总结

常用命令语法	作　　用	首次出现的小节
router ospf *process - id*	进入 OSPF 设置	6.7

续表

常用命令语法	作　用	首次出现的小节
network *network-id* mask area *area-id*	宣告直连网络	6.7
default-information originate	静态路由重分布	6.7
show ip ospf neighbor	查看 OSPF 邻居	6.7
show ip ospf interface	查看 OSPF 接口	6.7
ip ospf priority *priority-number*	设置 OSPF 接口优先级	6.7
ip nat inside source list *acl-id* interface *interface-id* overload	定义使用 overload 过载方式进行 NAT 源地址转换，并应用到 *interface-id* 接口上	6.7
ip nat outside	设置接口为 NAT 外部接口	6.7
ip nat inside	设置接口为 NAT 内部接口	6.7
debug ip nat	查看 NAT debug 信息	6.7
show ip nat translations	查看 NAT 转换信息	6.7

本章小结

本章从网络工程的角度，以 OSPF 组网实验为例，对前面所学的网络技术进行了更深入的应用。学习本章内容，读者进行整体方案分析与设计的能力，以及日后工作中更为重要的具体分析、调试能力将得到培养，从而为读者今后开展网络工程打下良好基础。

习　题

一、不定项选择题

1. 下列配置中，R1 的 OSPF 路由器 ID 是（　　）。

```
R1(config)#interface s0/0/0
R1(config-if)#ip add 192.168.2.1 255.255.255.252
R1(config)#int loopback 0
R1(config-if)#ip add 10.1.1.1 255.255.255.255
R1(config)#router ospf 1
R1(config-if)#network 192.168.2.0 0.0.3.255 area 0
```

　　A. 192.168.2.1　　　　　　　　　　B. 10.1.1.1
　　C. 192.168.2.0　　　　　　　　　　D. 255.255.255.255

2. 以太网上默认的 OSPF Hello 信息间隔时间是（　　）。
　　A. 10 s　　　　　　　　　　　　　B. 20 s
　　C. 30 s　　　　　　　　　　　　　D. 40 s

二、填空题

1. 有效的网络编址方案有_____、_____、_____、_____和_____。
2. 网络中已经选好了 DR 和 BDR,当加入一个有更高的 Router-ID 路由器时,DR 或 BDR _____("会"或"不会")发生变化。

三、简答题

1. 简述网络工程的生命周期有哪些阶段及其工作内容。
2. 简述进行局域网布线过程中需考虑的介质因素。

附 录

附录 1　网络模拟器 Packet Tracer 7.0 的安装与使用方法

Packet Tracer 模拟器是思科公司发布的一个网络设备虚拟学习软件，为学习思科网络设备的初学者设计、配置网络和排除网络故障提供了一个免费和强大的网络模拟环境，是一个较为全面且容易上手的网络学习模拟器。

本书中的绝大多数案例和实训都能在 Packet Tracer 模拟器上模拟完成。使用模拟器教学能免去初学者在学习过程中使用真实设备所需要的费用，省去由设备物理故障造成的不必要的麻烦。虽然 Packet Tracer 模拟器是针对思科公司的产品发布的，但对学习计算机组网基本原理和技术原理有很好的促进作用，也不妨碍读者今后对其他产品的学习，因此，建议大家尽可能多利用 Packet Tracer 模拟器实现课程案例与实训，加深对计算机组网技术的理解。

1.1　Packet Tracer 模拟器的安装

Packet Tracer 模拟器的安装十分简单，和普通软件一样，按照安装向导的引导即可完成。Packet Tracer 模拟器的安装向导如附图 1 – 1 所示。

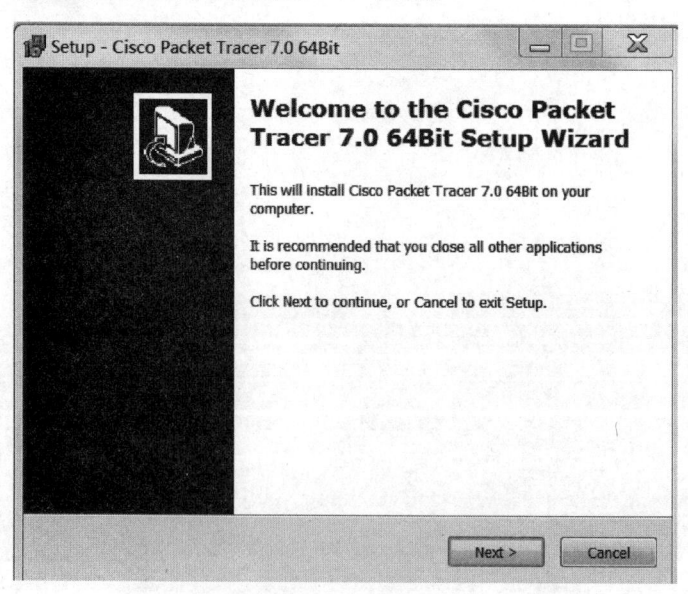

附图 1 – 1　Packet Tracer 模拟器的安装向导

选择同意软件使用条款、安装路径和程序快捷方式路径并创建桌面图标后，Packet Tracer 模拟器就开始自动安装了，如附图 1-2~附图 1-7 所示。

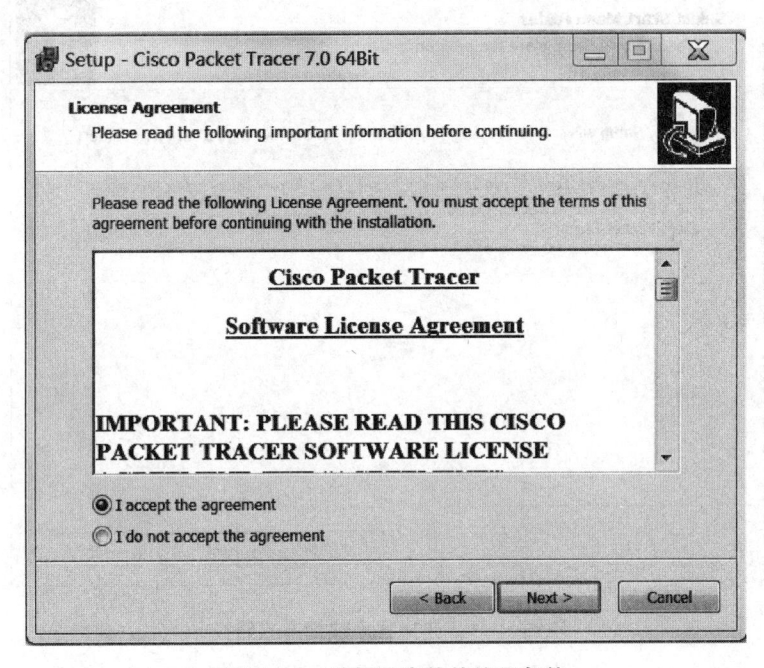

附图 1-2　选择同意软件使用条款

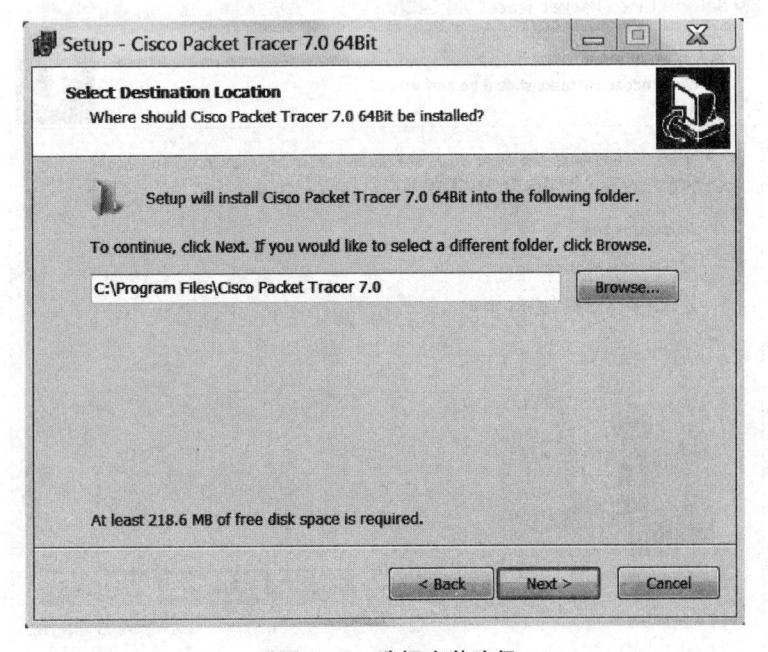

附图 1-3　选择安装路径

191

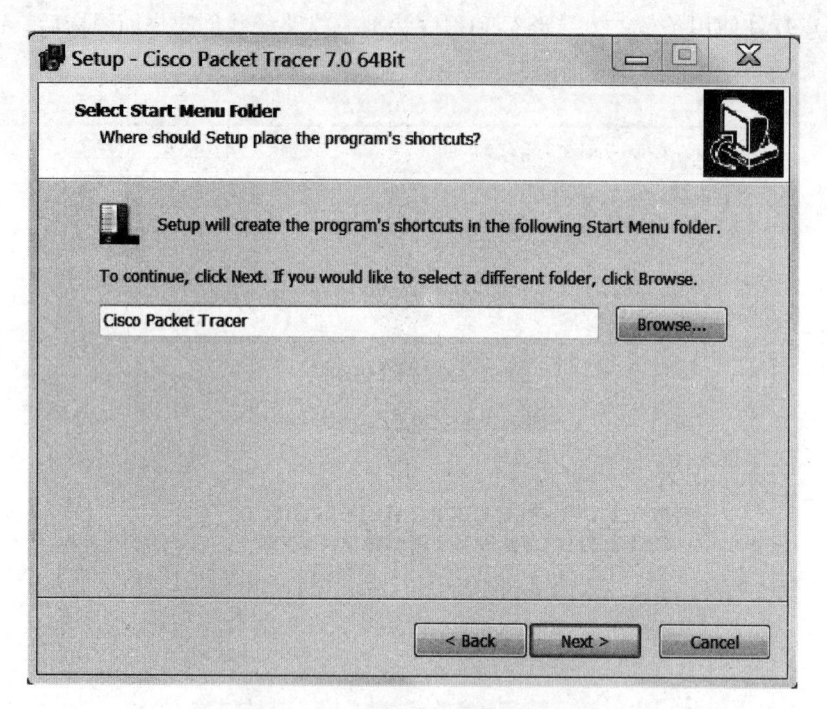

附图1-4 选择程序快捷方式路径

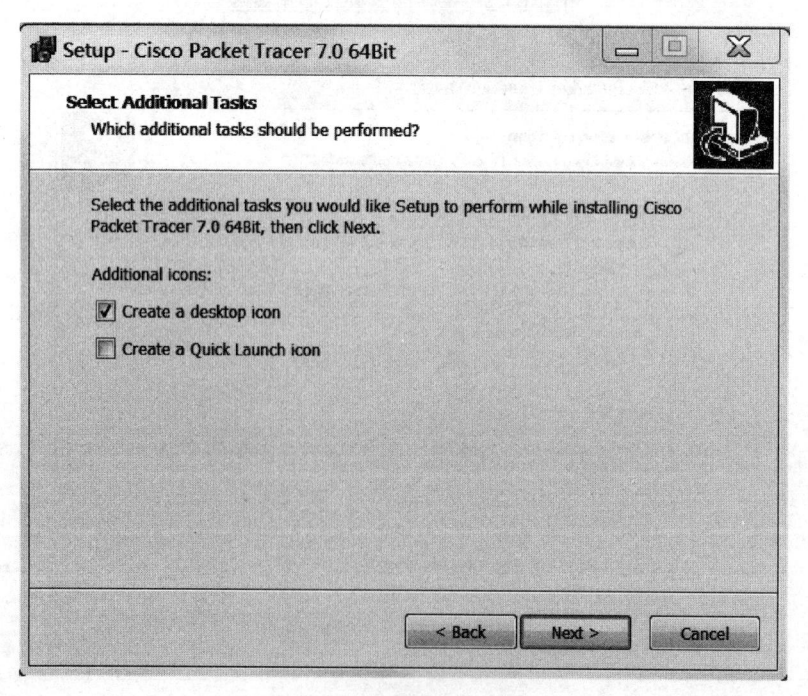

附图1-5 创建桌面图标

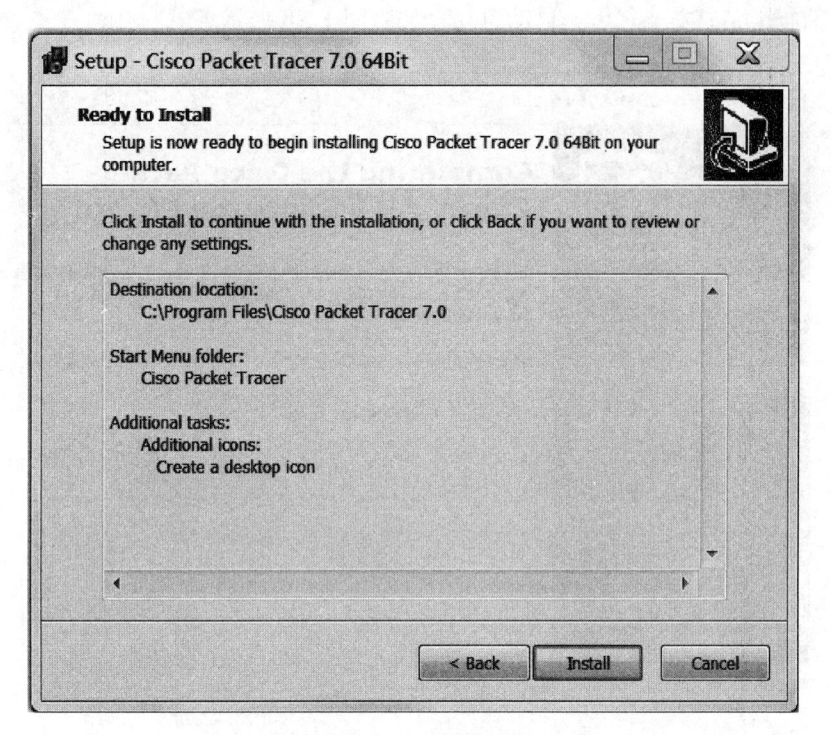

附图 1-6　开始安装

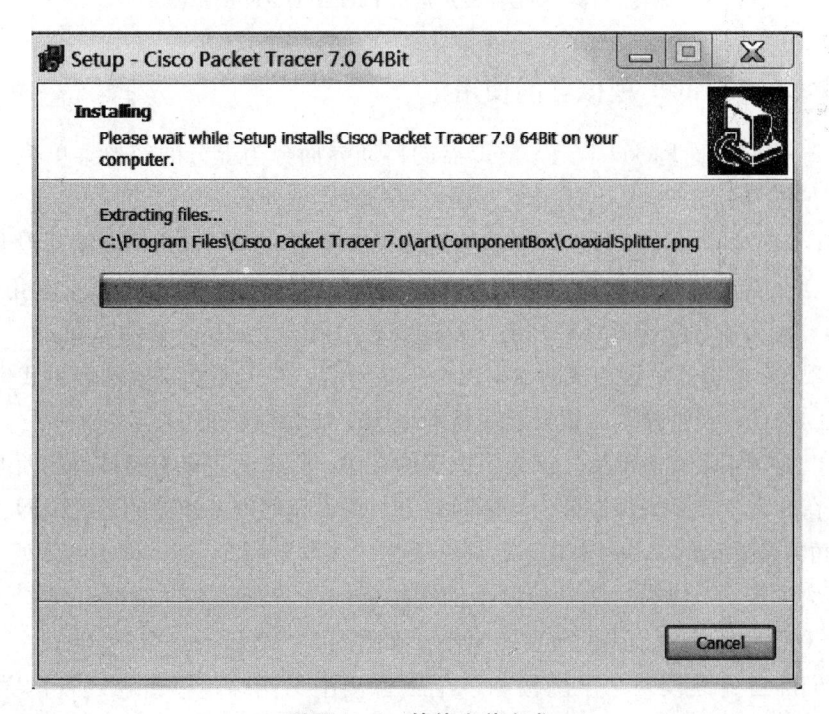

附图 1-7　等待安装完成

Packet Tracer 完成安装之后会自动启动，如附图 1-8 所示。

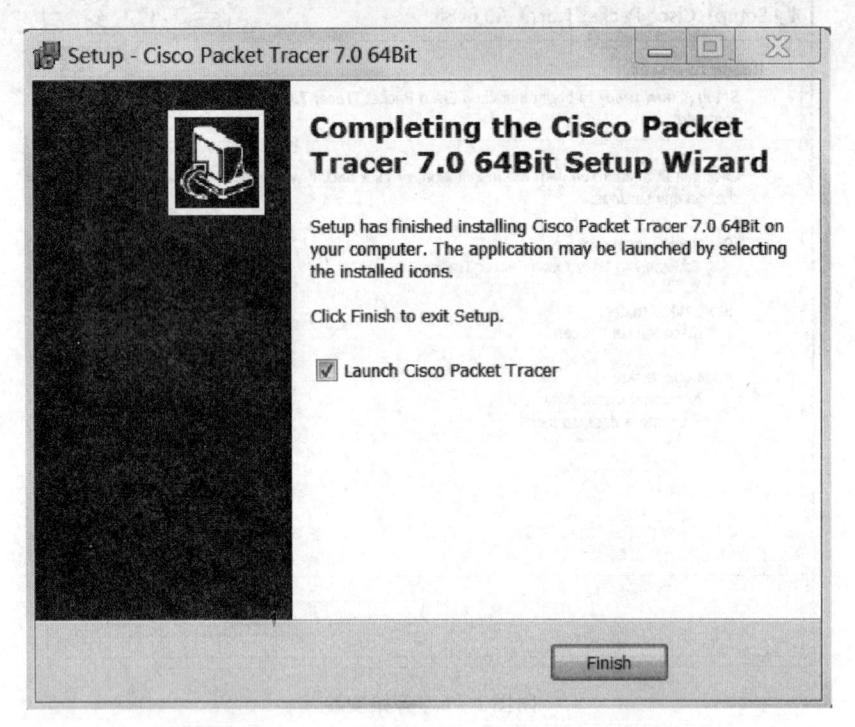

附图 1-8　安装完成后启动 Packet Tracer 模拟器

1.2　Packet Tracer 模拟器的使用

如附图 1-9 所示，Packet Tracer 模拟器的启动界面分为上方的经典菜单栏、中间白色的工作区、右边的快捷工具区，以及下方最重要的设备选择区。

Packet Tracer 模拟器不仅可以选择模拟网络设备配置，还可以模拟网络建设和设备安装过程，该功能可以帮助我们加深对网络规划的理解。例如，选择工作区左上角的 Physical（物理视图），即可看到模拟的物理网络设备的安装地点，了解整个组网流程。

Packet Tracer 模拟器的物理视图如附图 1-10 所示，左上角的小框图表示我们准备建立的网络所在的物理地点平面图，背景图片是网络所在城市的平面图。

我们可以通过用鼠标左键按住该框图拖曳的方法，将框图直接拖到城市的西北方向，表示校园网所在的大学校园物理地址为城市西北方。假设我们准备建设的是校园网，可将附图 1-10 左上角方框默认的 "New City" 名称修改为 "大学校园"，如附图 1-11 所示。

双击 "大学校园" 方框，大学校园平面图扩展成了背景，左上角则出现了一个新方框 "Corporation Office"，表示校园网所在的大楼，如附图 1-12 所示。

假设我们准备先建设一个学院楼和一个宿舍楼中的网络，单击物理视图菜单栏上的 "New Building"，这样就创建了一座新楼，如附图 1-13 所示。

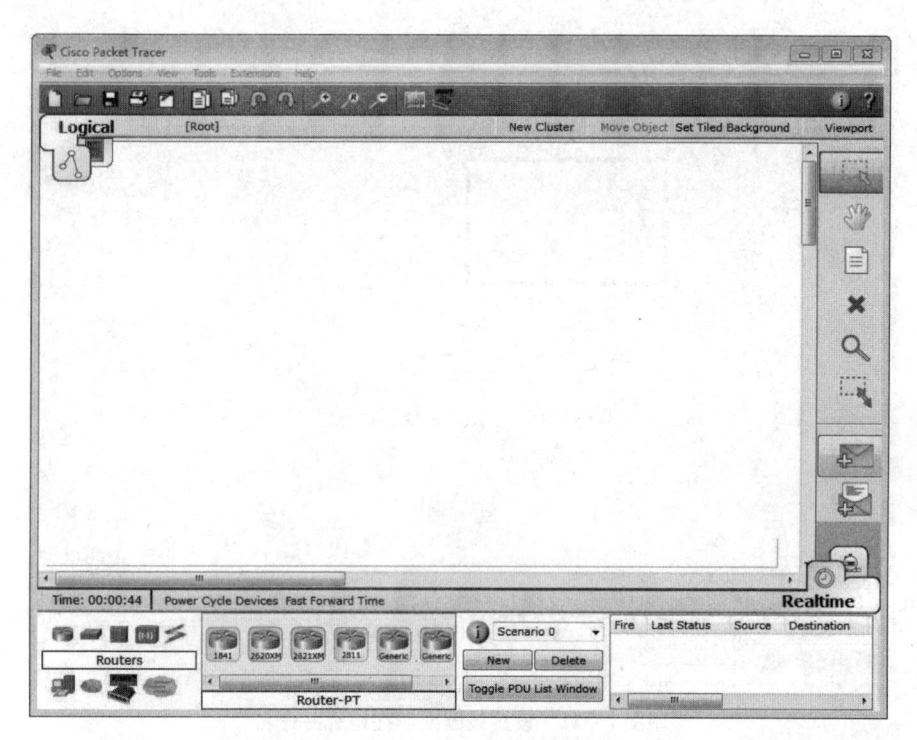

附图1-9　Packet Tracer模拟器的启动界面

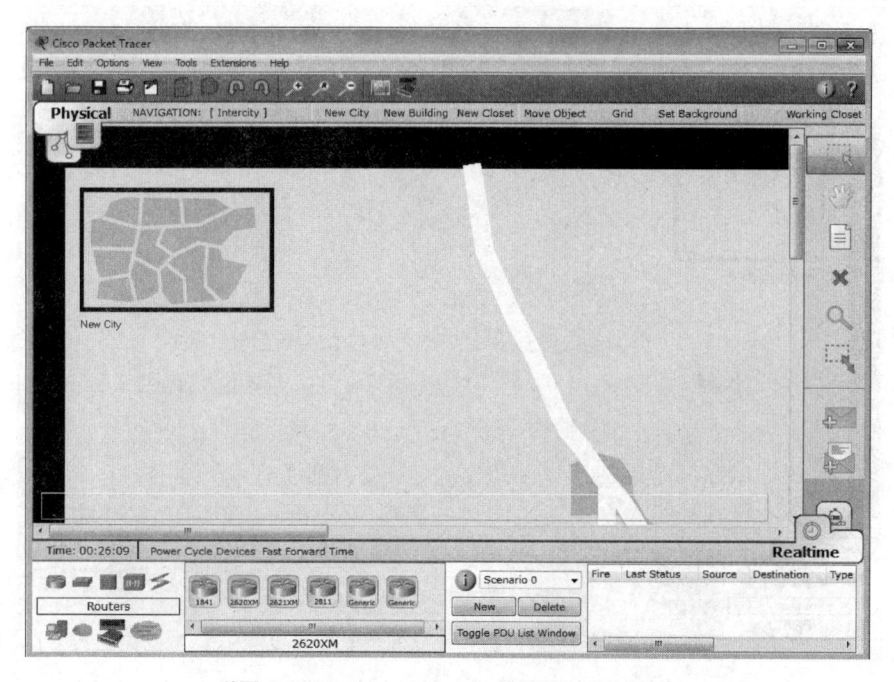

附图1-10　Packet Tracer模拟器的物理视图

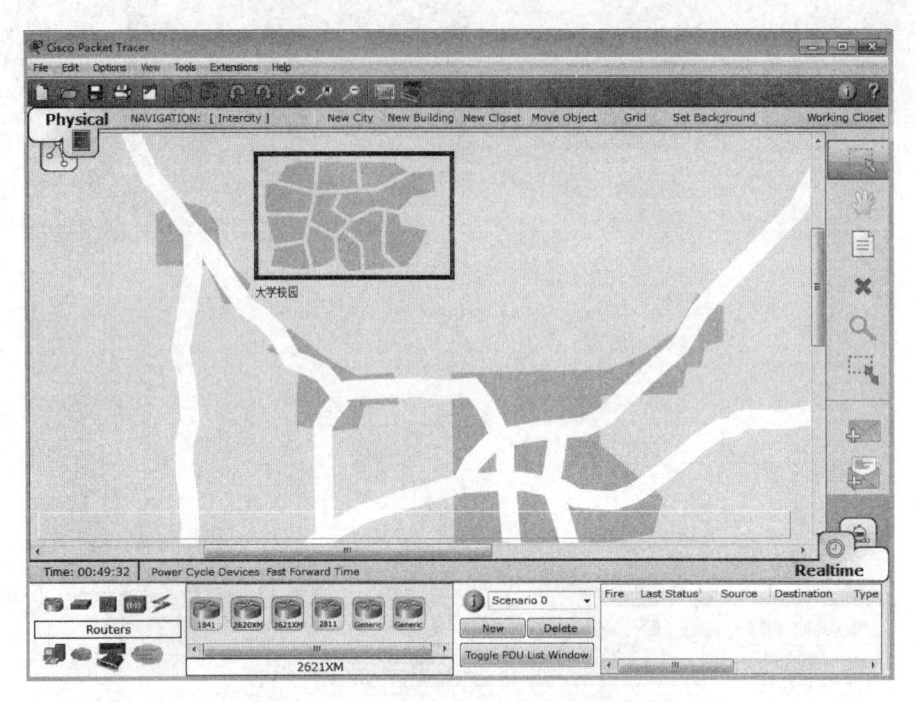

附图 1-11　设置校园网所在地址并命名

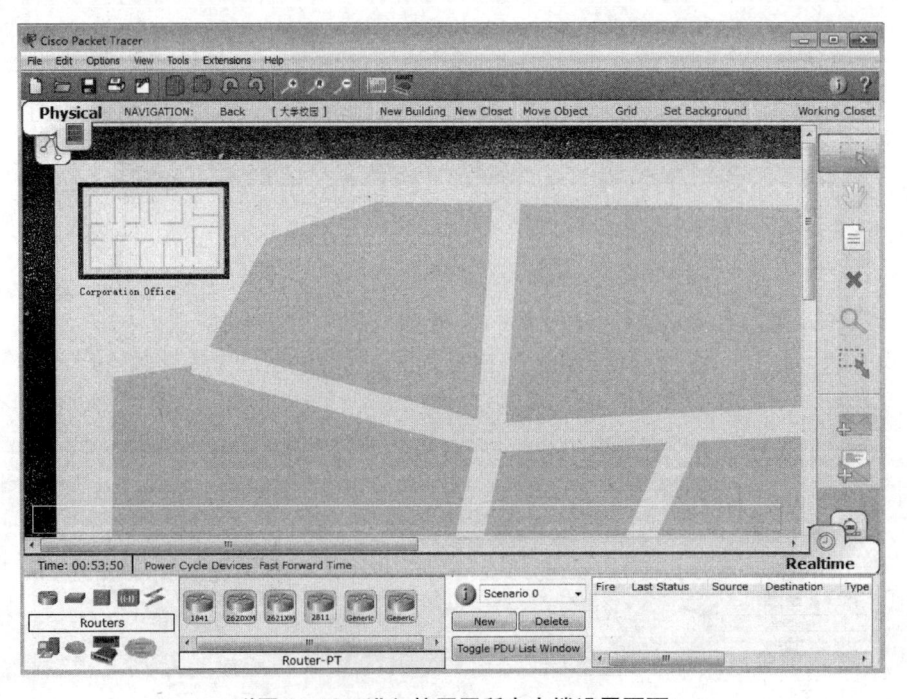

附图 1-12　进入校园网所在大楼设置页面

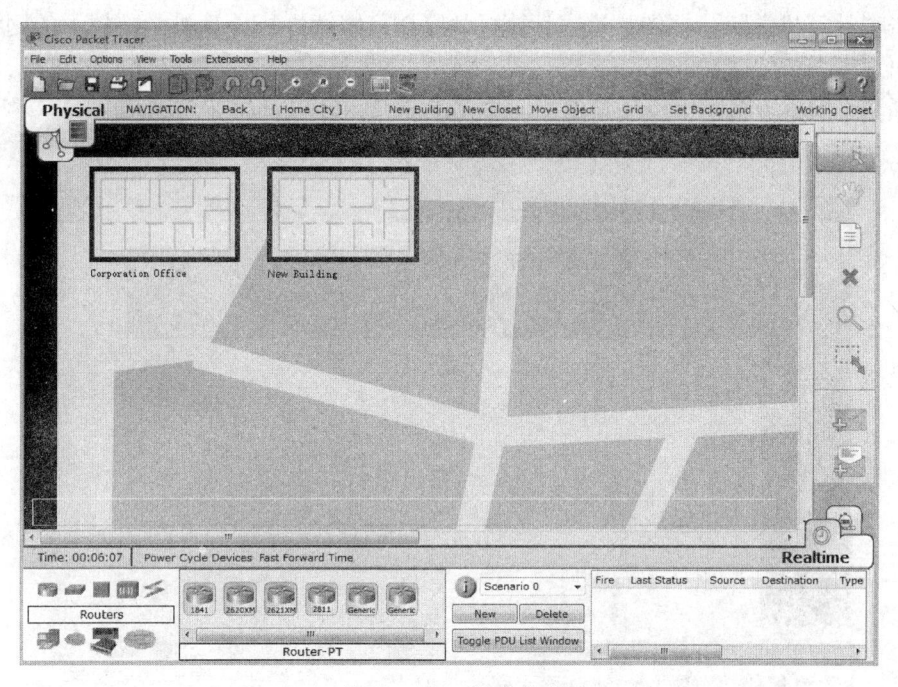

附图1-13　新建大楼

分别将"Corporation Office"和"New Building"改名为"计算机学院"和"1号宿舍楼",并将该框图放入背景校园地图的相关位置,如附图1-14所示。

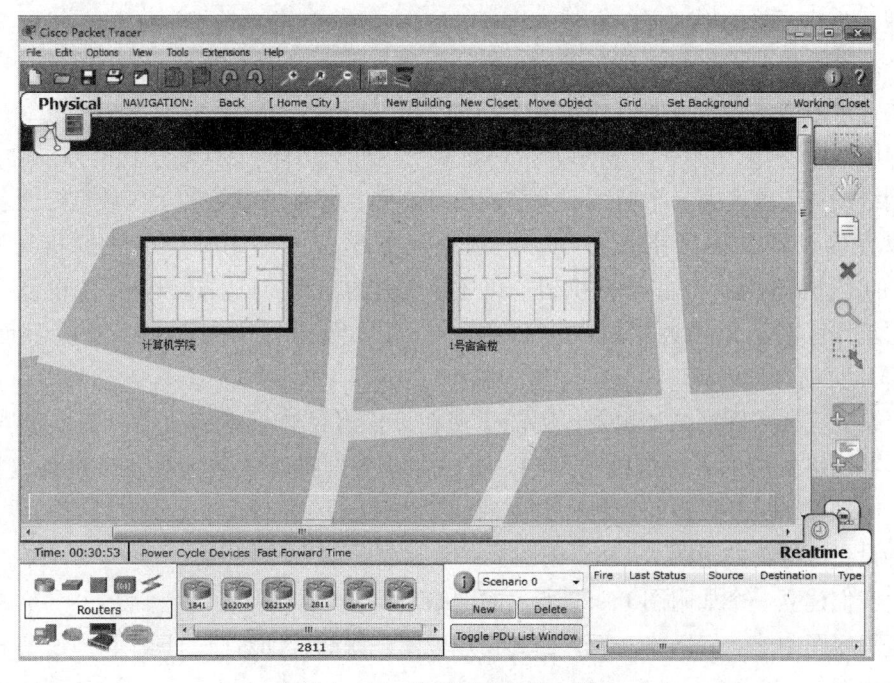

附图1-14　设置新楼地址和名称

双击"计算机学院"框图，进入计算机学院楼，继续进行计算机学院楼中的网络设置。左上角出现一个新的"Main wiring Closet"方框，该方框表示该楼的网络设备机架，通常放在大楼的某个网络设备间中，如附图1-15所示。

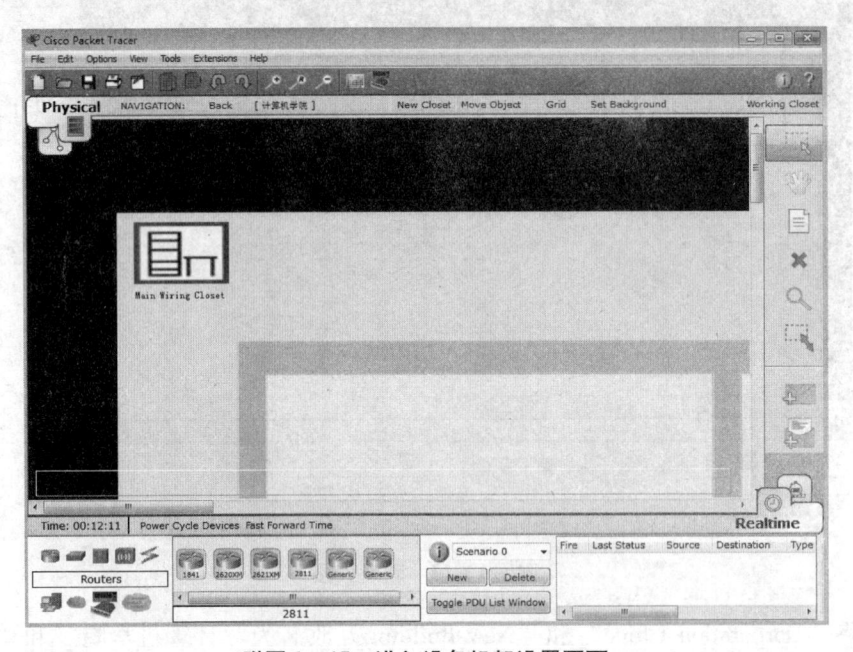

附图1-15　进入设备机架设置页面

同理，此处可单击物理视图标签（Physical）右侧菜单栏上的"New Closet"，这样就创建了一个新设备机架，将两个设备机架名称分别修改为"院机架"和"实验室机架"，并拖入学院楼背景图中的合适房间，如附图1-16所示。

如附图1-9~附图1-16所示，依照这种方法可以一步步具体设置网络的物理结构，如选择网络设备应该在哪一个城区、大楼或设备之间，并且可以给各个区域直接命名。接下来就可以直接设置具体网络设备了。先选择建立学院的网络，单击"院机架"，如附图1-17的工作区所示，现在"院机架"里还是空白的，因为目前还没有添置设备。

单击工作区左上角的逻辑视图（Logical），可以回到具体网络设备配置页面，即附图1-9所示页面。

如果事先完成了网络拓扑规划，则能迅速在工作区搭建包括路由器、交换机、PC、传输介质各种网络资源的各种规模的网络。可以在设备选择区直接拖曳各种设备（路由器、交换机、终端设备以及设备间连线）到空白的工作区上。

各种设备区选择如附图1-18~附图1-21所示。

这里我们建立一个如附图1-22所示的网络拓扑。

在逻辑视图中建立好网络之后，回到物理视图，就能看到对应的具体物理设备的安置情况了，如附图1-23所示。

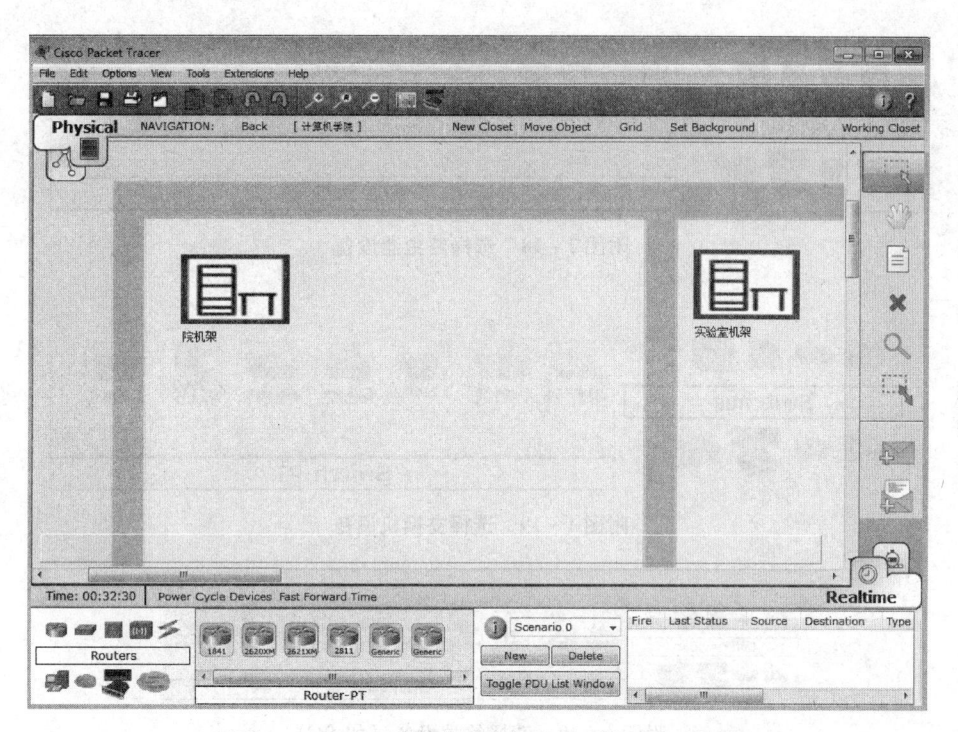

附图1-16　设置计算机学院新机架所在地址和名称

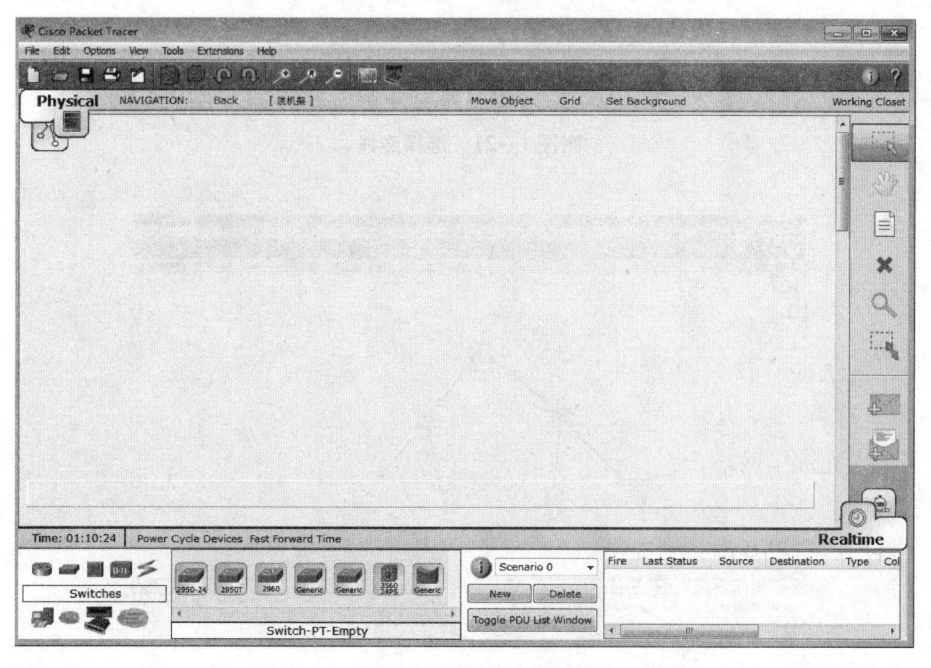

附图1-17　计算机学院设备间的院机架

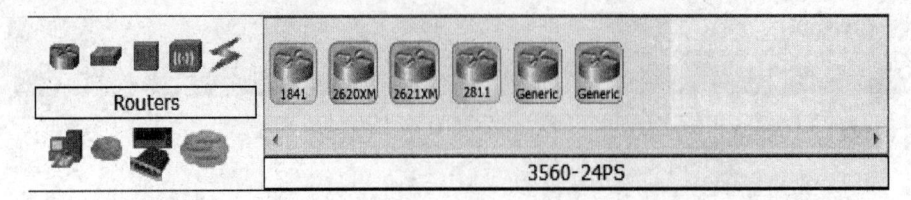

附图 1-18　选择路由器设备

附图 1-19　选择交换机设备

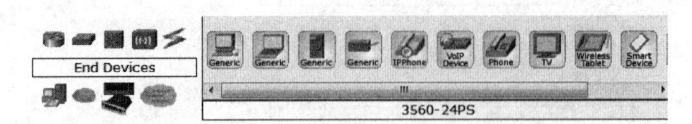

附图 1-20　选择终端设备（如 PC）

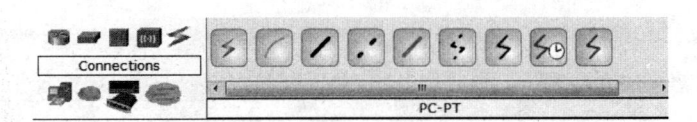

附图 1-21　选择连线

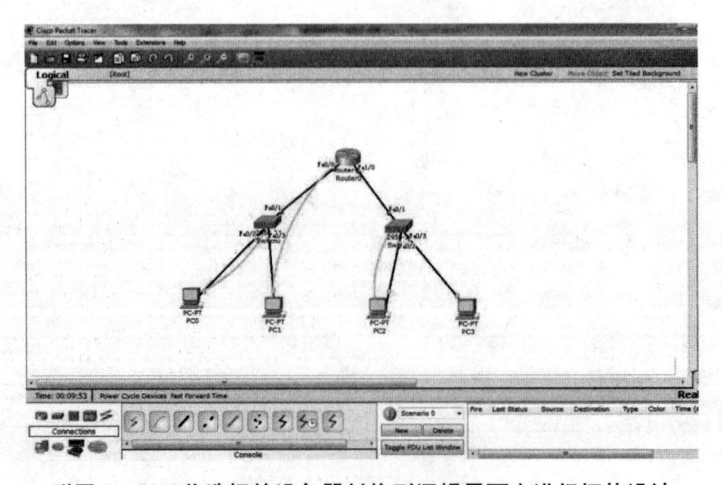

附图 1-22　将选择的设备器材拖到逻辑界面上进行拓扑设计

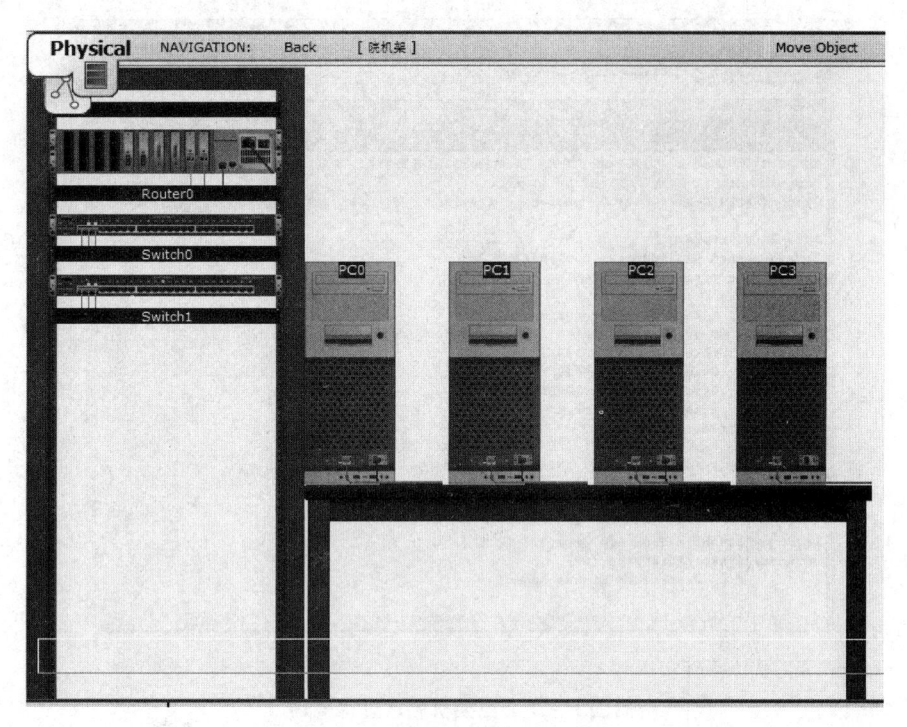

附图1-23 查看设备安置情况

在逻辑视图中，可以直接使用模拟的 PC 配置超级终端访问 Packet Tracer 模拟器中的网络设备，操作过程与命令和访问、配置、测试真实设备基本一样。

从 PC 端配置交换机、路由器的方法如附图1-24～附图1-30所示。

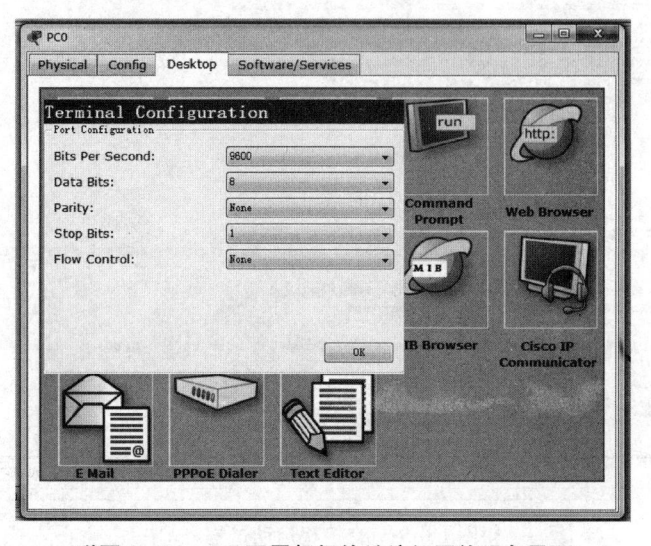

附图1-24 PC 配置超级终端访问网络设备界面

201

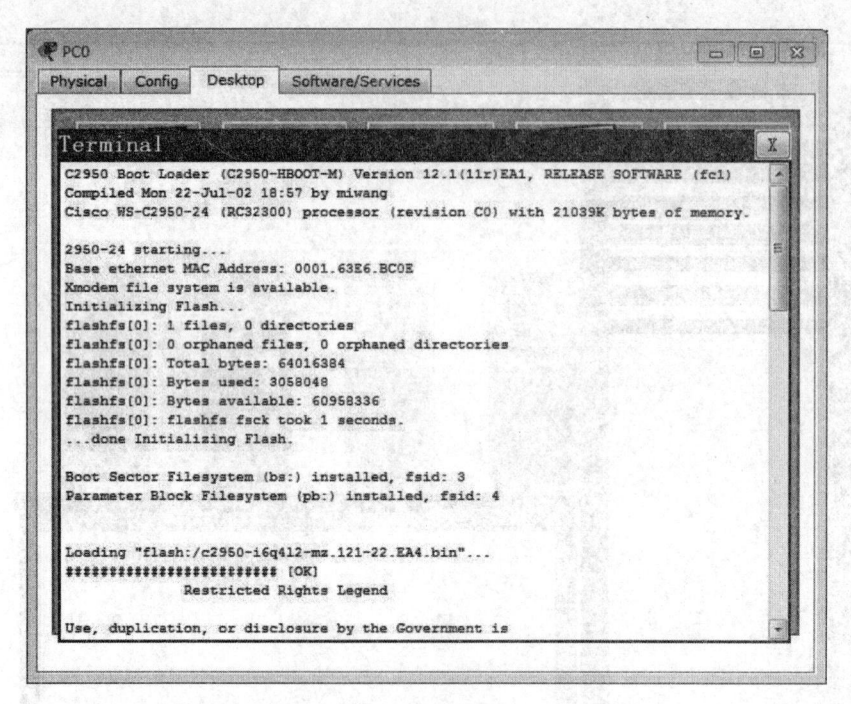

附图 1-25 交换机启动过程（1）

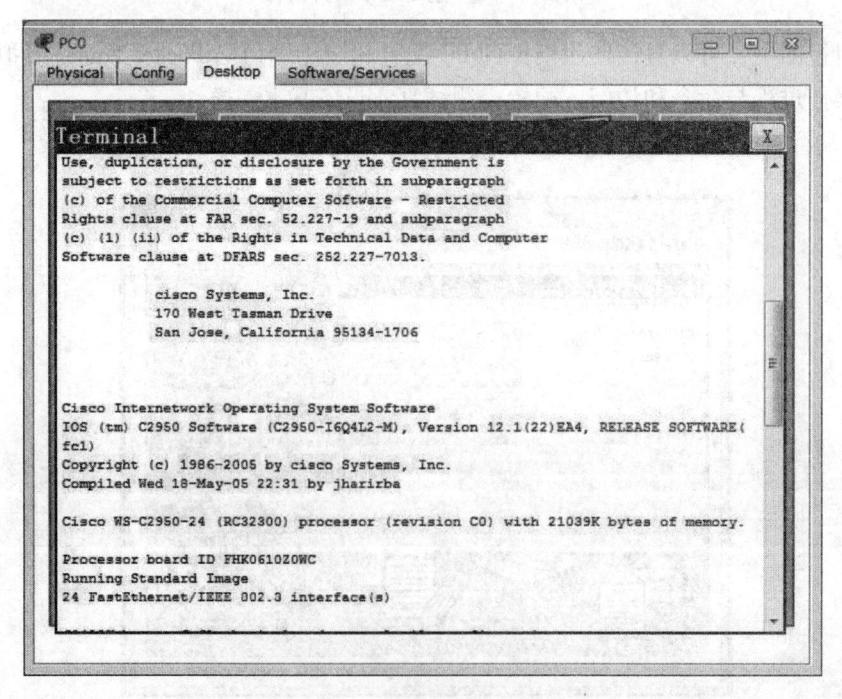

附图 1-26 交换机启动过程（2）

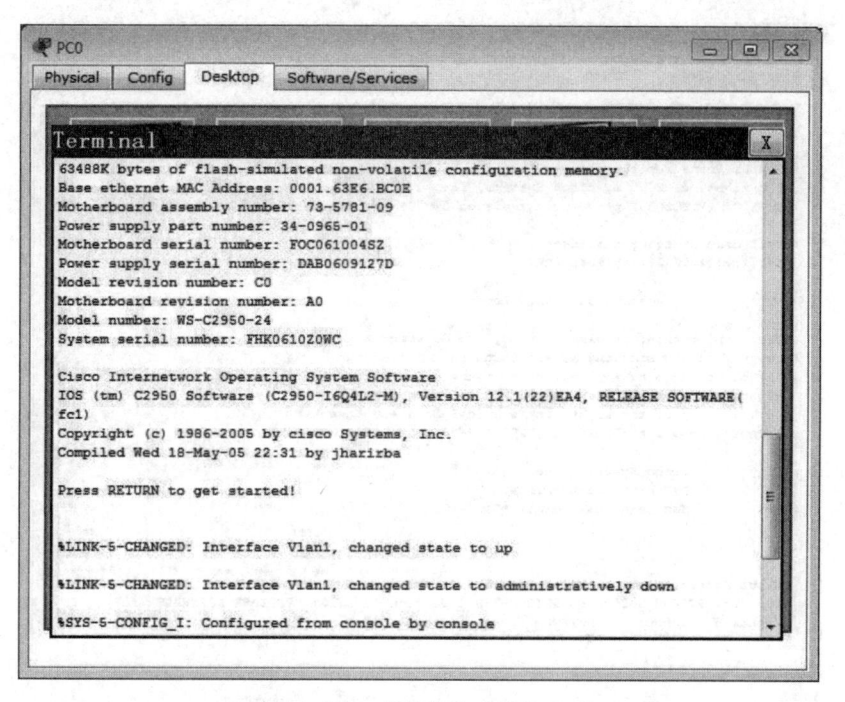

附图1-27 交换机启动过程（3）

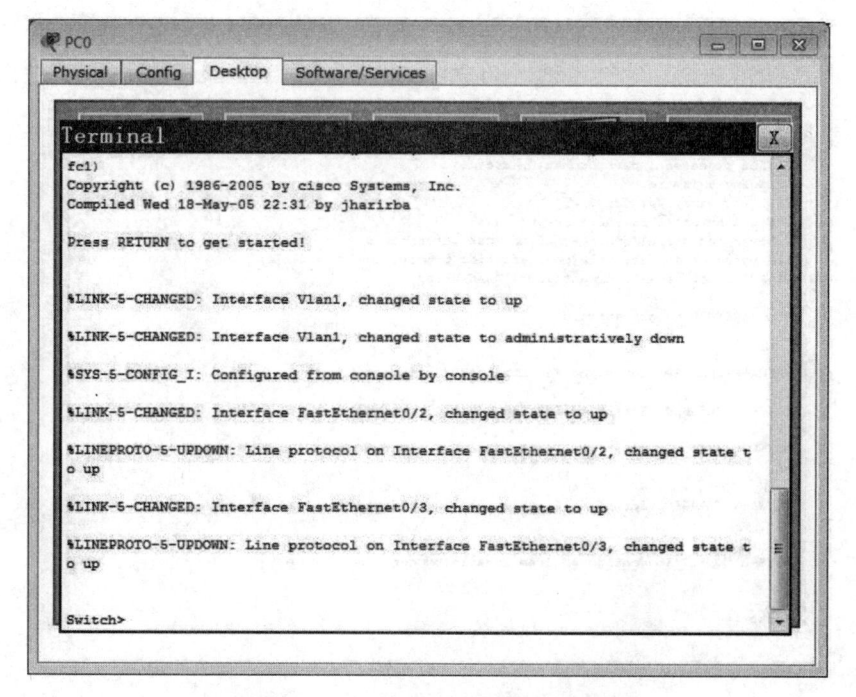

附图1-28 PC配置交换机命令行界面

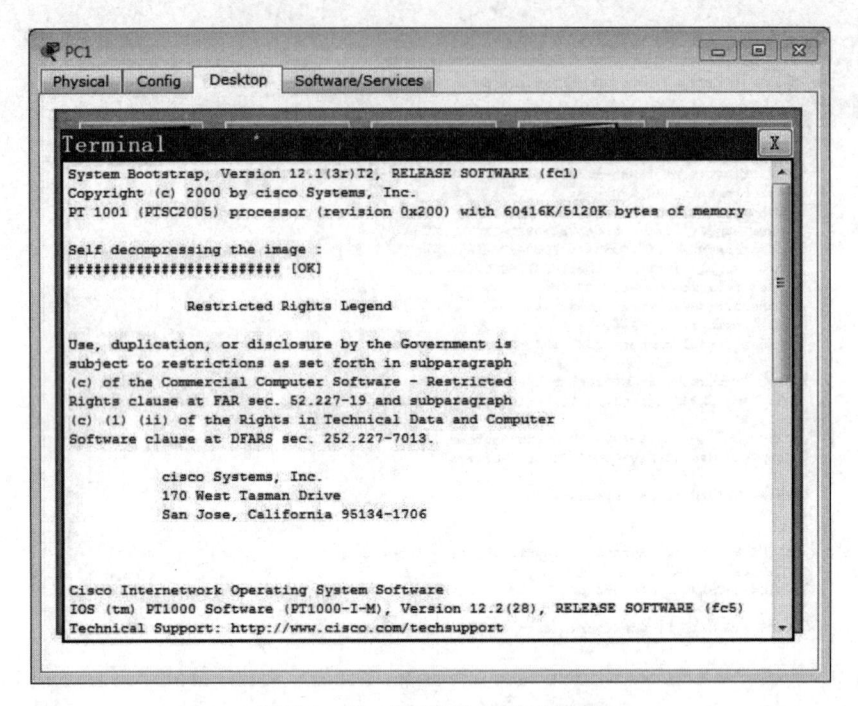

附图 1-29　路由器加电启动过程

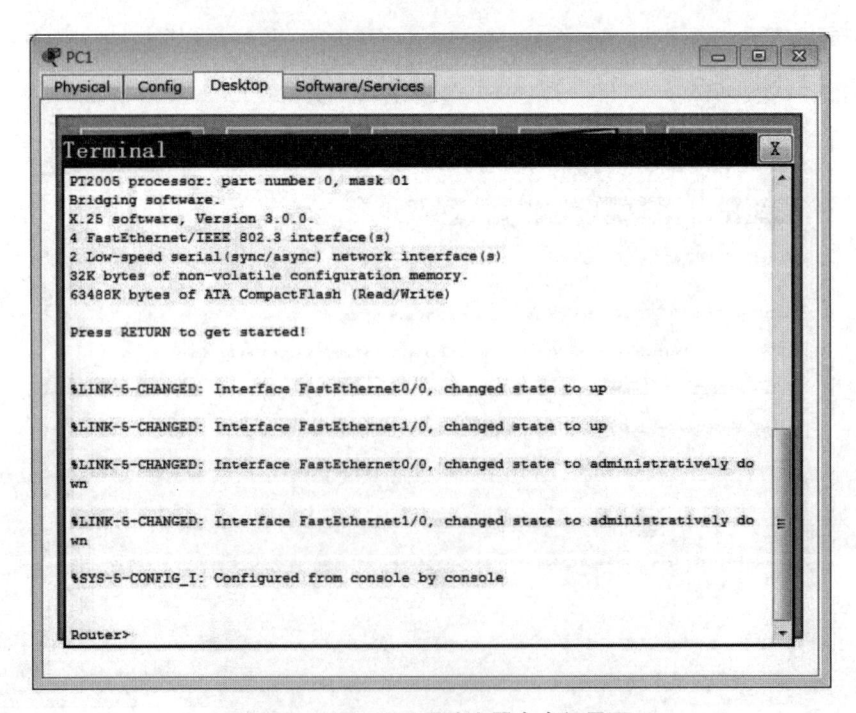

附图 1-30　PC 配置路由器命令行界面

还可以通过单击设备的方式直接配置路由器、交换机和终端 PC。例如，双击路由器 R0，即可开始配置 R0，如附图 1-31 所示。

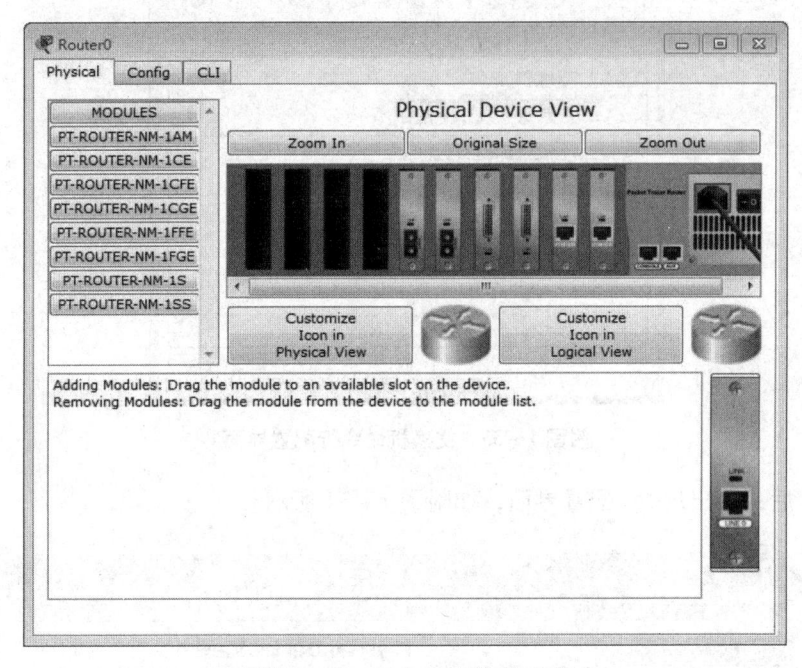

附图 1-31　双击 R0 配置路由器

选择 CLI 选项卡标签，即可进入路由器命令行配置界面，如附图 1-32 所示。

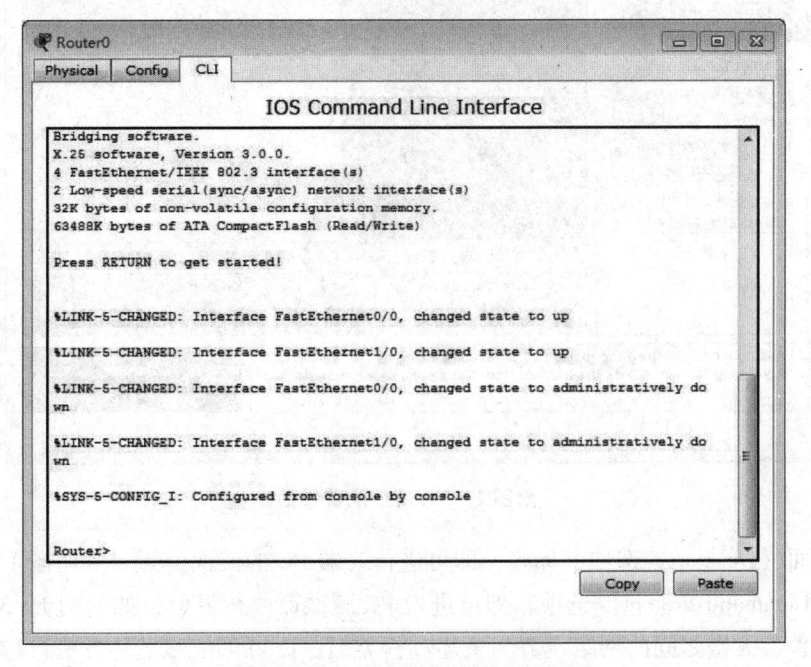

附图 1-32　路由器命令行配置界面

同理，可进入交换机命令行配置界面，如附图 1-33 所示。

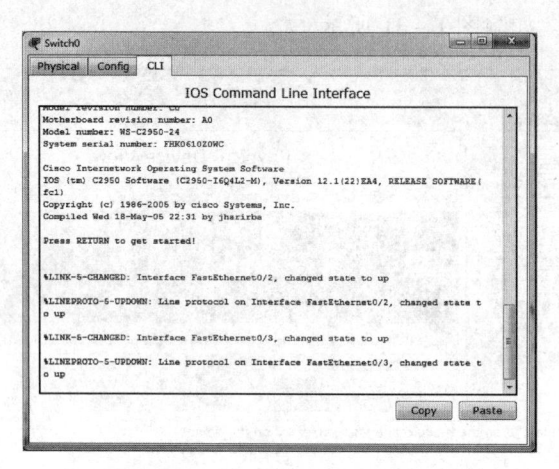

附图 1-33　交换机命令行配置界面

双击 PC 后，会出现 PC 配置界面，如附图 1-34 所示。

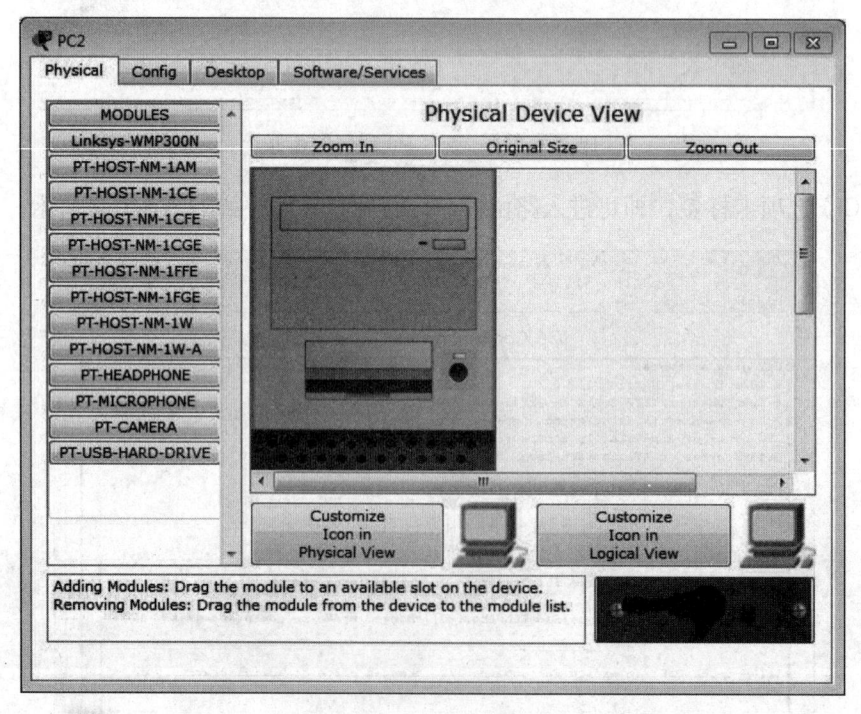

附图 1-34　PC 配置界面

选择桌面（Desktop）选项卡标签，即可进行终端 PC 的桌面配置，如附图 1-35 所示。
单击"Command Prompt"选项，即可进入 PC 测试命令行界面，如附图 1-36 所示。
其他设备、大楼之间的网络设置与上述过程类似，读者可依照上述方法自行配置。

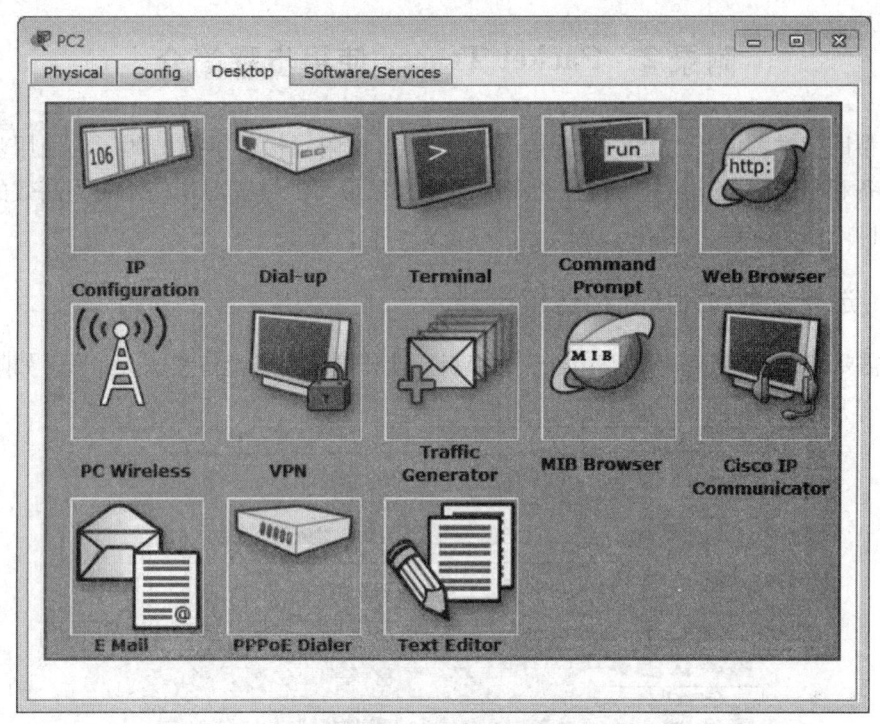

附图 1–35　终端 PC 桌面配置

附图 1–36　PC 测试命令行界面

附录2 Packet Tracer 使用步骤简介

为了帮助初学者更好地上手使用 Packet Tracer，本附录提供了简洁明了的使用步骤，包括选择设备和介质、构建拓扑、配置设备。希望大家最终能够仅习惯使用更为高效的命令行界面配置网络设备。

2.1 选择设备和介质、构建拓扑

根据需要可选择不同型号的路由器、交换机、计算机等网络设备和连接介质，如附图2-1和附图2-2所示。

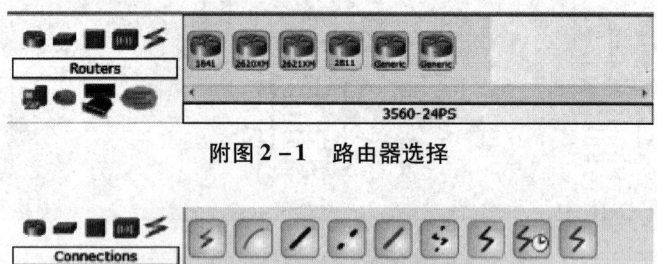

附图2-1 路由器选择

附图2-2 介质选择

将选择的设备拖曳到 Packet Tracer 工作区中，再选定连接介质，然后单击需要连接的网络设备，即可构建出预先设计的网络拓扑，如附图2-3所示。

附图2-3 构建网络拓扑

2.2 使用图形化界面配置设备

单击设备会出现设备配置界面。PC 和路由器的配置界面如附图2-4和附图2-5所示。

附图2-4是 PC 的模拟软硬件系统。例如，Desktop 标签中的 Terminal 模拟的是 PC 端的串行通信仿真程序，通过连接网络中间设备的控制台端口控制设备；Command Prompt 模拟的是 PC 端命令行程序，通过 PC 上的网络软件栈连接网络中间设备的网口控制设备。

附图2-5右侧是路由器的模拟软硬件系统。例如，Physical 标签中的网络模块（如 WIC-2T）可拖曳到右侧的硬件设备视图（Physical Device View）中，扩展广域网网口。所有机器在使用之前应确认硬件设备视图中的设备开关是否打开（绿色表示打开）。

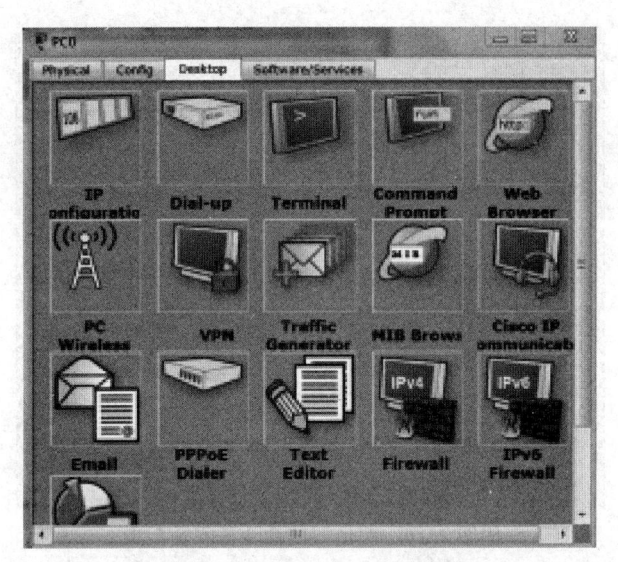

附图 2-4　PC 图形化界面配置

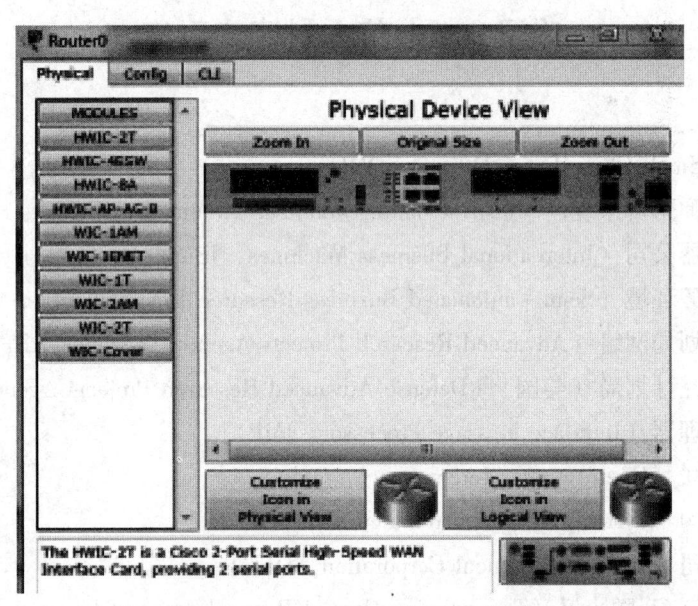

附图 2-5　路由器图形化界面配置

2.3　使用命令行界面配置设备

使用图形化配置只能使用少量网络中间设备的功能，大部分功能需要使用命令行界面配置。路由器的命令行界面配置如附图 2-6 所示。

除此之外，还可以通过 PC 端的 Terminal 模拟仿真程序界面或 PC 端的 Command Prompt 命令行程序配置设备。

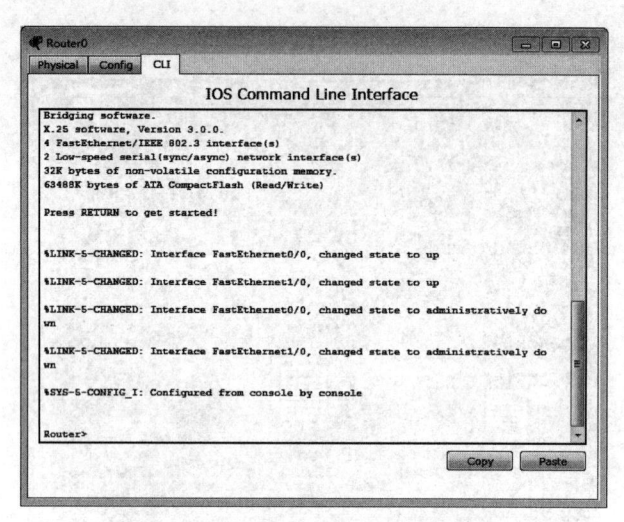

附图 2-6　路由器的命令行界面配置

附录 3　中英文对照索引表

第 1 章

家居办公（Small Office Home Office，SOHO）

半自动化导弹防御系统（Semi Automatic Ground Environment，SAGE）

国际商业机器公司（International Business Machines，IBM）

半自动化商务环境（Semi-automated Business Research Environment，SABRE）

高级研究计划局网络（Advanced Research Projects Agency Network，ARPANET）

国防高级研究计划局（美国）（Defense Advanced Research Projects Agency，DARPA）

接口报文处理器（Interface Message Processor，IMP）

开放系统互联（Open Systems Interconnect，OSI）

系统网络架构（Systems Network Architecture，SNA）

数据设备公司（Digital Equipment Corporation，DEC）

传输控制协议/互联协议（Transmission Control Protocol/Internet Protocol，TCP/IP）

附加资源计算机网络（Attached Resource Computer NETwork，ARCNET）

国际标准化组织（International Standards Organization，ISO）

国际电工委员会（International Electrotechnical Commission，IEC）

开放系统互联基本参考模型（Open System Interconnection-Basic/Reference Model，OSI/RM）

用户数据报协议（User Datagram Protocol，UDP）

远程登录网络协议（Telecommunications Network，Telnet）

文件传输协议（File Transfer Protocol，FTP）
域名解析协议（Domain Name System，DNS）
超文本传输协议（HyperText Transfer Protocol，HTTP）
邮局协议（Post Office Protocol，POP）
简单邮件传输协议（Simple Mail Transfer Protocol，SMTP）
传输控制协议（Transmission Control Protocol，TCP）
互联协议（Internet Protocol，IP）
网际控制报文协议（Internet Control Message Protocol，ICMP）
地址解析协议（Address Resolution Protocol，ARP）
点对点协议（Point-to-Point Protocol，PPP）
高级数据链路控制（High-Level Data Link Control，HDLC）
异步传输模式（Asynchronous Transfer Mode，ATM）
多协议标记交换（Multi-Protocol Label Switching，MPLS）
推荐标准（Recommended standard，RS）
电子工业联盟（Electronic Industries Alliance，EIA）
电信工业协会（Telecommunications Industry Association，TIA）
客户端/服务器（Client/Service，C/S）
浏览器/服务器（Browser/Server，B/S）
对等（Peer-to-Peer，P2P）
超文本标记语言（HyperText Markup Language，HTML）
局域网（Local Area Network，LAN）
城域网（Metropolitan Area Network，MAN）
广域网（Wide Area Network，WAN）
互联网服务提供商（Internet Service Provider，ISP）
个人数字助理或掌上电脑（Personal Digital Assistant，PDA）
个人计算机（Personal Computer，PC）
非屏蔽双绞线（Unshielded Twisted Pair，UTP）
屏蔽双绞线（Shielded Twisted Pair，STP）
物理地址（Media Access Control Address，MAC Address）
电气与电子工程师协会（Institute of Electrical and Electronics Engineers，IEEE）
介质访问控制（Medium Access Control，MAC）
逻辑链路控制（Logical Link Control，LLC）
互联网名称与数字地址分配机构（Internet Corporation for Assigned Names and Numbers，ICANN）
可变长子网掩码（Variable Length Subnet Mask，VLSM）

无类别域间路由（Classless Inter-Domain Routing，CIDR）
网络地址转换（Network Address Translation，NAT）
征求修正意见书（Request For Comments，RFC）
安全 Shell（Secure Shell，SSH）
普通文件传输协议（Trivial File Transfer Protocol，TFTP）
简单文件协议（Simple File Transfer Protocol，SFTP）
结构化查询语言（Structured Query Language，SQL）
网络时钟协议（Network Time Protocol，NTP）
网络基本输入/输出系统（Network Basic Input/Output System，NetBIOS）
简单网络管理协议（Simple Network Management Protocol，SNMP）
边界网关协议（Border Gateway Protocol，BGP）
互联网中继聊天（Internet Relay Chat，IRC）
互联网包交换（Internetwork Packet Exchange，IPX）
互联网消息访问协议（Internet Message Access Protocol，IMAP）
轻量目录访问协议（Lightweight Directory Access Protocol，LDAP）
路由信息协议（Routing Information Protocol，RIP）
实时流协议（Real Time Streaming Protocol，RTSP）
注册协议（Registry Registrar Protocol，RRP）
往返时间（Round Trip Time，RTT）
生存周期（Time To Live，TTL）

第 2 章

虚拟局域网（Virtual LAN，VLAN）
无线局域网（Wireless LAN，WLAN）
无线个人局域网（Wireless Personal Area Network，WPAN）
互联网络操作系统（Internetwork Operating System，IOS）
命令行界面（Command Line Interface，CLI）
非易失性随机访问存储器（Non-Volatile Random Access Memory，NVRAM）
随机访问存储器（Random Access Memory，RAM）
虚拟局域网标识（VLAN Identification，VLAN ID）
IP 语音（Voice over IP，VoIP）
规范格式标识符（Canonical Format Identifier，CFI）
串行线路互联协议（Serial Line Internet Protocol，SLIP）
综合业务数字网络（Integrated Service Digital Network，ISDN）
同步数据链路控制（Synchronous Data Link Control，SDLC）
网络控制协议（Network Control Protocol，NCP）

平衡链路访问过程（Link Access Procedure Balanced，LAPB）
国际电信联盟电信标准委员会（ITU Telecommunication Standardization Sector，ITU-T）
永久虚电路（Permanent Virtual Circuit，PVC）
数据链路连接标识符（Data Link Connection Identifier，DLCI）
数据终端设备（Data Terminal Equipment，DTE）
扩展地址（Extend Address，EA）

第3章

中央处理器（Central Processing Unit，CPU）
只读存储器（Read-Only Memory，ROM）
数据通信设备（Data Communications Equipment，DCE）
管理距离（Administrative Distance，AD）
增强内部网关路由协议（Enhanced Interior Gateway Routing Protocol，EIGRP）
内部网关路由协议（Interior Gateway Routing Protocol，IGRP）
开放最短路径优先（Open Shortest Path First，OSPF）
中间系统间（Intermediate System to Intermediate System，IS-IS）
外部网关协议（Exterior Gateway Protocol，EGP）
链路状态数据包（Link-State Packet，LSP）
最短路径优先（Shortest Path First，SPF）
链路状态通告（Link-State Advertisement，LSA）
自治系统（Autonomous System，AS）
指定路由器（Designated Router，DR）
备用指定路由器（Backup Designated Router，BDR）

第4章

无线保真（Wireless Fidelity，Wi-Fi）
直接连接设置（Direct Link Setup，DLS）
直接序列扩频（Direct Sequence Spread Spectrum，DSSS）
正交频分复用（Orthogonal Frequency Division Multiplexing，OFDM）
有线等效保密（Wired Equivalent Privacy，WEP）
高级加密标准（Advanced Encryption Standard，AES）
Wi-Fi保护访问（Wi-Fi Protected Access，WPA）
临时密钥完整性协议（Temporal Key Integrity Protocol，TKIP）
2代Wi-Fi保护访问（Wi-Fi Protected Access 2，WPA2）
多路输入/多路输出（Multi-Input and Multi-Output，MIMO）
基本服务集（Basic Service Set，BSS）
扩展服务集（Extended Service Set，ESS）

无线接入点（Access Point，AP）
对等网络（Ad-hoc）
基本服务区（Basic Service Area，BSA）
扩展服务区（Extended Service Area，ESA）
服务集标记（Service Set Identifier，SSID）
关联标识符（Association Identifier，AID）

第5章

访问控制列表（Access Control List，ACL）
消息摘要（Message Digest，MD）
非军事区（Demilitarized Zone，DMZ）
认证授权统计（Authentication，Authorization and Accounting，AAA）
虚拟专用网络（Virtual Private Network，VPN）

第6章

端口地址翻译（Port Address Translation，PAT）

附录4 部分习题答案

第1章

一、1. B 2. F 3. A

二、1. 应用 2. 数据链路

第2章

一、1. BC 2. A 3. AD 4. ACE

二、1. 广播 2. IEEE 802.1q

第3章

一、1. C 2. D 3. A

二、1. AD 2. 255.255.255.252 3. 110

第4章

一、1. ABCD 2. A

二、1. 无线路由器 2. IEEE 80211i

第5章

一、1. A 2. D 3. B 4. C

二、transport input ssh

第6章

一、1. B 2. A

二、1. 可扩展性、可靠性、灵活性、动态性、可用性 2. 不会

参考文献

[1] 谢希仁. 计算机网络. 7 版. 北京：电子工业出版社，2017.

[2] 戴伊，麦克唐纳，鲁菲. 思科网络技术学院教程. CCNA Exploration：网络基础知识. 思科系统公司，译. 北京：人民邮电出版社，2009.

[3] 格拉齐亚尼，约翰逊. 思科网络技术学院教程. CCNA Exploration 路由协议和概念. 思科系统公司，译. 北京：人民邮电出版社，2009.

[4] 刘易斯. 思科网络技术学院教程. CCNA Exploration：LAN 交换和无线. 思科系统公司，译. 北京：人民邮电出版社，2009.

[5] 库罗斯，罗斯. 计算机网络：自顶向下方法. 7 版. 陈鸣，译. 北京：机械工业出版社，2018.